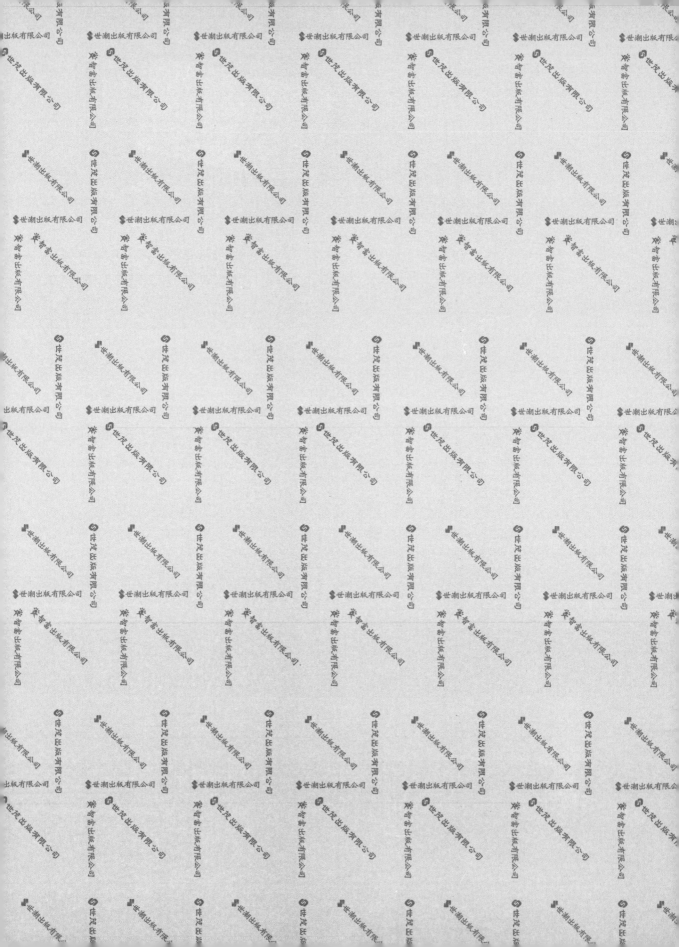

愛因斯坦的鏡子

Einstein's Mirror

東尼‧海、巴特里克‧沃爾特 ◇合著

陳義裕 ◇審訂　曾耀寰、邱家媛 ◇譯

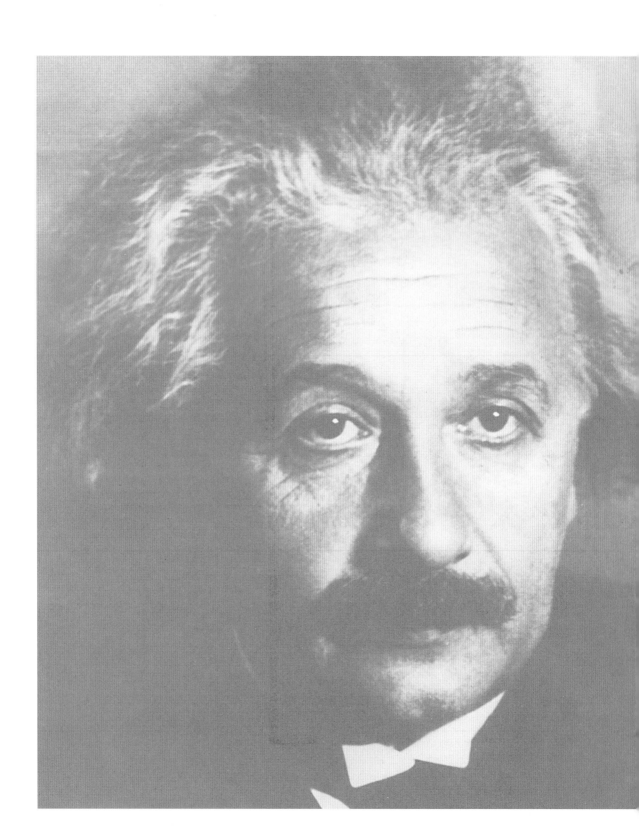

阿爾貝特·愛因斯坦

1879 年

3 月 14 日上午 11：30，阿爾貝特·愛因斯坦在德國烏爾姆出生。

1896 年

入蘇黎世聯邦工學院（ETH）就讀，於 1900 年畢業。

1902 年

在伯恩專利局擔任專利審查員。

1903 年

與米勒娃·瑪利克結婚，長子漢斯·阿爾貝特於 1904 年出生。

1905 年

愛因斯坦的「奇蹟之年」，他創立了現代物理學的基礎。

1911 年

遷居布拉格任教，第二年返蘇黎世，在 ETH 任教。

1916 年

愛因斯坦發表關於廣義相對論和重引力的論文。

1919 年

愛因斯坦和米勒娃離婚；廣義相對論得到證實；愛因斯坦與表妹艾爾莎結婚。

1922 年

愛因斯坦獲 1921 年諾貝爾物理學獎。

1932 年

愛因斯坦離開歐洲，從此未再回來。

1933 年

在新澤西州普林斯頓高等研究院任教授。

1939 年

　　愛因斯坦簽名致信給羅斯福總統，提醒他核能的危險。

1940 年

　　成為美國公民。

1955 年

　　4 月 18 日凌晨 1：15 愛因斯坦在普林斯頓醫院逝世。

審訂序

光線跑的速度很快。

一個每秒鐘跑將近三十萬公里的東西怎麼可能不算快呢？可是科技進步的速度更是快得驚人。你怎麼知道二十一世紀的天才科學家不會發現一種新的物質，而它竟可以在一秒鐘內就橫跨整個太陽系、跑得比光還快上萬千倍呢？但是在西元一九○五年，愛因斯坦就根據當時已知的電磁學知識以及物理定律的對稱性斷言這是絕不可能的。他並且藉此把人們對於時間與空間的概念整個給推翻掉了。

一開始，科學家對於愛因斯坦這個「相對論」所提出的革命性想法並不熱中，因為它的許多預言其實是和我們的日常生活經驗相違背的。一個和我們的生活常識與經驗相違背的理論怎麼可能會對呢？難怪當時流傳著一個笑話，說全世界懂相對論的人總共只有十二個半──另外那半個還沒出生呢！

從愛因斯坦提出相對論到現在已經將近一百年了。經過許多科學家的努力後，我們現在對於物質的結構以及宇宙的認知也都有了革命性的新見解。那麼相對論呢？它是否也在歷史洪流中被「革命」掉了呢？有趣的是，這個答案竟然是否定的。不但如此，科學家現在反而認識到，如果我們在討論原子的基本結構時不把相對論的效應考慮進去，那麼計算出來的光譜線就不可能和實驗數據吻合，所以元素的某些特性可能也會和我們所觀察到的不一樣；而在討論宇宙的演化以及星球的構造時，相對論更是不可或缺的工具。

可是原子是那麼的小、小到連肉眼都看不到，而宇宙又是那麼的大、大到每個人都只能感嘆自己的渺小。既然原子以及宇宙的概念都和我們的吃、喝、拉、撒、睡是如此地遙遠，我們為什麼要去在乎相對論對這些看不到、摸不著的東西有什麼影響呢？

是的，我們是不用去在乎的。可是如果你因此就認定相對論和你我的日常生活是完全扯不上一點關係的話，那就大錯特錯了。假若你自認是個科技酷小子，那你一定會在登山的時候攜帶一個全球衛星定位手機，以便保障自己的安全。甚至你昨天深夜打電話叫來的計程車上也可能裝有全球衛星定位系統！這種日漸普及的定位裝置如果不把相對論的效應考慮進去的話，那麼它所定出來的位置就會有一大截的誤差，結果要前往山中救難的直昇機說不定就會被誤導至海邊賞鯨去，到時可就糗大了！而這只是相對論的一個應用實例罷了。

對於生活在二十一世紀的我們來說，了解相對論不應該再被視爲一種奢侈品。相反的，它應該變成我們生活常識的一部分才對。如果你很好奇、急著想知道相對論究竟是如何滲進我們的科學知識體系以及生活中的話，那麼《愛因斯坦的鏡子》這本書就非常適合你閱讀了。因爲作者以深入淺出的方式，很成功地把相對論的基本概念以及種種的相關話題全部融入這本深受好評的科普書中。這本書的版面安排相當乾淨清爽，豐富而精采的圖片貫穿全書更增添了閱讀的趣味性。（我可不是因爲自己是本書中譯本的審訂者才這樣說的喔！）

本書的譯者曾耀寰博士以及邱家媛老師都是天文物理學科班出身。而他們對於物理教育的熱忱以及推廣科普的用心，再搭配上年輕人特有的活力與認眞，更是使本書的翻譯能渾然天成的重要關鍵。當然，文藻外語學院的李精益教授費心規劃這一系列科普名著的出版也是功不可沒——雖然他的認眞與執著的態度著實讓我吃了不少苦頭。

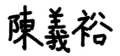

2003 年 11 月 7 日
於台大物理系

目錄

第 5 章　$E = mc^2$

第 10 章 大霹靂、黑洞和統一場

第 11 章 後記：相對論和科幻

附錄

序言

　　在這本有關愛因斯坦相對論的著作中，我們不僅要盡可能地簡單呈現狹義和廣義相對論的觀念，還要說明這些理論的預測可以被一些實驗的結果驗證。狹義相對論是和均勻運動有關，並廢除了牛頓絕對時間的觀念，它對非常高速運動的物體和觀察者都有令人驚訝的預測。另一方面，廣義相對論則是和加速度有關，事實上它就是一個重力理論，並對近代宇宙的看法有極其深遠的衝擊。

　　由於我們的目的是要將相對論的奇異世界介紹給大多數人，所以我們故意少用數學。對於好奇的讀者，我們就把一些不超過高中數學的簡單推導放到最後面的附錄。不消說，任何一本同時介紹狹義和廣義相對論的書都會留一些篇幅介紹這位幾乎是單獨發展這兩個理論的物理學家—愛因斯坦。愛因斯坦留給後人的東西是無與倫比的，不論是物理或者非物理的部分。我們希望透過書中所提到的引言和故事，能夠更真實地捕捉這位先生的味道。

　　至於量子力學，這個只有在極小尺度下才會明顯的物理定律，其預測有時和我們日常生活經驗比較起來，就顯得更加不可思議了。但是雖然量子力學對不可見的次原子世界提供了不熟悉的敘述，它也讓近代生活中許多習以為常的特色得以實現。電晶體、矽晶片、雷射、超導體、電子顯微鏡和粒子加速器在在證明了，量子力學在提供我們對電子、原子和原子核實質的瞭解上，都有傑出的成就。而相對論就很難有這樣明顯的成就。狹義相對論只有在速度接近光速的時候，才能預測出牛頓定律的偏差，由於光是以每秒三億公尺的速度運動，對我們日常生活所遇到的物體而言，愛因斯坦狹義相對論的效應都可以忽略不計。然而我們仍可以進行一些實驗來證實愛因斯坦對時間變慢的預測（叫做「時間膨脹」），以及物體質量隨著運動速度而改變的驚人預測。事

實上，這些效應早就融入近代基本粒子加速器的設計和日常操作而成必備的元素。除了描述狹義相對論的經典檢驗，本書新穎之處就是詳細解釋它對原子和核子物理的應用，狄拉克的反物質以及發展原子彈的曼哈頓計畫，都是因為愛因斯坦對質量和能量的洞察力才得以實現。

愛因斯坦廣義相對論的三個原始檢驗受到仔細的觀察已有半個多世紀。在這段期間，實驗物理學家和天文學家可用的技術獲得巨大的突破，除此之外，沙普利（Irwin Shapiro）也提出第四個廣義相對論的檢驗。雖然有些疑慮，但愛因斯坦的萬有引力理論通過了所有的檢驗，並擊敗所有的挑戰，廣義相對論現在已成為天文物理學家的可靠工具，用來幫助他們探索宇宙。

有許多的分析方式嘗試捕捉科學方法的真諦，我們相信物理進展的方式可以借用特定的例子加以闡述。在相對論的歷史中，有好幾個有趣的案例是來自於一個科學理論的逐漸遺棄。傳光以太的故事，以及愛因斯坦瞭解到物理只要沒有以太就會變得更加簡單，這對狹義相對論是極其重要的。同樣地，揚棄火的燃素理論和熱的卡路里理論提供我們一個引為警惕的實例，告訴我們構成一個有預測能力的理論所需的要件。熱力學和原子支持者之間的戰爭顯示任何進展都不是像教科書上所說的，而最後的勝利則屬於原子論的陣營。此外，如書中所提的軼事，運氣和物理的直覺經常在重要的物理發現中扮演關鍵性的角色。科學之所以行得通在於我們有可能證明一個理論是錯的；一個無法檢驗的理論是一個空談的無效理論，現在流行的萬有理論（Theory of Everything）根基於超弦理論，似乎逼近到無法被檢驗的險境。有人曾建議說年輕學子之所以不喜歡在學校和大學內學科學的原因是它缺乏爭論：取而代之的只是一條通往尖端研究的漫長但完全規劃好的道路。果真如此，那真是一大憾事：科學的主要真諦應該是證明一個理論錯誤或提出一個等著被轟下台的新理論。

　　一般來說，在研究物理，特別是相對論的路途上，我們認為描繪科學方法的特徵可以用費曼（Richard Feynman）以下的一段話加以總結：

　　一般來說我們用以下的步驟來追尋新的定律，首先我們用猜的。不！不要竊笑，這是真的。然後我們計算這個猜測的結果，看看這個猜測的定律是否正確？它應該會推論出什麼結果？然後將這些計算出來的結果和大自然，或者說是實驗、經驗相比較，我們將它直接和觀測比較，看看是否行得通。假如和實驗相左，它就是錯誤的。以上的簡單說明就是科學的關鍵，這個猜測是多麼完美並不重要，猜的人有多聰明，或者是誰猜的也不重要，如果和實驗不符，這個猜測就是錯的，就這麼簡單。

　　克卜勒（Johannes Kepler）對第谷（Tycho Brahe）天文測量的準確度所做的努力就是該步驟的縮影，經過一段迂迴曲折的理論困惑，克卜勒被迫承認亞里斯多德的正圓軌道絕對是錯誤的，行星所偏愛的軌道是不怎麼優雅的橢圓形，這種洞察力能夠釐清幾個世紀以來的偏見，並且通常在一些回顧當中變得顯而易見，克卜勒對他發現的迂迴過程用以下的一句話作為總結：唉呀！我真是隻大笨鳥！

　　類似的狀況也發生在愛因斯坦身上，愛因斯坦對物理的貢獻顛覆了數個世紀以來對時空構造的不自覺偏見。在名為《我們如何確定愛因斯坦不是一個怪胎？》的一篇值得深思的短文中，作者兼物理學家伯恩斯坦（Jeremy Bernstein）思考如果是他在信箱內收到愛因斯坦在 1905 年的四篇論文後的反應。這位二十六歲的專利局檢驗員是誰？沒有物理博士學位，只是個三級的技術專家，他居然膽敢挑戰物理最基礎的部分？為什麼他的論文沒有立即被丟到垃圾桶內？在回答這些問題當中，伯恩斯坦提出兩條準則來分辨新物理和怪胎的理論。首先是費曼的有預言性(predictiveness)，他再加上一條準則——一致性（correspondence）。伯恩斯坦認為任何一個

新的基本理論必須能夠解釋之前揚棄的科學為什麼可以行得通。舉例來說，假如牛頓對絕對空間和時間的觀念是錯的，那麼牛頓力學和萬有引力理論為什麼對以前的物理可以解釋得很好？在愛因斯坦的理論中，牛頓物理是一個定義明確的近似理論，對大部分的日常周遭環境仍是正確的，因此相對論通過伯恩斯坦的一致性準則。我們也將會在本書中證明相對論也會通過有預言性的準則：所有的理論都會產生特定的預言，並被隨後的實驗檢驗。根據費曼的衡量標準，相對論算是過關了。

或許並不意外，寫這本書的時間和所花的勞力遠超過我們的預期。最大的感謝屬於我們的家人：瑪麗（Marie）和傑西（Jessie），南希（Nancy），喬納森（Jonathan）和克里斯多福（Christopher），感謝他們在過去幾年所做的容忍，我們希望他們認為他們的犧牲是有價值的。我們還要感謝在修咸頓（Southampton）和史望西（Swansea）的許多同事，特別感謝麥伊雲（Garry McEwen）對經常閱讀一些不完整的手稿以及對內容改進的建議。最後我們要感謝劍橋大學出版社的尼爾（Rufus Neal）和工作人員耐心地完成這本書，皮齊（Irene Pizzie）的編輯，密爾沃德（Harriet Millward）的美編，崔伯（Phil Treble）精美的版面設計和編排，以及渥特絲（Marie Walters）插圖的協助。

第1章　顛覆時間觀

我對「時間」的看法是：時間不是絕對的。它和訊號傳遞的
速度有密不可分的關係。自從體認到這點，五個星期之後，
我便完成了你們今天所看到的狹義相對論。

愛因斯坦 1922 年京都演講

圖 1.1 愛因斯坦坐在伯恩專利局中他的辦公桌前，這就是他從 1902 年六月到 1909 年十月工作的地點。得到就讀蘇黎世聯邦工學院時的同學兼好友葛羅斯門（Marcel Grossmann） 之父強力推薦，才使他得到這份職務。因為曾和學校中一位韋伯（Heunrich Weber）教授起過衝突，以致愛因斯坦畢業後，沒能留在學校擔任教職。結果拿到學位的愛因斯坦歷經過了一段青黃不接的時期，不是忙著做一些短期的教學工作，要不然就是失業中。直到在專利局上班，工作才穩定下來。（以色列耶路撒冷希伯來大學的猶太國立大學圖書館愛因斯坦檔案室授權）

愛因斯坦的革命

　　著名的俄國科學家藍道（Lev Laudau）曾經列了一個名單，將物理學家依其成就高下分成許多等級。名列第一等的包括像波耳（Niels Bohr）、海森堡（Werner Heisenberg）、薛丁格（Erwin Schroedinger）等幾位現代量子物理之父，以及牛頓（Isaac Newton）等名垂青史的「科學巨人」。藍道很謙虛地把自己排名在第「2.5」級，雖然他後來把自己升等成第 2 級。對許多致力研究工作的物理學家而言，只要能躋身

圖 **1.2** 愛因斯坦在伯恩的朋友，人稱「奧林匹亞學院」，攝於 1902 年。從左到右：哈比克特（Conrad Habicht），所羅文（Maurice Solovine）以及愛因斯坦。他們整天在一齊討論有關哲學、物理學和文學方面的問題。在後來愛因斯坦寫給所羅文的信中曾提到：跟後來我周遭所認識的一些受到尊敬的傢伙相比，當年我們經營的快樂「學院」還比較不幼稚呢！（感謝瑞士圖書館文化組提供）

排行榜，甚至排到第 4 級都會覺得相當榮幸。有一位知名的美國物理學家莫明（David Mermin），就曾發表過一篇文章：「與藍道共處的時光—第 4.5 級向第 2 級致敬」。以上敘述代表什麼？提到相對論就不能不提到的愛因斯坦，不管從任何角度，用任何標準衡量，他都是最耀眼的物理學家。藍道特別為他量身定做了一個獨一無二的等級—「1/2」級。所以一般人所認定的愛因斯坦是自牛頓之後最偉大的物理學家也廣為專業物理學家所認同。

　　當愛因斯坦筆下寫著：「偉大的牛頓年輕時曾經歷過一些美好的事物…」，並且感嘆：「對牛頓而言，大自然就像一本敞開的書。」。這段話其實也許正是對愛因斯坦自己最好的寫照呢！牛頓生命中充滿創造力的黃金時期是在 1665～1666 年，他為了躲避當時爆發的大瘟疫，回到林肯郡的烏爾索普（Woolsthope）家中，過著與世隔絕的生活。而愛因斯坦提出他一生中最大膽創新的理論時，是在瑞士伯恩專利局當一個沒沒無聞的小職員，和當時的物理學界沒有任何接觸。愛因斯坦在 1905 年不僅發表了狹義相對論，還發表了奠立量子物理理論基礎的論文。正是這篇論文在幾年後為他贏得了諾貝爾物理學獎—而非相對論。少年得志，無怪乎愛因斯坦有些擔心自己的原創力將枯竭。他曾寫信給好朋友所羅文（Maurice Solovine）說：「很快地，我也將邁入那種膠柱鼓瑟、故步自封的年紀，哀悼那狂放不羈的年輕心靈

蘇黎世——孕育革命運動的溫床

　　列寧以及許多革命家都在瑞士找到極安全的避難所，因為瑞士政府一向不吝於提供政治庇護。歐洲其他國家的領袖則認為，這會使原本和平民主的瑞士變成一個險地。的確，在 1873 年，俄國沙皇政府就曾要求學生們「立刻撤離這個糟糕的蘇黎世城」。或許，他們的擔心是有道理的。在 1917 年春天，列寧一夥人即在德國官方默許之下，由蘇黎世出發，搭乘密封式的火車動身前往俄國。

　　達達藝術運動則肇始於 1916 年的蘇黎世，主要是反抗當時一般人所信奉的傳統價值觀，抗議社會竟然容許第一次世界大戰時發生的大屠殺事件。達達主義刻意挑撥刺激、粗暴無禮，企圖警醒世人切勿安於現狀、故步自封。「達達」這個名字表面上的含意是「小孩子的玩具木馬」，一般認為它是從德法字典中被隨便翻選出來的。達達運動的發祥地是一家叫做「伏爾泰咖啡屋」的夜總會，代表人物有劇作家鮑爾以及歌手菡妮。雖然，夜總會舞台上的嘶吼與吶喊很快落幕了，但達達運動精神，卻和馬克斯主義、列寧主義一樣蓬勃發展，並且迅速地傳播到世界每個角落。最後，某些達達藝術家們加入了超現實主義藝術運動，而達利就是其中佼佼者。

圖 1.3 蘇黎世聯邦工學院的實驗室，愛因斯坦在這裡讀大學。（蘇黎世聯邦工學院圖書館授權）

逐漸凋零。」事實上，當時他才二十多歲！而且他畢生最顛
峰的成就—廣義相對論—才正醞釀產生呢。雖然愛因斯坦在
1907 年便對新的重力理論獲致了一些直觀，但他還得努力十
年的時間，才能將之轉化成我們今日所知道的廣義相對論。
接下來的章節中，我們會試著闡釋物理學中所謂的「狹
義」、「廣義」相對論，看看它們提出哪些顛覆性的觀點，
為物理學家提供探索世界的新視野。

　　直到第一次世界大戰後，正在柏林當教授的愛因斯坦才
突然受到舉世矚目。他預測當光線行經太陽附近時將會彎
曲，而此預言在 1919 年英國派遣探險隊拍攝日全蝕時得到
證實。英國泰晤士報當時的頭條新聞是這樣刊載的：「科學
大革命—宇宙新理論—牛頓觀點遭到推翻」。在我們審視愛
因斯坦的世界觀之前，我們應該要記得，當時的歐洲正處於
一個動盪不安的非常時期。政治上俄國大革命的餘波仍衝擊
著世界，甚至文藝界也正經歷前所未有的達達主義運動。說
來很巧，這兩個革命都和瑞士—愛因斯坦完成物理學教育的
地方—密切相關。相對論的誕生和政治藝術的革命均發源於
此，這難道純屬巧合？想當年，對年輕學子而言，蘇黎世是
個充滿活力與刺激的城市—當然這和今日瑞士「安全可靠」
的形象有很大出入。

　　社會學家福爾（Lewis Feuer）就曾明白指出，相對論是
源自蘇黎世革命的文化。從「相對論」這個命名上或許可以
提供一些線索給我們。因為從許多方面來看，這名字都並不
十分適當。愛因斯坦的學說常常被過度簡化成：「所有事情
都是相對的」。連愛因斯坦本人都曾犯過這樣的毛病，他發
表於泰晤士報上的文章中曾有一段話：

　　「對讀者而言，相對論還可以這樣應用：在今天，德國人稱
我德國科學家，英國人稱我瑞士猶太人；如果哪一天我成了令人
討厭的傢伙，那麼德國人會叫我瑞士猶太佬，而英國人會叫我德
國科學家。」

對於這點，泰晤士報反駁道：

「我們接受先生開的小玩笑，但別忘了，根據他自己理論的說法，愛因斯坦教授也不能為自己提供一個絕對的描述」。

政治與文化革命運動中所要傳達的，是社會價值或道德觀念的相對性。而相對論與它們其實是毫不相干的。事實上，既然相對論所做的預測明確具體，又相當符合實驗觀測，那麼如果我們稱它叫做「絕對論」也應該蠻不錯的。我們不免會臆測：當愛因斯坦刷新物理世界觀，為他的驚人理論命名時，因為移情作用，不知不覺將他對這個世界上種種因社會相對性而產生的壓力發洩出來。我們可以這麼說：這個孕育於伯恩專利局的相對論，也許是二十世紀瑞士革命風潮中最有價值且最恆久的成就。本書的主旨，就是告訴我們相對論是如何挑戰人們既有想法，如何對人們先入為主的時空觀提出不斷的質疑。

愛因斯坦在他的自傳中寫道：

「…有時我們往往會不由自主對一些親身經驗感到懷疑，尤其是當那些經驗和腦子裡固有的觀念抵觸時。」

相對論帶來許多疑惑，要接受它使人倍感掙扎。問題出在：當我們想把相對論的時空觀應用在直覺掛帥的日常生活經驗中時，它顯得既詭異又令人難以相信。像量子力學一樣，相對論對事情的預測永遠和你想的大相逕庭。然而，和量子理論一樣，科學實驗證明了愛因斯坦相對論的許多預測。所以，我們別無選擇，只好重新調整自己的想法、拓展新的思考去容納新的觀念。為了加深讀者信心，相信相對論已經在各方面以各種方法被仔細地檢驗過，這也是本書的目標。

愛因斯坦到底是怎麼發現相對論的？重要的關鍵來自愛

圖 1.4 瑞士蘇黎世一景，愛因斯坦曾在此地的聯邦工學院就讀。他成為瑞士公民之後，甚至自願服兵役，但因資格不符被拒絕。蘇黎世這個商業城市在 20 世紀初的歐洲革命運動扮演著重要角色。（感謝瑞士觀光局提供）

THE GLORIOUS DEAD.

KING'S CALL TO HIS PEOPLE.

ARMISTICE DAY OBSERVANCE.

TWO MINUTES' PAUSE FROM WORK.

The King invites all his people to join him in a special celebration of the anniversary of the cessation of war, as set forth in the following message :—

TO ALL MY PEOPLE.

BUCKINGHAM PALACE.

Tuesday next, November 11, is the first anniversary of the Armistice, which stayed the world-wide carnage of the four preceding years and marked the victory of Right and Freedom. I believe that my people in every part of the Empire fervently wish to perpetuate the memory of that Great Deliverance, and of those who laid down their lives to achieve it.

To afford an opportunity for the universal expression of this feeling it is my desire and hope that at the hour when the Armistice came into force, the eleventh hour of the eleventh day of the eleventh month, there may be, for the brief space of two minutes, a complete suspension of all our normal activities. During that time, except in the rare cases where this may be impracticable, all work, all sound, and all locomotion should cease, so that, in perfect stillness, the thoughts of every one may be concentrated on reverent remembrance of the Glorious Dead.

No elaborate organization appears to be necessary. At a given signal, which can easily be arranged to suit the circumstances of each locality, I believe that we shall all gladly interrupt our business and pleasure, whatever it may be, and unite in this simple service of Silence and Remembrance.

GEORGE R.I.

YUDENITCH'S LOSSES.

RETIRING IN GOOD ORDER.

(FROM OUR SPECIAL CORRESPONDENT.)

HELSINGFORS, Nov. 6.

A Bolshevist detachment has crossed the river Plyusa in the direction of Gdoff [Yudenitch's southern base].

General Yudenitch's retirement has been effected in good order. His total losses in men are computed at 4,000—a total more than made good by enrolments from prisoners. The loss of material was small, and all the Tanks were brought back.

The Foreign Legion, which numbered about 200, lost three-fourths of its strength, having taken part in the severe fighting at Yamburg at the beginning of the offensive. This Legion was formed at Archangel, and was chiefly composed of Russians. It earned its name because it was officered originally by the French. Since its transfer to the North-West Front it has contained also Danes, Swedes, and Swiss.

Unfortunately, the mistakes made in the previous offensive were repeated in Yudenitch's last advance. There was not sufficient unity in the higher command, nor sufficient care taken to consult the feelings of the population. Further, a complete picked division at the disposal of General Laidoner (the Esthonian Commander-in-Chief) for use against Krasnaya Gorka could not be sent, presumably because of the unsympathetic attitude of Russian military circles towards the Esthonians.

November 9 has been named as the date for the resumption of the discussions between the Baltic States on the question of peace negotiations with the Bolshevists. It is reported that an envoy has been dispatched by the Polish Government to sound the Baltic States on a plan of common action, not excluding the possibility of Poland's making peace with the Bolshevists.

RED ADVANCE.

The Bolshevist report of November 5 shows that on Yudenitch's left flank and in the centre the Red Army has made little progress since Sunday. The Reds claim to be no more than 10 miles west of Gatchina.

On Yudenitch's right flank, however, the Red advance is marked. The Bolshevists have now almost complete possession of the railway from Gatchina to Pskoff and from the east and the south they are marching towards Gdoff, Yudenitch's base on Lake Peipus. "We are," says the *communiqué*, "uninterruptedly advancing."

FINLAND DECLINES TO INTERVENE.

ALLIES' ATTITUDE.

(FROM OUR CORRESPONDENT.)

ABO, Nov. 5.

The Finnish Government has replied to M. Lianosoff, the head of the North-West Russian Government, stating that it is unable to grant his request for Finnish help against the Bolshevists.

Discussing the question of Finnish intervention the Helsingfors newspaper *Hufvudstadsblad* writes that the Government's decision was scarcely unexpected.

The question (it says) of Finland's participation in the struggle against Bolshevism must be dependent upon due security being given us that the materials necessary for the enterprise are placed at our disposition that the cost of the military expedition should be repaid us, and also that should large contingents of Bolshevist troops be sent against our troops they should not be left to their own resources but could depend upon the effective help of the Powers. From the Government's answer it is clear that at present these guarantees do not exist.

No promises from the Entente States have been given or any request made to Finland to give active support to the White Russians. A telegram received by the Government from Paris categorically explains that France is not willing to give assistance and the French Government does not wish to exhort Finland to action as France is not willing to invest itself with the responsibility.

*** We understand that this explanation of the attitude of France also faithfully represents that of the British Government.

KOLTCHAK LEAVING OMSK.

STEADY BOLSHEVIST ADVANCE.

OMSK, Oct. 30 (Delayed).—The Civil Government is evacuating Omsk. Admiral Koltchak's army is retreating on the whole front.—*Reuter*

For the past fortnight the Eastern Bolshevist Army, reinforced by troops from Turkestan and Central Russia, has been conducting an energetic offensive against the Siberian Army. The right wing of the Reds, which had been driven back almost to Kurgan, made a determined attack, recaptured Petropavlovsk—where the Ishim

river crosses the Siberian Railway—and by the last report was 27 miles east of that town—that is, some 170 miles west of Omsk. In the centre the Reds are also advancing towards Omsk; on their left (north) flank, since the capture of Tobolsk, their progress has been slow.

BOLSHEVIST report, Nov. 5 :—

Along the Siberian Railway the Red troops are advancing on Bezrukobsky, 14 miles west of Ishim. We have captured 1,200 prisoners, and trophies which have not yet been counted.

On the night of November 5 the Red troops triumphantly occupied the town of Ishim.—*Wireless Press.*

REVOLUTION IN SCIENCE.

NEW THEORY OF THE UNIVERSE.

NEWTONIAN IDEAS OVERTHROWN.

Yesterday afternoon in the rooms of the Royal Society, at a joint session of the Royal and Astronomical Societies, the results obtained by British observers of the total solar eclipse of May 29 were discussed.

The greatest possible interest had been aroused in scientific circles by the hope that rival theories of a fundamental physical problem would be put to the test, and there was a very large attendance of astronomers and physicists. It was generally accepted that the observations were decisive in the verifying of the prediction of the famous physicist, Einstein, stated by the President of the Royal Society as being the most remarkable scientific event since the discovery of the predicted existence of the planet Neptune. But there was difference of opinion as to whether science had to face merely a new and unexplained fact, or to reckon with a theory that would completely revolutionize the accepted fundamentals of physics.

SIR FRANK DYSON, the Astronomer Royal, described the work of the expeditions sent respectively to Sobral in North Brazil and the island of Principe, off the West Coast of Africa. At each of these places, if the weather were propitious on the day of the eclipse, it would be possible to take during totality a set of photographs of the obscured sun and of a number of bright stars which happened to be in its immediate vicinity. The desired object was to ascertain whether the light from these stars, as it passed the sun, came as directly towards us as if the sun were not there, or if there was a deflection due to its presence, and if the latter proved to be the case, what the amount of the deflection was. If deflection did occur, the stars would appear on the photographic plates at a measurable distance from their theoretical positions. He explained in detail the apparatus that had been employed, the corrections that had to be made for various disturbing factors, and the methods by which comparison between the theoretical and the observed positions had been made. He convinced the meeting that the results were definite and conclusive. Deflection did take place, and the measurements showed that the extent of the deflection was in close accord with the theoretical degree predicted by Einstein, as opposed to half that degree, the amount that would follow from the principles of Newton. It is interesting to recall that Sir Oliver Lodge, speaking at the Royal Institution last February, had also ventured on a prediction. He doubted if deflection would be observed, but was confident that if it did take place, it would follow the law of Newton and not that of Einstein.

DR. CROMMELIN and PROFESSOR EDDINGTON, two of the actual observers, followed the Astronomer-Royal, and gave interesting accounts of their work, in every way confirming the general conclusions that had been enunciated.

"MOMENTOUS PRONOUNCEMENT."

So far the matter was clear, but when the discussion began, it was plain that the scientific interest centred more in the theoretical bearings of the results than in the results themselves. Even the President of the Royal Society, in stating that they had just listened to "one of the most momentous, if not the most momentous, pronouncements of human thought," had to confess that no one had yet succeeded in stating in clear language what the theory of Einstein really was. It was accepted, however, that Einstein, on the basis of his theory, had made three predictions. The first, as to the motion of the planet Mercury, had been verified. The second, as to the existence and the degree of deflection of light as it passed the sphere of influence of the sun, had now been verified. As to the third, which depended on spectroscopic observations there was still uncertainty. But he was confident that the Einstein theory must now be reckoned with, and that our conceptions of the fabric of the universe must be fundamentally altered.

At this stage Sir Oliver Lodge, whose contribution to the discussion had been eagerly expected, left the meeting.

Subsequent speakers joined in congratulating the observers, and agreed in accepting their results. More than one, however, including Professor Newall, of Cambridge, hesitated as to the full extent of the inferences that had been drawn and suggested that the phenomena might be due to an unknown solar atmosphere further in its extent than had been supposed and with unknown properties. No speaker succeeded in giving a clear non-mathematical statement of the theoretical question.

SPACE "WARPED."

Put in the most general way it may be described as follows: the Newtonian principles assume that space is invariable, that, for instance, the three angles of a triangle always equal, and must equal, two right angles. But these principles really rest on the observation that the angles of a triangle do equal two right angles, and that a circle is really circular. But there are certain physical facts that seem to throw doubt on the universality of these observations, and suggest that space may acquire a twist or warp in certain circumstances, as, for instance, under the influence of gravitation, a dislocation in itself slight and applying to the instruments of measurement as well as to the things measured. The Einstein doctrine is that the qualities of space, hitherto believed absolute, are relative to their circumstances. He drew the inference from his theory that in certain cases actual measurement of light would show the effects of the warping in a degree that could be predicted and calculated. His predictions in two of three cases have now been verified, but the question remains open as to whether the verifications prove the theory from which the predictions were deduced.

圖 1.5 這是（1919 年 11 月 7 日）登在英國泰晤士報的文章，有關愛丁頓日蝕探險隊的報導。探險隊此行目的之一是要確認愛因斯坦的光會因太陽重力彎曲的預測。（泰晤士報，1972 大英圖書館的新聞報紙圖書館提供）

因斯坦他十分瞭解牛頓和馬克士威「古典」理論的成功之處與其極限。很奇特地，愛因斯坦認爲自己會發現相對論的原因是他的智慧「發展遲緩」。他解釋：

「對一般正常的成人而言，時間和空間方面的問題是不會困擾他們的。在他們心中，所有應該知道的事情，老早在孩提時候都瞭解了。而我則相反，我是在長大成人之後，才開始思索這一類的問題，所以我會思考的更深入一點。」

在 16 歲左右時他開始思索一個問題：假如用光速旅行會造成什麼結果？19 世紀的科學界還沒有「速度值有上限」這樣的觀念，所以雖然稍爲有點不切實際，但這種想像是可能發生的。然而，一旦談到用光速旅行，就會牽扯到好幾個有趣的問題。其中之一便是所謂的「愛因斯坦的鏡子」：假設你和你面前的鏡子同時以光速運動，你會看到什麼景象？

圖 1.7 愛德勒（Friedrick Adler 1879-1960），是物理學家也是信仰馬克斯主義的革命家。他與愛因斯坦同是物理系學生，也是好朋友。曾有一段時間，兩人還生活在同一個屋簷下。1909 年因為他的禮讓，使愛因斯坦可以在蘇黎世大學得到第一份教職。這罕見的情況和 1669 年貝羅（Isaac Barrow）辭去劍橋大學教授職位轉而支持牛頓接任十分雷同。1916 年愛德勒射殺奧地利總理，他在受審判時提出一份奇特的答辯書，內容兼具道德與物理的相對論以及馬克斯主義教條。愛因斯坦曾主動要寫信替他辯護。

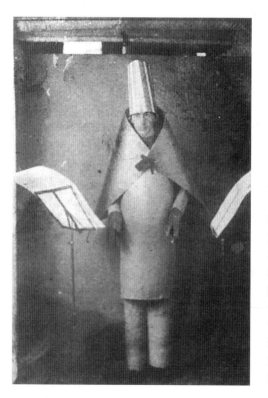

圖 1.6 鮑爾（Hugo Ball 1886-1927），德國和平主義者以及達達藝術運動先驅。從許多方面說，達達主義是反第一次世界大戰所帶來的恐怖與瘋狂。達達的另一位創立者查拉（Tristan Tzara）便曾宣示：「達達就是虛無」。其實，達達主義表現出對一切事物的狂亂顛覆，包括舊有價值、藝術傳統手法和政治的必然性。鮑爾和歌手菡妮（Emmy Henning）結婚，日後他更摒棄了身外之物，退隱於瑞士鄉間，與農夫過著虔誠簡樸的生活。並且退隱在瑞士鄉間當一名農夫。他的自傳書名為《從時間飛來》(Flight from Time)。

這就是一種「想像實驗」的典型範例。在愛因斯坦的一生中，就用這種靠想像力的實驗得到很多大發現。包括著名的（但卻徹底失敗的）那一次：在和波耳多次筆戰之後，企圖證明量子力學是錯誤的。。

當愛因斯坦創立了狹義相對論後，「鏡子」的問題隨即豁然開朗。其實在探討光速鏡子的例子中，愛因斯坦已掌握了狹義相對論的關鍵之鑰。雖然在那個年代，不是只有愛因斯坦在研究光的性質，也並非只有他才注意到光速會受到觀察者運動狀況的影響。但是只有愛因斯坦，只有他一個人，瞭解這個問題的答案將會開創畫時代的科學革命，促使人們必須對時間的本質重新思考。本章的前七章，將專門探討這種對時空觀念的新見解，即愛因斯坦狹義相對論的要旨所在；並且會說明今日它在物理、化學、醫學上的日常應用。以及特殊地，在歐洲、美國及俄國的巨大粒子加速器的運轉與設計也都依賴著狹義相對論。

而廣義相對論，基本上便是個重力理論，又是另一番光景。就某種意義上我們可以說：愛因斯坦狹義相對論修正了牛頓的運動定律，而廣義相對論修正了牛頓的萬有引力定

圖 **1.8** 貝索（Michele Angelo Besso）（1873-1955）及他的妻子安攝於 1898 年。安是愛因斯坦就讀學校校長文泰勒（Jost Winteler）的女兒。貝索則是愛因斯坦一生摯交，也是他在伯恩專利局的同事。貝索是世界上第一個聽到相對論的人。愛因斯坦跟貝索說：在全歐洲我再也找不到比你更好的「共鳴板」了。回憶起以往共事的時光，愛因斯坦寫信給貝索時提到：「我像一個隱居的修道士，孵出了我人生中最美妙的想法，而且我們在一起擁有多麼美好的時光啊！」

律。愛因斯坦用「我一生中最快樂的見解」來形容他是如何
靈光乍現而創立廣義相對論：

> 「當時我坐在專利局的辦公桌前，突然有個念頭閃過大腦，
> 『如果有一個人由空中自由落下，他會覺得自己在失重狀態。』
> 我被自己這個想法震懾了；這想法雖簡單，但對我影響卻很大，
> 它驅使我朝著重力理論前進。」

　　腦海中這幅「墜落之人」圖像讓愛因斯坦全神投入，不
眠不休辛勤耕耘了 8 年。終於在 1915 年，他成功地把心中
這幅景象發展成羽翼完整的廣義相對論。而因為前述英國派
遣的日蝕觀測探險隊，這個有關重力的新理論很快地在觀測
上得到證實。雖然愛因斯坦因這次的大成功受到舉世矚目，

圖 1.9 愛因斯坦（前列右）在瑞士阿勞（Aarau）的課堂中。授課老師是文泰勒博士，也是愛因斯坦好友貝索的岳父。愛因斯坦很討厭在慕尼黑時接受到的刻板教育，在瑞士的自由民主氣息之下，他獲得了終其一生受用不盡的自信心。也是在阿勞學校時，愛因斯坦第一次開始構想有關光的問題。

登上全世界的舞台，但和狹義相對論不一樣的是，這次我們幾乎找不到廣義相對論可以被應用的領域。它變得有點像是當代物理學中的「神殿」，人們敬畏尊崇，但不太敢造次進入。在 1960 年代，事情發展有了戲劇性的轉變。隨著原子鐘的發展，太空旅行和電波天文學爲此議題注入了新生命；爲了證明愛因斯坦的觀點，有越來越多更新、更精確的實驗陸續被策劃與執行。類星體（Quasar）和脈衝星（pulsar）相繼被發現，而新世代的物理學家也開始認真探討愛因斯坦曾在廣義相對論中所預言的「黑洞」所蘊藏的奇異奧秘。在 1965 年更發現了微波背景輻射，一般解釋認爲它是宇宙誕生時「大霹靂」的殘留物，這使得人們重新對愛因斯坦的廣義相對論產生興趣，並冀望以此作爲現代宇宙學研究的工具。此刻，許多實驗也正進行著試圖尋找重力波—廣義相對論中另一個預言。在「後愛因斯坦」時代，不管是做實驗的還是做理論研究，愛因斯坦的廣義相對論都是最前線的。本書的第 8 章到第 10 章將論述這些內容。

　　只要是講述有關相對論的書籍，或多或少都會提到愛因斯坦花費他研究生涯絕大部分時間想要實現一個夢想—統合所有自然定律的「統一場論」。在當時，他的這些研究既非主流，又不像量子力學和原子核物理那樣可以在應用領域上一鳴驚人。不過，此一時也彼一時也，在今天理論物理的領域中，類似這樣的研究是很蓬勃興盛的。愛因斯坦使時空的幾何成爲廣義相對論中開啓重力之鑰。而把這種類似的幾何觀點延伸到物理學其他領域，也是愛因斯坦偉大的貢獻之一。在本書第十章會描述在 1990 年代晚期一些這類企圖的發展狀況。

時間和時鐘

　　要大家接受『時間』這東西的定義就是「我手上的錶指針所在的位置」，看來似乎不難。假如我們只關心手錶所在地的時間，實際上這個定義就夠了。但是如果你討論的事件發生在距離手錶

很遙遠的地方，那麼這種說法就不再令人滿意。

愛因斯坦，《運動物體的電動力學》，1905

　　相信許多人都有這樣的經驗：在毫無意識的狀況下，順手做完許多例行公事，做完了後甚至自己都記不得。比方說，你在開車時似乎只有一小部分腦子用在駕駛，而腦子其它部份則用來忙別的。當然，除非有突發的狀況需作反應，否則就將這麼一路開下去。這真是太神奇了！像裝了自動控制系統一樣，不勞費心，事情啪啦一下就做好了。說來奇怪，有類似經驗的人都有種共同的感覺：在這過程當中，時間的流逝似乎凝結住、停止了。這種「時間感覺中斷」的現象正好明白地告訴我們：我們對時間的感覺是來自「有意識地專注於身體與心靈的變化」，因為這些變化可當作時間記錄點。我們不禁要問了：難道「時間」這東西真的能簡化到像「晝夜更替」或「生老病死」這樣的生命規律嗎？或者，時間是大自然中內孕的一種更基本的性質？

　　假如我們翻轉一個沙漏讓沙子漏下來，無論我們翻幾次，裡面的沙子漏光的時間應該都相同（但事實上不可能啦！就算你拼命想要做得一模一樣也沒辦法，因為有些事可能會出錯，像沙子變濕了結果就黏在一起了等等。）時鐘正是可以不斷重複某一動作而且可以計算此動作發生次數的一種裝置，也因此它可以計量時間的流逝。其實只要數數心跳脈搏就可以計時。不用說你也知道這不會是一個很準確的鐘，因為人的脈搏隨心情的起伏會波動，劇烈運動也會使它加快。不要緊，日常生活裡可以計時的方法俯拾皆是呢。

　　對地球人而言最熟悉的時間現象就是「日出」、「日落」了。但我們無法用白晝、黑夜的時間長度來做計時的基礎，因為它們是會隨季節變化消長的。甚至用「一晝夜」一每兩次太陽到天空最高點的時間間距一也不行，因為每一晝夜的長度在一年中也是天天不同。因為地球的繞日軌道實際上是橢圓而不是正圓，且地球自轉軸並不垂直黃道面，略有

一些傾斜，這使得每一個「太陽日」時長都不一樣，有時甚至相差到十五分鐘以上。也許有人會想：既然用太陽不準，那用其他恆星總可以吧！把地球相對於某恆星自轉一週所需的時間定義成「恆星日」來當我們的計時的基準應該比較好。不幸的是，這樣也行不通。比方說像是月球潮汐力等等諸如此類的影響仍然會造成每日時長不均。在兩億年前（那時大概只有恐龍才需要看錶吧！）用我們現在的計時單位來

圖 1.10 意大利帕多瓦（Padua）的丹第（Giovanni de Dondi）在 1350 年製作的天文鐘之重新打造模樣。這座充滿美感的機械裝置花了丹第十六年的時間才完成。它七個面上的每一面，「行星」的軌跡（從地球觀察角度而言）都被描繪出來。在當時，太陽、月亮都被當成「行星」，而地球是被想成固定在宇宙的中心。當這座鐘完成時，機械鐘才剛剛被發明。請注意一點：在古早時期，天文學和呈現時間的機械裝置，兩者緊密的相關性。（感謝國立美國歷史博物館，史密松研究中心提供）

圖 1.11 比薩大教堂和它華麗精美的吊燈。為了要點燃燈上的蠟燭，一個修道士用一根長竿將吊燈拉向一邊。當完成了這項艱鉅的工作後他放開吊燈，這時燈會費點時間以很大的弧度擺盪回來。在 1581 年某一個星期日早上，伽利略注意到：當這個擺盪運動的速度和角度都漸漸減小的時候，擺盪一次所需的時間卻會維持固定。那時候伽利略是用他的脈搏來測擺動週期。據說這是鐘擺時鐘原始概念的起源。

算，一天約莫二十三小時，而一年將近三百八十天。那麼，用地球公轉週期來定義「一年」又如何呢？事實上這個時間間距也受到太陽系中其它行星的重力牽制影響，一直在作小幅的變動。以上種種需修正核定的量都可以由牛頓運動定律和萬有引力定律計算出來。牛頓定律隱含著一個放諸四海皆準，綜觀宇宙皆適用的時間，也就是「絕對時間」的概念—這正是愛因斯坦想推翻的觀念。

從三百多年前發明第一個精準的機械鐘開始，到今日物美價廉的電子石英錶，隨著鐘錶的普及，人們對時間的概念漸漸跳脫了物換星移等自然現象，發展成一種比較抽象的感覺。在科學實驗室中，最準的鐘要算「原子鐘」了。原子鐘是利用原子中的電子在特定能階中躍遷時發出輻射頻率來訂定時間。這個方法非常準確，所以 1967 年以後，國際標準秒就用「銫」原子鐘來定義。此輻射頻率是每秒震盪 9192631770 次，大約是微波的範圍。用這麼準的鐘就可以測出地球每一次自轉時間的微小差距。為了防止這種誤差累加，造成原子鐘時間和日曆配合不上，就得適時加上「閏秒」修正，差不多每年一秒。

其實，不管原子鐘再精準，都沒有改變我們對時間的傳統認知。愛因斯坦告訴我們，如果試著和發生在遙遠處的事件「對時」，你對時間觀念的一般常識將會瓦解。對同一事件，不同的觀察者將會測到不同的時間。愛因斯坦對於「時間並非絕對」概念的這個大突破，是植基於光速的一種很奇怪的特性：不管你在怎樣的狀態下測量它，光速永遠維持定值。因為有關光和時間的這些事實與接下來的論述牽扯太大，在此我們先儘量舉出具體的場景來為你說明清楚。

你準備好了嗎？讓我們飛進未來，搭上家喻戶曉的「企業號」太空船，勇往直前地航向浩瀚無垠、神秘刺激的宇宙時空吧。

圖 **1.12** 這是讓照相機連續曝光十小時後所形成的星光拖曳軌跡。這張照片拍攝自澳洲新南威爾斯的英澳
（Anglo-Australian）望遠鏡圓頂，顯示靠近南極的星空。星星所顯現出的運動是源自地球自轉。（英澳
天文台；馬林（David Malin）拍攝）

圖 1.13 這是英國泰晤士報 1972年7月21日的剪報（泰晤士報，1972，大英圖書館的新聞報紙圖書館提供）

Time suspended for a second

Time will stand still throughout the world for one second at midnight, June 30. All radio time signals will insert a "leap second" to bring Greenwich Mean Time into line with the earth's loss of three thousandths of a second a day.

The signal from the Royal Greenwich Observatory to Broadcasting House at midnight GMT (1 am BST July 1) will be six short pips marking the seconds 55 to 60 inclusive, followed by a lengthened signal at the following second to mark the new minute.

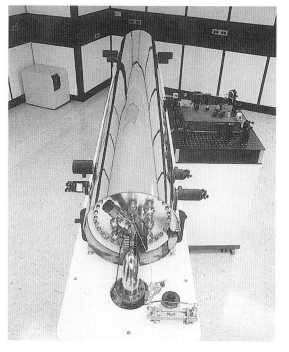

圖 1.14 NIST-7，光學驅動的原子鐘，放置於美國標準技術研究院。它的精確源自銫原子的穩定振動頻率。（感謝美國國家標準技術研究院提供）

任務一：快跑的時鐘走得慢

「企業號」太空船上的反物質曲速引擎可以使它到達幾乎接近光速C的速度，即將近 300000000 公尺/秒。在第一項任務中，我們要搭企業號，用二分之一光速飛到鄰近的恆星系統，然後再用同樣的速率飛回來。當我們重返地球時，發現地球已經過了 30 個年頭，但根據太空船上的鐘，整個旅程應該只花費 26 年而已。如果我們理所當然地認定，地球上的鐘和太空船上的鐘本該跑得一樣快，那這個 30 年和 26 年的事實真的就荒謬透頂，令人難以置信。而這個例子正是相對論中著名的「孿生子謬誤」的精髓所在呢！就像太空船上運動的時鐘一樣，任何移動的時鐘都走得慢，包括人也老得慢了。所以當你返航時，會赫然發現自己竟然比眼前的雙胞兄弟年輕四歲！要瞭解這個明顯矛盾，關鍵在於：雙胞胎兩人所經歷的事件過程有所不同。只有太空船上的那一個，在太空船掉頭的時候感受到減速及加速狀態。類似的事件，

圖 1.15「企業號」太空船劇
照。（版權所有：1988 派拉
蒙電影股份有限公司）

　　我們稍後會在書中詳述細節，現在，請讀者先相信這個事
實：

運動中的時鐘走得比靜止的時鐘慢

　　本章最後一節，我們會再提供一些實驗證據。在速度遠
小於光速時，時鐘變慢的效應非常微小。比方說，在英國行
星際學會的泰達路斯（Daedalus）計畫中，嘗試著用一種速
度可達 13%光速的核子動力太空船做實驗，預計花 50 年可
抵達巴納德（Barnard）星，而太空船上的鐘會比地球上的對
照組時鐘大概慢五個月左右。一個繞地球運行的人造衛星，
因為速度而導致的時間延遲小於 1 / 1000000000。因為有精

準的原子鐘，這些很小的時間差異就可以被測量到，而得出一些有意義的結果。

任務二：速度不能簡單相加

「企業號」太空船要執行它的第二件任務了。備好光子砲，人員就戰鬥位置，我們得小心翼翼，一步一步逼近敵人領土。突然，「紅色警戒！紅色警戒！」太空船闖入克林貢人領空，「企業號」迅速以 1/2 光速撤退。但來不及了！克林貢人已經朝太空船發射致命的光子砲…。現在，用一般常識判斷：我方以 1/2 光速撤退，而敵方光子砲是以全光速進攻，那麼致命的光波應該以 1/2 光速迫近我們。錯了！在企業號艦橋上我方人員清楚地測量到，襲擊我們的光波速度是完完整整的光速 C。此即相對論基本理論之一：無論觀察者如何運動，其所測光速不變。想也知道，當年愛因斯坦第一次提出光具有這種詭異行為的時候，遭受到的阻力有多大。然而今日，這個光的基本性質已經被仔細地驗證過，等一下我們會提到。

接下來還有驚人的事呢！剛剛我們講到企業號暫時撤退，但是我方也非省油之燈，邊退它也不甘示弱地用光子砲還擊敵人。先前很凶悍的克林貢人吃到苦頭，倉皇撤退，也用 1/2 光速反向逃逸。現在的情形是：我方正以 1/2 光速朝一方向運動，克林貢人也正以 1/2 光速朝反方向運動。我們一般直覺的判斷是：在這種情況下，我軍朝克林貢軍打出以光速運行的光子砲恐怕永遠擊不中目標了。又錯了！克林貢人見到的光子砲可是結結實實地以光速 C 逼近。還有奇怪的事呢！我方見到敵人撤退遠離時相對於我們的速度，也並非光速 C，而是大約 0.8C 左右。

我們會在稍後書中好好探討這種奇怪的速度加成法，但是現在請讀者注意一個事實：

無論發出訊號者或接收訊號者怎麼運動，光速都不變。

換句話說，對所有的觀察者來說，不管本身運動狀態為

何，都會測到相同光速。這種和直覺背道而馳的特殊現象，即為相對論理論精髓所在。讓我們更進一步探討光速的特性：為何雙方不約而同選「光子砲」做武器？因為光的速度是最快的，世界上沒有任何東西的速度可以超越光速。這種說法再度違反了牛頓的運動定律。根據牛頓的理論，只要有加速度，我們可以隨心所欲加速任何物體到任何速度乃至於速度無限大。但依照愛因斯坦的說法，如果我們要把一艘太空船加速到光速，將會耗掉「無限多」的能量。上述這些奇怪的現象都要回歸到實驗來證明，想看看科學家是怎麼完成這些實驗，請待下回分解。

圖 **1.16**「記憶的持續」（The Persistence of Memory）達利（Salvador Dali）(1931)。油畫，24.1×33 公分。（1996紐約現代藝術博物館）

任務三：你給我重力，我讓你時間變慢

在上一回和敵人驚險的遭遇戰中安然無恙，企業號繼續

它的太空冒險，迎向充滿未知的宇宙。根據廣義相對論，宇宙間存在一種叫做「黑洞」的物體，在它強大重力的勢力範圍中，所有的物質都將被極度壓縮。黑洞的重力大到什麼地步呢？甚至連光線都無法逃出它的手掌心。現在企業號就發現自己正靠近這麼一個東西，駕駛員可得當心喔，千萬別超過黑洞周圍的臨界區域─所謂「事件視界」──一旦越界，就會被黑洞重力吸進去，註定萬劫不復了。當然企業號上的人不會笨到拿自己生命開玩笑而自投羅網的，聰明的艦隊船員發射一艘自動控制的無人探測艇去探一探黑洞虛實。首先，我們看到小艇加速衝向黑洞，但當它逼近「事件視界」時，事情變得有點不太對勁：它看起來逐漸變慢，變慢…凍結住了！似乎永遠也跨不過邊界。不過，這是企業號上的人觀察到的。說來奇怪，如果此刻探測艇上恰好有一個倒楣的偷渡客，他的感覺可不會像剛才描述的一樣。反之，他會覺得自己咻一下就穿越邊界，墜落到黑洞之中。稍後的章節，我們會再討論黑洞中是怎樣一幅景象。

在這次的冒險中，我們唯一要強調的重點是：

重力使時間變慢了。

「黑洞」這東西詭異極了，你日常的生活經驗在這裡似乎全走了樣兒。為了瞭解它，我們可以先從一個有點怪又不太怪的傢伙─「中子星」─著手。在中子星附近，物質不會被壓縮到像黑洞裡那麼大的密度，不過數值也挺驚人的：在中子星上一根湯匙重約 10 億公噸。中子星是目前天文學理論上被普遍承認存在的天體，它的模樣恰似將我們的太陽壓縮到直徑 10 英里左右。在中子星表面，時鐘會很明顯地比「企業號」上的時鐘慢。但不同於黑洞的是，如果有物體用接近光速從表面升空，這次是有可能逃離中子星強大重力場的吸引。

看看環繞地球運行的人造衛星，就會明白重力造成時間減慢的效應是不可忽視的。人造衛星上的時鐘跑得比地表上的快，因為它高高在上，受重力影響較小。當然這個差異很

小（約 10 億分之 1），而且又和人造衛星因為「跑得快、鐘變慢」的效應恰好相反。現代的物理實驗是有許多好辦法可以證明相對論對人造衛星和火箭上種種現象的預言。

時間實驗

> 我們推斷：若有兩個一模一樣的鐘，將一個放在赤道，另一個放在北極，除了放置地點不同之外其餘條件完全相同。如此一來，赤道的鐘會走得慢一些。
>
> 愛因斯坦，《運動物體的電動力學》，1905

　　哥白尼（Nicolaus Copernicus）時代，人們已經可以瞭解：「旭日東升」是因為地球自轉。住在赤道的居民每小時隨著地球由西向東轉約 1000 英里。早在西元 1905 年，愛因斯坦就明白這樣的一個速度將使赤道的鐘走得比南北極的更慢。這減慢的時間量值—科學論文中所謂的「時間變慢」—在 1000 年後會累積到 4 秒。等到原子鐘問世，仗著它驚人的準確性，科學家們才把愛因斯坦本來無法驗證的預言，一項項用實驗證明。

　　在本章前頭我們已提過原子鐘的發展。而到了約 1960 年，人們已可利用它去偵測地球自轉週期的微小變異，一些科學家團隊於是想到可以藉由火箭或人造衛星攜帶原子鐘升空，去測量愛因斯坦對於「時間會變慢」的預言。這樣的實驗花費昂貴的要命，科學家還得努力去籌錢才可以，這需要花一點時間和費一些唇舌。兩位物理學家海福樂（Joseph Hafele）和基廷（Richard Keating）拔得頭籌，首先完成了「廉價版」的時間實驗。他們的計畫是利用一架普通的商用飛機，載著原子鐘去測量時間變慢效應。1971 年 10 月海福樂和基廷把原子鐘當手提行李帶上飛機，先向西繞地球飛一圈，然後再向東繞飛一圈。這麼一來，可以把地球自轉的效應在兩次測量數據中抵銷去。飛機每一次的停駐和每當有速度、高度、緯度變化時，都得要仔細地納入計算考量。最後

得到的實驗結果和愛因斯坦最初的預測─包括速度和重力二者雙重影響─相差約 10%。實驗全程花費約 8000 美元，絕大部分是飛行開銷。

繼海福樂和基廷的經典實驗之後，人們陸續完成一些相關實驗。當然，精確度更提升了。像是阿力（Carroll Alley）主持的一個實驗是就是利用美國軍用飛機飛越赤夏海灣（Chesapeake Bay）；美國航太總署（NASA）也贊助維索特（Robert Vessot）和李凡（Martine Levine）利用火箭載運原子鐘來做實驗。火箭一飛沖天直達 6000 英哩高度，這次實驗主要是測量重力對時間的影響。結果更準了！離愛因斯坦的預測只剩 1/10000 的誤差。

其實要檢驗愛因斯坦的狹義相對論，不用原子鐘也可以辦到。早期就有一些有關宇宙射線緲子（muor）的實驗可供探討。宇宙射線來自外太空，是海斯（Victor Hess）在做了

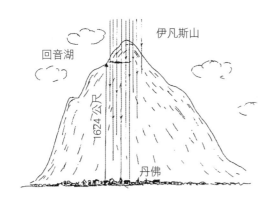

圖 1.18 圖示當緲子從回音湖到丹佛的途徑上，因衰變及大氣吸收的緣故而數量銳減。抵達丹佛的緲子比預期的多，因為愛因斯坦的時間變慢效應延長了不穩定的緲子的壽命，尤其是那些高能的粒子。

圖 1.17 奧地利物理學家海斯(1883-1964) 攝於熱氣球的吊籃中。他正完成一次宇宙射線的發現之旅。海斯與美國人安德生（Carl Anderson）─1932 年在宇宙射線中發現反電子（就是正子）─於 1936 年共同得到諾貝爾物理獎。

多次相當危險的熱氣球飛行之後，首先發現它的存在。他測出，大約離地表 1 英里高處，高能量的粒子大量增加，數量遠多於地表。這代表輻射源不是來自地球本身。他更進一步地在夜晚飛行，在日蝕期間飛行，以排除太陽是此輻射來源的可能性。結果發現宇宙射線應該來自太陽系以外。

　　緲子是穿透力最強的幾種宇宙射線之一。穿過厚實的岩層，在很深很深的礦坑中，仍然能發現它的存在。緲子和物質的交互作用很微弱，起初科學家也搞不清楚它的特性，後來才瞭解它大概像一個「重電子」，比電子重兩百倍。雖然我們可以把緲子當作基本粒子，但對於它的存在，直到今日其實還是感覺挺神秘的。有位著名的物理學家雷比（Isidore Rabi）在得知發現緲子後，曾這樣問道：「是誰單點了這道『菜』？」諾貝爾物理獎得主費曼（Richard Feynman）也在研究室的黑板上寫著：「為什麼緲子會有重量呢？」儘管物理學家不瞭解緲子為何會存在，但他們仍能小心翼翼地實驗釐清緲子的所有性質。

　　1940 年，羅西（Bruno Rossi）和同事設計實驗測量緲子的強度—也就是緲子在每秒之中抵達的個數。他選擇同時在接近伊凡斯（Evans）山頂的回音湖和丹佛附近的地面做測量。因為緲子可能會被大氣吸收，為了彌補這點，他還用了一塊大鐵板蓋住回音湖的那套實驗儀器，來抵銷水平地面上那套儀器因多穿越一段大氣所造成的損失。比對多次測量的結果一致顯示：和山頂數據相較之下，能抵達地面的粒子實在很少很少。羅西向他的同事費米（Enrico Fermi）——一位來自義大利墨索里尼政府的流亡科學家—徵詢意見，而費米對此難題的推測是：緲子是個很「不穩定」的粒子，而且部分粒子在運動時會產生放射性衰變。費米的說法可以解釋為什麼抵達地面的緲子是這麼地少。接下來陸續一些關於緲子的實驗，顯示它真的很不穩定，而且半衰期很短，只有 0.000002 秒而已！這個發現馬上引來另一個大問題：這麼「短命」的粒子，怎麼能支持到抵達地球而被人類觀測到？

當時 羅西也曾協助參與其他有關宇宙射線的研究，發現大部分最原始的宇宙射線並非緲子，而是另一些高能的質子。緲子是原始宇宙射線在通過地球高層大氣時，擊碎原子核後的產物。

　　說了這麼多，到底這和相對論有何關係？是這樣的，既然宇宙射線緲子的運動速度比起光速也差不了多少，我們應該可在它的身上觀察到相對論中的「時間變慢」效應。根據愛因斯坦的說法，和靜止的緲子相比，運動的緲子活得比較

圖 **1.19** 使用感光攝影顯示一個質子（右上，P）正在擊碎原子核。有一部份碎片發射出帶電荷的π介子，π介子隨即蛻變形成緲子，而緲子則又蛻變成電子。用這種方法只能看到帶電粒子，所以在整個衰變過程所產生的中性粒子（像微中子）就無法觀察到。

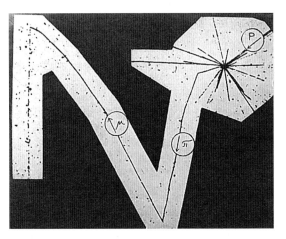

圖 **1.20** 位於歐洲粒子物理研究中心（CERN）的緲子儲存環。環形電磁鐵使產生的緲子環繞直徑 46 呎的圓形軌跡加速到接近光速。如果沒有愛因斯坦的時間變慢效應延長粒子壽命，緲子在衰變前大約只能轉 15 圈。在這裡實驗的緲子卻可以轉到上百圈。這實驗證實了相對論的時間變慢效應，準確度可到 1%。

久。渺子的能量越大、速度越大，它就活得越久。這正是羅西和他的伙伴們觀察到的現象。而兩地觀測值雖不一致，但高能粒子的數量差異比較小，也正印證了愛因斯坦時間變慢的預測。對時間變慢效應還有更直接的觀察證據：若失去了「愛因斯坦長壽護身符」，當緲子穿越大氣層，在崩解之前只能持續行進大約 600 公尺左右。對照前面講的，緲子形成於 20 公里的高空大氣層上，努力想到達地球表面，它能撐過漫長的 20 公里正印證了愛因斯坦的預測：快跑的時鐘走得慢。

當我們說緲子半衰期很短，約只有 0.000002 秒時，這個敘述多少有簡化了點兒。由於這些粒子個別的衰變是不可預期的，所以上述的值其實是取平均數得出的。現今，強力的粒子加速器使我們可以製造像緲子這樣高速且不穩定的粒子，也只因為粒子會有時間變慢的效應所以才可供物理學家實驗之用。在日內瓦歐洲粒子物理研究中心（CERN）有一個著名的實驗，就是把加速到 0.9994 倍光速的緲子儲存在磁性儲存環之中。藉著尋找衰變時產生的電子，物理學家可以證明高速運動的緲子壽命比靜止狀態的緲子延長到 30 倍，精準地符合愛因斯坦的預測。就這一層來說，全世界的加速器實驗室天天都在證明愛因斯坦的狹義相對論！

衛星導航系統

現今衛星導航系統為相對論提供了一個有趣的應用。領航之星（Navstar）全球定位系統—統稱 GPS—由美國國防部執行運作。這套系統包含 24 顆人造衛星，以每 23 小時 56 分鐘—也就是所謂一個「恆星日」—兩圈的週期繞地球運轉。從人造衛星上的原子鐘發出時間訊號，連同衛星本身特定的識別碼一齊傳送出去。下傳到地球表面或飛機上，接收儀器獲取到四個衛星傳來的時間訊號，再和自己本身的時間比對。從這四個衛星的時間延遲量，就可以計算出接收者本身所在的精確位置。美國軍方利用 GPS 導航系統可以將飛機、戰艦、飛彈精確定位到只有幾公尺的誤差。波斯灣戰爭期間，在沙漠中坦克指揮官幾乎完全依賴 GPS 技術領軍及確定軍需補給的位置。至於商業上的應用，小型船隻、汽車甚至喜歡高科技的登山健行者都派得上用場。利用複雜的訊號分析技術，我們可以得到確切的位置，誤差可能只有幾毫米。

GPS 導航系統卓越的準確性，反映出現代原子鐘的精密程度。舉例而言，如果時鐘有每秒千億分之一的誤差，將使位置落點相差到 30 公尺。是原子鐘使 GPS 系統這麼好用。由於測量時間延遲時需要高度精密，計算位置時有必要將相對論預測的修正量涵蓋進去。這兒有幾個相對論的效應要考慮。首先，時鐘跟著衛星快速繞地球運動，這會使時鐘比地球上的鐘慢約 1/1000000000 秒。第二，因人造衛星軌道所在位置高，使得重力減少，時鐘變快。這兩個影響大小約略相同彼此抵銷（但不是全部）。地球上也有其它很小的相對論效應，雖然微乎其微，但若忽略不計，累積的誤差是不容小覷的。有一個明顯需要修正的地方是，因為地球在自轉，造成全球各地物體運動速度都不同；另一個修正重點是，接收者自己是否正處於高速運動狀態，像是正在噴射機上。

最後，也是最重要的一點，整個 GPS 導航系統是建立在由人造衛星所發射的無線電波來測量時間延遲量。我們下一章會介紹無線電波，它是所謂「電磁波」頻譜的一部份，光也是一種電磁波；光速和無線電波速度一樣。所以在 GPS 定位計算中，很重要的基本概念就是無線電波速度—光速—全然不會受到衛星環繞地球運動、地球自轉、地球上接收者運動速度甚至是地球公轉運動的影響。GPS 導航系統運作得這麼完美，就是相對論基本假設最有力的證據。

圖：衛星導航接收器的宣傳廣告，可以應用在：槍砲定位、天文觀測、林地邊緣記號、地震偵測和遊艇競速。（領航之星系統有限公司提供）

第2章　光的性質

經過長期猶豫與躊躇，物理學家終於願意放棄對牛頓力學的信仰，不再把它當作物理學上的金科玉律。改變的關鍵原因是法拉第和馬克士威的電動力學。

愛因斯坦，《自傳記錄》，1949

力場

「萬有引力是物體與生俱來且是不可或缺的，如此物體和物體之間才能透過虛無的真空交互作用而不需其他任何媒介…」上述這樣的說法，對我而言簡直荒謬透了，我才不相信有那個神智清楚的人會相信它。

牛頓寄給賓特利（Richard Bently）的信

在愛因斯坦的研究室中掛著三幅人像：牛頓、法拉第（Michael Faraday）及馬克士威（James Clerk Maxeell）。這三位物理學家是愛因斯坦完成偉大成就的靈感泉源。利用法拉第和馬克士威提供的工具，愛因斯坦終於推翻了牛頓的宇宙觀和那已經成功運作 200 多年的時空體系。

牛頓想像物質的原子之間擁有各種吸引力和排斥力，這些力量中最廣為人知就是萬有引力。牛頓建構的體系是這樣：地球吸引著月亮及一切具有質量的東西—就像那粒著名的蘋果。牛頓發現這種吸引力隨著距離增加會慢慢減少，而且把他的引力定律應用到太陽系中，可以把各行星繞太陽運行的軌道解釋地很完美。所以照這樣看來，似乎萬有引力是可以透過浩瀚虛無的太空而發揮作用力：這種能力被稱作「超距力」。我們從牛頓的私人信件中，可以看出牛頓自己對這幅描繪出來的科學圖像覺得很彆扭。他一直覺得物體之間應該有些什麼東西連結才會發生萬有引力。但不可否認

圖 2.1 這幅版畫是在牛頓去世後不久製成，畫中顯示出對牛頓的敬畏與尊崇。在亞歷山大波普(Alexander Pope)所題的詩句裡，可以捕捉到濃厚的奉承味：「自然和自然的定律隱於黑暗中藏而不露，直到上帝說：『牛頓來！』於是世界上有了光。」（由牛津科學歷史博物館提供）

的，「超距力」這種說法在應用上實在是太成功了，使得牛頓後來便轉移注意力，不再去理睬此理論在直覺上所感到的隱憂。

　　力量的超距作用，在早期電學和磁學的認知中也是必要的。今天，因為電磁效應在日常生活中被廣為運用，大家早就耳熟能詳了。但熟悉歸熟悉，任何一個小孩在第一次遇到磁鐵的時候，必定和早期的科學家一樣，覺得它充滿無限的

魅力。愛因斯坦在自傳中就曾回憶起，當四、五歲時父親曾拿一個指南針給他看，他還記得當時是多麼驚嘆莫名，很驚訝那指針對於自己該轉動的方向是那麼地堅持，似乎擁有自由意志。當用外力去強迫指針偏轉時，外力一旦移除，不用管它，指針就會再度轉回固定的指向─磁北極。這種現象在本質上就跟困擾牛頓的超距力是同一類型。大部分的科學家已經準備接受這個事實了，反正在這個宇宙中顯然就是有這種神奇的力可以隔空作用，一直到 1840 年代，法拉第創造了另一種方法來描述這種力的作用。

　　法拉第是科學史上最偉大的實驗科學家之一，他在電磁學上的重要發現造就了現代電氣工業。儘管沒有受過正規的數學訓練，但法拉第似乎對大自然的運作方式擁有一種不可思議的直覺領會，他並且運用這種過人的能力完成了他的實驗研究。他的實驗增進了今天我們對電磁現象的瞭解，他引進了電場與磁場雙重概念，而且把電場與磁場的強度用電力線與磁力線的密度去代表。

　　關於法拉第「力線」的概念，我們可以舉一個大家都很熟悉的例子，用磁棒和鐵屑做的實驗來說明。將一張卡紙置於磁棒上，灑些鐵粉在紙上，鐵粉會自動排列成法拉第所說的磁力線的樣子（見圖 2.3）。法拉第推想磁力不是在另一個磁性物體接近時才無中生有的。相反的，他認為磁鐵在附近形成一個「磁能量場」包覆著周圍空間。磁力的方向可由鐵屑排列線條的方向指示出來；而磁力的大小可藉著磁力線排列的緊密程度─或稱線密度─來顯示。關於剛才愛因斯坦提到指南針的行為，我們現在可以解釋了：因為存在著地球磁場的磁力線。超距力的概念被改變了，取而代之的是因為空間裡各處充滿「力場」局域性的交互作用。

　　至於其他的力，比方說電力，也可以用描述磁力的方法一樣將其具體化。其實法拉第以場的概念為根基，認為光、輻射熱皆可以用力線的震盪解釋；他也相信重力也和電、磁力一樣存在著重力場力線。這樣的信念使他遙遙領先當時的

圖 2.2 法拉第（1791-1867）是鐵匠之子。在小時候就到倫敦的書店和裝訂廠當學徒。在偶然的機會下讀了一些科學書籍，從此為之著迷。1812 年他在皇家研究院聽到了韓弗理·戴維的演講，不久之後，法拉第帶著自己特別為戴維精心裝訂的戴維演講集，呈獻給戴維，並希望謀求一個職務。戴維很感動，立刻聘用法拉第當他的實驗室助手。從此法拉第展開他偉大科學家的生涯。（感謝皇家研究院提供）

圖 2.3 鐵粉排列顯示出兩個磁鐵之中的磁場形狀。上圖的磁鐵磁極放置方向相反；下圖的磁鐵磁極放置方向相同。（感謝加莫夫太太提供）

科學界。據說法拉第是個很棒的演說家，聽他的演講能觸發許多靈感。許多當代知名人物—包括狄更斯（Charles Dickens）—對法拉第演說時展現的洋溢才華的與清晰思路留下很深刻印象。他許多深刻的洞察與思考常透過演講傳達給眾人，特別是他的即席演說尤其精彩。在 1846 年他的好友兼同事科學家惠司同（Charles Wheatstone）受邀在著名的皇家研究院演說，但在最後一秒惠司同臨陣怯場，留下當主席的法拉第面對聽眾。法拉第臨陣磨槍匆忙準備一篇講辭「思考光的振動」，硬著頭皮上場。二十年之後，蘇格蘭物理學家馬克士威就說自己提出的光的電磁理論是奠基於法拉第這篇即席之作。

　　馬克士威把法拉第的想法轉化成今日我們熟知的電磁理論。「馬克士威方程式」（見 p.44）在物理學家養成教育中

圖 2.4 英國《笨拙》週刊 1881 版中的漫畫。提到有次當法拉第被問及「電力有何用處？」時，他的答案很妙：「那新生的小嬰兒又有什麼用呢？」。（笨拙週刊 1881 年 6 月 25 日）

"WHAT WILL HE GROW TO?"

圖 2.5 法拉第在皇家研究院演講。法拉第繼戴維之後擔任研究院院長，他不但是個了不起的科普作家，也開創了往後為小朋友做耶誕節演說的習俗。法拉第隸屬一個紀律嚴謹的宗教教派，婉拒所有政府頒贈的榮譽與財富。不過，他是維多利亞時代的英雄人物，和愛因斯坦一樣，都是許多傳記所津津樂道的人物。在克里米亞戰爭時，英國政府曾經就製造毒氣的可能性徵詢他的意見。法拉第回答：「是有此可能，但這與我無關。」。（布萊克利繪畫；由格拉斯歌大學的杭特里安藝術畫廊提供）

佔有很重要地位，甚至常可以看到它們被印在 T 恤上。令人難以想像的是馬克士威在愛丁堡大學裡是出了名的「傻兄」，也許是因為他隨便的衣著，濃厚的鄉音，或是因為他具有非凡的幽默感吧！對一位世界一流的理論物理學家而言，恐怕很難再想出一個更糟的綽號了。愛因斯坦曾說：法拉第—馬克士威這對搭檔和伽利略—牛頓的情形極類似，前者對自然現象都具有直覺式的領會，而後者都把前者的理解以精準的數學表達並公式化。當馬克士威開始要把法拉第的觀念轉化成數學語言的時候，他用了一個假設性的觀念：「以太」，當時人們是猜測這個東西充滿著整個宇宙。就像聲波是我們周圍的空氣壓縮振動而產生，馬克士威認為電場和磁場的發生也是由於以太扭曲的緣故，特別是他解釋光就是在以太中的電場和磁場振動而產生。實際上，他用來描述這個理論的力學模型很複雜，但以這個模型為基礎，1864 年馬克士威發展出用以說明電磁現象的四個基本方程式，即著名的「馬克士威方程式」。一直要到後來他才明白，其實他這幾條方程式並不必透過那麼複雜的力學模式千辛萬苦地建構出。

　　只要從法拉第「力線」的概念依此類推一下，就可以得

圖 2.6 馬克士威（James Clerk Maxwell）（1831-1879）。16 歲就進入愛丁堡大學就讀，一位天才型人物。他首創視覺的三原色模型並且製造出第一張彩色照片。他也指出土星環不可能是一圈實心固體，而應該是由許多像他口中所稱的「飛舞的小碎塊」組成。除了為電磁理論提供數學上的說明，馬克士威爾也在氣體分子模型的建立上有重要貢獻。他是劍橋大學設立的卡文迪西實驗室第一位聘請的教授。和法拉第一樣，馬克士威的婚姻生活幸福美滿。

馬克士威方程式

馬克士威方程式可以寫成下述形式：

(1)$\nabla \cdot E = \rho$（高斯定律）

(2)$\nabla \wedge E = \dfrac{-1}{c}\dfrac{\partial B}{\partial t}$（法拉第一冷次定律）

(3)$\nabla \cdot B = 0$（磁單極不存在）

(4)$\nabla \wedge B = i + \dfrac{1}{c}\dfrac{\partial E}{\partial t}$（安培定律加上馬克士威項）

符號 E 和 B 表示電場磁場的強度及方向，符號代表向量微分運算（$\dfrac{\partial}{\partial x}$、$\dfrac{\partial}{\partial y}$、$\dfrac{\partial}{\partial z}$）。利用標準化的純量向量乘積符號可使這些向量方程式形式化繁爲簡。

第一條方程式是關於電場 E 和電荷密度ρ，符合庫侖（Coulomb Charles）提出兩電荷間的電力與距離平方反比定律。

第二條方程式符合法拉第觀察結果：變動的磁場 B 產生電場。這是電動機與發電機的基本原理。

接下來的兩條方程式，對應前面的電場方程式，是關於磁場部分。既然從未有人觀測到磁單極，方程式(3)只是敘述磁極永遠南北極成對存在。最後一條方程式有兩部分，第一項源自法國物理學家安培（Andre Marie Ampere），而第二項來自馬克士威。安培定律概括所有實驗得出的結果，顯示電流j產生的磁場，是電磁學基本觀念。馬克士威瞭解變動的電場也會產生磁場，正是這種洞察使我們明白光也是種電磁波。方程式中出現的常數 c 就是光速。

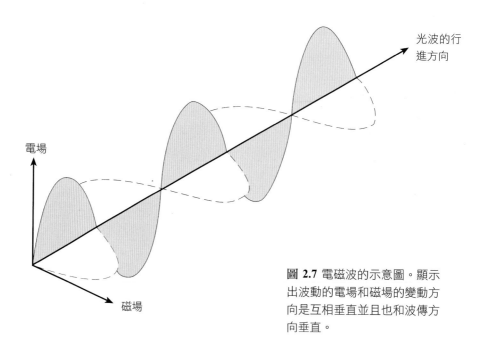

圖 2.7 電磁波的示意圖。顯示出波動的電場和磁場的變動方向是互相垂直並且也和波傳方向垂直。

到馬克士威對光的解釋。設想有一對帶電質點，當其中之一開始運動時，產生擾動沿著電力場線傳遞出去；就像甩動繩子一端時會有波動順著繩子運動。馬克士威的方程式中預測了這電波的特徵速度，而此速度可以用電力磁力定律中的普適常數組合表示出來。當實驗的數據代入方程式中，結果計算出來電波的特徵速度速度等於光的速度。光不僅是一種電波，它並且也是一種磁場的波動。要知道這是怎麼發生的，先讓我們思考一下法拉第和馬克士威的兩大基本發現。

圖 **2.8** 赫 茲（Heinrich Hertz）（1857-1894）出生於德國漢堡，猶太律師之子。大學時攻讀工程，但受到偉大物理學家亥姆霍茲（Herman von Helmholtz）影響下改念物理。亥姆霍茲鼓勵赫茲去參加柏林科學研究院舉辦的電磁學研究方面之競賽。他也就是因為這項工作而發現了無線電波。（感謝英國電機工程師學會 IEE 提供）

　　法拉第發現變動的磁場會產生電場。馬克士威深刻地瞭解到，情況若反過來也一樣成立：變動的電場會產生磁場。因此，在圖 2.7 中顯示的變動的電場波動必然會引發出磁場，而這個被產生的變動的磁場會再次創造出電場。電磁波就是用這種電場磁場變動的方式以光速傳遞出去。在剛才的例子裡，波動波峰之間的距離—也就是電磁波的波長，是和電荷振動快慢有關。電荷振動得快，波長就短；而當電荷振動得慢，就會產生波長較長的電磁波。簡而言之，光就是一種電場磁場交互變動的波動，它的波長約百萬分之一公尺，紅色光的波長比藍色光稍長。馬克士威也知道，在可見光範圍之外，應該存在著其他波長的電磁波。

　　我們很難想像，現代文明若缺了無線電通訊，將會是什麼局面，它已經融入我們的生活方式了。在科幻小說裡常有這樣的情節：當一艘太空船接近一個未知行星時，該星球上無線電通訊的頻繁活躍與否，被當成判斷它文明度高低的指標。無線電波實際上就是一種波長很長的電磁波，被德國物理學家赫茲（Heinrich Hertz）經實驗發現，戲劇性地證實了馬克士威方程式。可惜的是，赫茲三十六歲就死於敗血症，沒有機會活著親眼看到馬可尼（Marconi）利用無線電當作長程通訊的工具。整個電磁波波長的範圍—從紅外線、可見光到紫外線、X 射線及伽瑪射線—現在統稱「輻射線的電磁波譜」。

光的行為

我們在瞭解相對論時所遇到的難題，大部分來自光的行為。日常生活中，光的傳輸是瞬間即至，似乎不用花時間，其實是因為光速太大了─時速約 7 億英里。這可以和我們平常接觸到的速度相比較，比方說，車子（了不起時速 100 英里）或飛機（差不多時速 500 英里）。自然界中，我們比較熟悉音速的效應，因為它的速度有限，時速大約才 730 英里。我們可以透過對照比較音速的情況，來瞭解光的行為。有一個大家耳熟能詳的例子：即雷電交加的暴風雨時，我們看到電光一閃和聽到雷鳴聲會有一個時間差。另一個例子是超音速飛機─例如協和飛機─當速度超越音速，穿過音障時產生的音爆。為了要表達出光行為的與眾不同，我們要用一系列簡單的「想像實驗」：先從網球開始，然後擴展到聲波，最後再討論光的行為。實驗中假設有兩個「觀察者」互相遞送出一個訊號給對方：先丟一只網球，下一次再傳個脈衝聲波（比方說拍拍手），最後再做閃光訊號的實驗。

圖 2.9 馬可尼在聖約翰紐芬蘭的工作小組，拼命要在狂風暴雨中升起載運接收器的風箏，為無線電傳輸將第一次橫越大西洋做準備，時間是 1901 年 12 月。（感謝 GEC 馬可尼公司提供）

用網球作想像實驗

如果有兩個人拿一顆球互丟，我們可以設想三種情況：第一種是最單純的情形，就是投球者和接球者都靜立不動；第二種，投球者不動但接球者朝前者邁步移動；最後一種，投球者一邊將球擲出一邊朝接球者移動。這三次「實驗」示意圖可參見 p.48 的圖框。

第一次實驗中，投球者以速度v—比方說 10 公尺／秒—將球傳給接球者，藉由測量兩者距離和傳球給對方所花費的時間，不論投球或接球的人都測到同一速度值v，或 10 公尺／秒。

第二次實驗中，接球者朝投球者以速度 u—比方說 5 公尺／秒—移動。在此例中，接球者向前行而且測到相對網球速度 v+u，假如將其量化的話是 15 公尺／秒。

第三次實驗中，投球者邊投球邊以 u 或 5 公尺／秒的速度朝接球者前進，接球的人會看到球以 v+u，或說 15 公尺／秒，的速度朝他飛來。在前面所述，不論是投球者移動還是接球者移動，球逼近接球者的相對速度都是 v+u。這個例子

用網球作實驗

實驗一

一只網球以 10 公尺/秒的水平速度拋出。實際操作時拋網球必須稍微向上，像最上方圖所示。因為在重力作用下，球運動軌跡是拋物線（如圖中實線）。因為上下運動的垂直分量和水平分量互相獨立，所以我們在文中忽略垂直分量部分。我們在做「思考式的實驗」時，空氣阻力也不計。

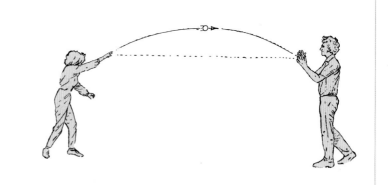

實驗二

一只網球仍以 10 公尺／秒的水平速度拋出。但這次接球者以 5 公尺／秒的速度跑向投球者。網球和接球者的接近速度是 15 公尺／秒，剛好是兩個速度的和。

實驗三

第三次實驗，這回當投球者以 10 公尺/秒水平速度拋出球的同時，也以 5 公尺/秒的速度跑向接球者，接球者看到網球以 15 公尺／秒的速度靠近他。

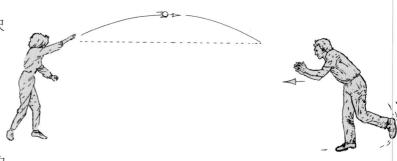

是根據牛頓的那套相對理論。

用聲音作想像實驗

　　接下來一連串實驗，我們將前面的主角「網球」換成「聲音」：實驗者大聲地拍一次手。這次實驗示意圖可參見 p.50 的圖框。聲波在空氣中可以傳遞，是因為氣體分子在聲波經過時輪流聚集或散開，造成壓力的連續變動。所以聲波的速度只決定於空氣當時的特性，像是壓力和密度。

　　第一次實驗中，當波源和接收者皆靜止不動時，測出聲波傳遞所花的時間可以得到聲速，像前面網球實驗一樣記做 v，當然 v 的值會很接近一般在空氣中測得的聲速，大約 330 公尺／秒。

　　第二次實驗，接收者朝聲源以速度 u 即 5 公尺／秒移動。這次他會比靜止不動時早一點聽到聲音。如以看來聲音是以 v+u 速度傳來，像網球實驗時一樣。代入數值約為 335 公尺／秒。

　　第三次聲波的實驗結果會和網球實驗大大不同。這回拍手的人，也就是波源，是邊拍手邊以速度 u，即 5 公尺／秒向接收者靠近。當然比起聲速這個速度值很小。然而，和網球實驗不同的是：如果投球者移動速度和網球丟擲的方向一致，那麼球速會變快；但聲波實驗中，波源有沒有運動並不影響聲速大小。那是因為聲波的速度只和介質的性質有關，介質在此實驗中指的是空氣。這次測量得出的聲速仍然是 v，空氣中的聲速，約 330 公尺／秒。

　　有一點要注意是如果我們選在真空中重複上述實驗，就不會有聲波傳出，因為沒有空氣分子存在去傳遞壓力的變動。所以在愛因斯坦時代的物理學家都有種觀念，覺得波動是需要依靠介質傳遞。大致說來，他們相信波動的構成是由於某些性質（比如說壓力或高度）在不斷改變其量值（振動），而且需要某些東西去配合表現出這些「振動」，像是傳遞聲波的空氣分子啦，傳遞水波的水分子等等。當光波傳

用聲波作實驗

實驗一

拍拍手傳出一個脈衝聲波，聲音以速度330公尺／秒傳向接收者。330公尺／秒是空氣中的聲速。

實驗二

第二次聲音實驗中，接收者以5公尺／秒的速度跑向聲波波源。聲音的接近速度是兩個速度的和，是335公尺／秒。

實驗三

在第三次實驗，當波源的人，一邊拍手一邊以5公尺／秒的速度跑向接收者。聲音是空氣中壓力的擾動，而且波傳的速度只和空氣的狀況有關。所以聲源移動並不影響聲波的速度，仍舊測得是330公尺／秒。

用光作實驗

實驗一

　　一個瞬間的光脈衝訊號由訊號員傳給接收者。光，和網球一樣會落向地面，但光速實在太大了（真空中約 300,000 000 公尺／秒），所以落向地面這部分的運動完全可以忽略。本次思考式實驗也忽略了因空氣所造成的微小速度差異。

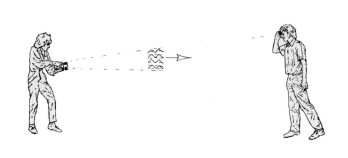

實驗二

　　第二次聲音實驗中，接收者以 5 公尺／秒的速度跑向信號員。儘管兩人有相對運動，但接收者仍會觀察到光以和先前同樣的速度接近，就是 300,000,000 公尺／秒。接收者並不會覺得光接近的速度是兩個速度的和，也就是 300,000,005 公尺／秒。這個結果和前面的網球或聲波實驗並不相同。

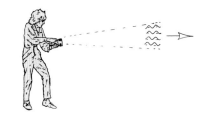

實驗三

　　我們做最後一次實驗，信號員一邊發出光訊號一邊以5公尺／秒的速度跑向接收者。接收者仍會觀察到光以和先前同樣的速度，就是 300,000,000 公尺／秒，向自己接近。這個結果和前面的聲波實驗很類似。

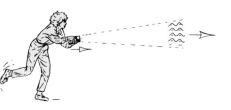

遞時，人們理所當然地會假設：空間中存在某種介質—所謂
「以太」—這個想法在二十世紀初物理界製造出一場大混
亂。愛因斯坦對物理學諸多偉大貢獻之一，就是掃除所有因
為這個虛構的「以太」而產生的種種疑難雜症。

用光作想像實驗

我們又要重複做三次實驗了，這次我們請其中一人使用
閃光燈發送一個短短的脈衝光波給另一個人。實驗示意圖見
p.51。第一次兩位參與實驗者都靜立不動，並且測得光速 v。
實際上，因為光速過快，約 300,000,000 公尺／秒，要測出
光從此端到彼端那麼短的時間間隔會很困難。但反正我們是
做「想像實驗」不是嗎？就別管這些細節了。在本書後面的
章節，我們會看到這些難度相當高的實驗是怎樣逐一地被完
成—不像在這裡僅僅靠想像的。

好！現在我們想想：如果接收訊號者朝發出光線的信號
員移動，會發生什麼事呢？如果收訊者的移動速度是 u，他
將會很意外的發現，他所觀察到迎面而來的光速 v 和當他靜
止時觀察到的光速完全一樣。（假如他以 5 公尺／秒移動，
當然這速度和光速一比就顯得太渺小了，對真正的實驗而言
沒什麼說服力。這也是為什麼在第一章我們一直用企業號太
空船來做例子，因為它可以加速到接近光速，相對論的效應
比較明顯。無論如何，5 公尺／秒小歸小，但是「運動中的
收訊者所觀察到的光速和靜止時觀察到的光速完全一樣」真
的是事實，並且已經被實驗證明了，稍後我們會看到。）

那麼最後一個實驗結果又會如何呢？當光源朝向觀察者
以 u 速度運動，和聲波實驗如出一轍：接收者將會測到光速
是 v，和光源不動時測到的一樣。雖然要真正地做這樣的實
驗會很難很難，但實驗畢竟還是被完成了，也證明了上面的
結果。

從剛剛的三組實驗當中，我們發現光的行為既不像網
球，也不像傳播於空氣介質的聲波。除此之外，在前面討論

網球和聲波的行為時，我們也不必囉哩囉唆地說明，每次實驗發訊者和接收者測得的時間並不同，但最後可以的觀察到相符合的速度值。我們無條件地假設：在任何情況下，無論做實驗的人是靜止還是在運動狀態，存在著一個適用於所有人的「世界時」。其實在第一章我們就講過，這種想法是不對的。在速度很接近光速的情況時，我們必須很仔細地重新考慮每一位實驗者是怎麼測量時間和速度的。在做這番功夫之前，先改個話題談談歷史吧！等我們解釋完為何當時大家會如此相信「傳光以太」的存在，再來敘述在歷史上試圖去測量「以太效應」最有名的事蹟。而下一章裡，我們將看到愛因斯坦怎麼徹底廢除「以太」概念並解決所有因此衍生的問題。

　　在這裡要小心喔！在網球實驗中，我們是使用日常生活中普通正常網球速度而求出符合常識的答案，即把速度相加。根據愛因斯坦的說法，這種牛頓學說式的速度加法方式都只能得到近似值而已，並且只有在低速時才可以做這樣的近似。像在網球實驗中，因為網球速度比起光速真的很渺小，根據牛頓定律把速度加起來是可以得到蠻不錯的近似答案。但是假如把網球換成高速飛彈，並且發射者和被擊中的目標都置身於太空船中，而這些太空船都是可以加速到接近光速的，這時我們會發現，按照牛頓簡單的速度相加法則已經不能符合結果。稍後會討論這一情況，並且看看實驗是怎麼檢驗愛因斯坦提出的速度相加法。

找尋以太

　　當我在學生時代時聽說邁克生實驗結果無法被解釋，立刻有一種直覺…〔這問題將會有解答〕…假如我們體認到這個實驗結果是事實。實際上，這是第一條引領我通往狹義相對論的道路。

愛因斯坦，京都演講，1922

　　愛因斯坦認為牛頓時代是科學的啟蒙時期，想要回顧有

關「光」及「以太」的歷史故事，從這裡開始倒是不錯。在
1676 年，牛頓 34 歲時，一位年輕的丹麥天文學家羅默（Ole
Romer）發現了光是以有限的速度傳播。羅默任職於巴黎天
文台，正煞費苦心想要很精準地測量木星的衛星蝕現象。他
為觀測結果發表了一篇很簡短的科學論文，但這篇小文章卻
掀起了大震撼，並從此奠定他在物理史上的地位。他在論文
中寫道：

「我觀測木星的第一顆衛星超過八年，每當這木衛一沿著軌
道進入木星的巨大陰影中，就會發生衛星蝕。我觀測紀錄每一次
衛星蝕事件的時間間隔，發現當地球正靠近木星時，間隔值最短；
而當地球正遠離木星時，間隔值最長。只有光在空間中傳播需要
時間才能解釋這個結果。光傳播的速度一定很快，而地球在繞日
軌道中，如果正位於較遠離木星的一端，比起較接近木星時的情
況，光線從木星傳來需多花 22 分鐘。也就是說，光線從太陽出發
到抵達地球差不多要花 10 分鐘左右；它並不像是笛卡兒所聲稱的
會瞬間抵達。」

很顯然地，羅默光證明光速有限就感到很滿足了，所以
儘管是巴黎天文台首先確立了地球繞日軌道的長度，但歷史
上卻沒有記載到底羅默有沒有把這個軌道長度拿去除以他所
測出的時間，因為這樣就可以得出光的速度。比較確定的在
兩年之後，1678 年時荷蘭物理學家惠更斯（Christain Huygh-
ens）利用羅默的數據來估算光速，得到的光速值約為 200,
000,000 公尺／秒，比我們可能在地球上碰到的任何速度都
還要大很多，所以也難怪羅默的解釋會引發這麼大的爭議。
他的這番見解甚至連他在巴黎天文台的上司卡西尼
（Giovanni Cassini）都不能接受。儘管也受到許多質疑，但
羅默的新發現卻在英國受到認同與喝采，羅默過不久也分別
與牛頓和哈雷（Edmund Halley）會面，哈雷即哈雷彗星的發
現者。現代測量光速的方法，當然比以前先進準確得多，量

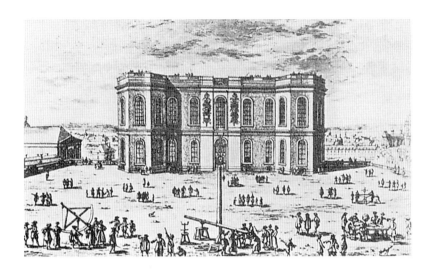

圖 **2.11** 巴黎天文台，羅默即是在此首先測得光速。

圖 **2.12** 圖中顯示木衛一的軌道。當地球與木星在太陽同側，六個月以後地球繞到太陽對側。因為木星繞日公轉週期是地球的 11 倍，所以六個月的時間木星幾乎沒怎麼移動。當地球在對側時，木星的衛星蝕發生的時間比之前延遲 16 分鐘。原因是光線比原來多走了地球軌道的直徑距離。

出的值接近 300,000 公里／秒。

　　我們把時間推進到 1879 年，當時人們又再度對木星衛星蝕現象感興趣。馬克士威寫信給陶德（David Todd），陶德是當時華盛頓航海曆書處的主管，馬克士威詢問是否可利用此衛星蝕現象來計算地球在以太中的運動速度。我們先解釋一下這個主意會產生的原因：首先，要假設光的成因是以

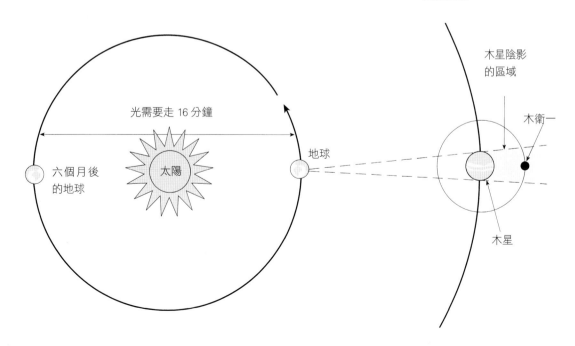

太的擾動，就類似聲波傳播是靠介質分子擾動一樣。所以，假使地球是在以太中運動，當光線逆著「以太流」運動時，速度應該小於當其順著「以太流」運動的時候。馬克士威計算，當木星環繞太陽運行時，羅默觀測的時間延遲應該會變化到 1 秒之多。而令馬克士威感到很失望的，陶德回覆說以當時的天文數據精確度還無法做到這樣的實驗。

在馬克士威寫給陶德的信中大歎：人類不可能在地球上做實驗去察覺地球在以太中的運動。馬克士威指出，在地球上人們測光速的方法是利用鏡子將光束反射回原處，這將會得到一個必然的結果：如果光線順以太流而省下的時間會幾乎剛好和回程時逆以太流多花的時間抵銷掉。因此，馬克士威認為，如果要以地球為基地來測量，此效應會微弱到無法測量。然而，當這封信讀在一位年輕的美國人邁克生（Albert Michelson）眼中，他覺得馬克士威所謂的「不可能的實驗」也許可以被實現。針對這個問題所做的研究使得邁克生稍後成為第一位榮獲諾貝爾物理獎的美國人。

邁克生在 17 歲時進入位於安那波理斯的美國海軍學院就讀，當他 1873 年畢業後就留在學校當講師。邁克生很快就發現，對於他所有關於物理或航海學的授課內容而言，一個準確的光速值是絕對必要的。1878 年，當他 25 歲時，邁克生完成了一個經典的實驗，在當時為光速做了一次最精準的測量。他得到了一個數據，299,910 公里／秒，與我們今天所能得到最好的光速數值相當接近。當然，邁克生開始對以太感興趣，並且也嘗試想去測量因以太存在所引發的任何效應。說起來以太還真是種奇怪的介質，因為光速比起任何形式的力學波速度都要快很多，如果光是以介質擾動的橫波方式傳播，那麼為了解釋光速怎麼會如此巨大，介質以太必須提供常常只有固體介質中才能具備的強大回復力。因此，空間中必須得充滿著比鋼鐵阻力更大的介質才說得通；然而，強有力的證據卻顯示，行星在此空間中年復一年地運行並沒有感受一丁點兒的阻力。科學家精心設計了許多實驗想

去測量以太所造成的效應，卻沒一個成功，只好又提出一堆異想天開的理由去自圓其說為什麼看不出以太的影響。既然「尋找以太」到頭來都是徒勞無功，我們就只介紹其中一個最著名的實驗—邁克生和莫雷實驗。

在 1880 年代初期，邁克生在德國唸書的時候，偶然見到馬克士威寄給陶德的信束。經過長期思考，並且在貝爾（Alexander Graham Bell）資助之下，邁克生發展出一型非常靈敏的「干涉儀」（見 p.58 的說明圖文框），去完成馬克士威所建議的實驗。然而結果令人失望得很，他根本找不著來自以太的影響。返美之後，他辭去海軍學院講師職務並加入俄亥俄州克里夫蘭的凱斯應用科學學院。邁克生的實驗徒勞無功，使很多人感到意外與驚訝，包括偉大的荷蘭物理學家洛倫茲（Hendrik Antoon Lorentz），他們都費盡心思地想把這個結果解釋成符合以太學說。1887 年，邁克生決定再做一次自己早期的實驗，他和附近西儲大學（Western Reserve University）的化學家莫雷（Edward Morley）合作，完成了要求更嚴格且結果更精準的實驗。現在我們在任何一本相關教科書中都可以看到這個經典實驗（見 p.58 的說明圖文框）。但令實驗物理學家們和洛倫茲感到大失所望的是，他們找不到任何可以被解釋成是來自以太的影響之效應。

對於邁克生和莫雷實驗沒能發現任何「以太漂流」的證據，在各家學說中有個比較勁爆聳動的解釋是由愛爾蘭物理學家菲次吉拉（George Francis Fitzgerald）提出的。菲次吉拉想出一個特別狀況是：全部的測量儀器都收縮了！因為儀器本身的長度在沿著地球穿越以太運動的方向上是縮短的，所以這說明了為什麼邁克生和莫雷什麼也沒發現。這想法聽起來很荒謬，但是有些隱藏的真理正萌發其中呢！我們稍後會提到。菲次吉拉為人正直坦率，有一次他談起自己：

「我一點也不會為了犯錯誤而多愁善感。為了拋磚引玉，我匆匆丟出許多各種類型的概念，觸發大家的思考，俾能得到某些

圖 2.13 洛倫茲（Hendrik Antoon Lorentz）（1853-1928）是愛因斯坦眼中最圓融和諧的人。他也是一位偉大的物理學家。在洛倫茲去世後的追思告別式中，愛因斯坦說：「他的成就最偉大的地方，在於為原子理論扎根以及為廣義狹義相對論提供基礎。狹義相對論只是把洛倫茲在 1895 年研究工作中的觀念加以發揚光大而已。」（感謝美國物理學會、西格雷視覺資料庫提供）

邁克生和莫雷實驗

邁克生和莫雷最有名的實驗,是企圖測量出地球是運行於「以太」中的證據。為了使讀者瞭解這個實驗的原理,請先來思考以下船行的情形,然後依此類推。假想河中有兩艘完全相同的船正在競賽,把河水流向比擬做地球穿過以太的運動,而把兩艘船的航行當作是光線在儀器兩臂間不同的行進路徑。其中一艘船橫越河流再折返原點;另一艘也走等長的路徑,但這次是先順流而下,然後再逆流而上回到原處。哪一艘會贏呢?順流而下而節省的時間幾乎都會被逆流而上多花的時間所抵銷,另一方面,橫越的船必須稍微逆向一些,以免被河水沖到下游,在回程時也一樣。做一些簡單的計算就會得出:橫越的那艘船永遠都是贏家。

右圖顯示光線在邁克生和莫雷實驗儀器中的路徑,恰好就是剛才所說河中賽船的方向,河面上 B 旗所在相當於半鍍銀的分光鏡,我們也把它標記成 B。假定以太流的方向是從分光鏡指向標記C的鏡子,BA來回一趟的路徑長度和從 B 至 C 再回到 A 路徑長度相同。光源發送一道光線進入儀器,經過分光鏡分成兩束,各自射向鏡子 A 和 C,然後被反射回分光鏡 B 位置,最後進入望遠鏡中。只要是走這兩條路徑花費時間有一點不同,那麼這兩道光線波動相位就不再一致。這樣兩個波動彼此將會發生「干涉」,形成明暗相間的特徵干涉條紋。

邁克生和莫雷並不知道「以太風」的方向。他們把儀器架設在一片漂浮在水銀上的厚重石板上面,這樣他們就可以調整儀器相對於假設的以太風方向。邁克生和莫雷很不情願地承認,他們並沒有發現任何干涉條紋偏移的現象。他們晝夜觀測,看看地球自轉會不會有影響;不同季節觀測,看看地球公轉會不會有影響。答案都令人很失望,干涉條紋沒有偏移。邁克生在第一篇論文中用一句話總結:「實驗結果顯示,靜止以太的這個假說是不正確的。」這裡簡述邁克生和莫雷實驗,我們省略了許多真正實驗時需做的諸多考慮,但是結論仍舊一樣:找不到以太存在的證據。

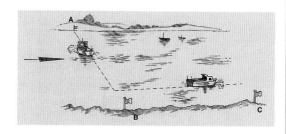

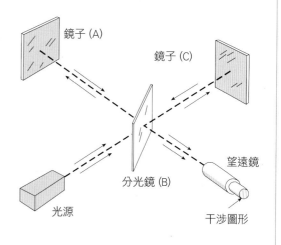

進益。」

　　事實上，洛倫茲在對菲次吉拉的論文不知情的情況下也獨自提出一篇想法類似的假說，不過他是以物質的原子觀點出發。直到 1894 年，洛倫茲才聽說有位愛爾蘭物理學家早就提出雷同的收縮理論，他馬上就寫信給菲次吉拉說明這個狀況。菲次吉拉的反應是相當高興洛倫茲和他得出類似的結論，而不是開始煩惱到底誰才是最先提出理論的人，或者這份榮譽該歸屬於誰。並非所有的科學家都這麼慷慨大方喔。

　　收縮假說雖然可以說明為什麼邁克生和莫雷的實驗沒有結果，但這個假設在面對甘迺迪（Roy Kennedy）和桑代克（Edward Thorndike）在 1932 年做的有關以太漂流的實驗時就顯得不堪一擊了。他們用不同於邁克生和莫雷實驗的儀器，以不同的長度，整個結構固定在同一地方，不因地球繞日旋轉而改變。甘迺迪和桑代克日復一日、月復一月地觀測，也沒有看到干涉條紋有些什麼變化。他們也毫無所獲，

圖 2.14 菲次吉拉（George Fitzgerad）（1851-1901）早期對飛行十分熱中。請仔細看，他在這次實驗中並沒有摘下他的高頂禮帽。（感謝都柏林大學三一學院提供）

這個測不到變化的結果是無法用洛倫茲和菲次吉拉的收縮假說解釋的。其實收縮假說在以太理論被蓋棺論定之前就已經遇到大麻煩了，洛倫茲為了他的收縮假設煞費苦心精心架構了一套物質的電子理論，這又帶來其他效應，除了收縮理論本身之外，又多出一堆無法重現於實驗室裡的預測。所以，在十九世紀，物理學對於邁克生和莫雷實驗的測不到結果並沒有提出令人滿意的解釋。因為以太的觀念已經根深蒂固地存在當代大家腦海中成了特定思考模式，以致於每次「拯救以太」任務失敗，對物理界都是一個重大的打擊。

俄亥俄州克里夫蘭是宇宙的中心嗎？

在 1894 年，以太理論瀕臨危急存亡之秋。薩里斯白里爵士賽西爾（Robert Cecil）向英國協會發表演說並且承認：

在至少超過兩個世代的時間裡，「以太」這名詞的主要功能是用來當作「起伏」這個動詞的主格代名詞。

以太也被定義成所謂「絕佳參考座標」：利用此一參考座標，其他所有的運動都可視為相對於靜止以太的運動。邁克生在論文中曾經描述他第一次實驗的結果，他下結論：「有靜止以太存在的假說是錯的！」換句話說，要不就是俄亥俄州克里夫蘭，也就是邁克生完成實驗的地方是宇宙的中心，所有的物體都繞著這個實驗室旋轉──這太離譜了，有人會這樣想嗎？──不然就是我們根本測不出任何相對於以太的運動。

有幾個人幾乎快要發現相對論了。洛倫茲試著把他的電子理論和馬克士威方程式融合在一起，為了達到目的，他還硬湊了一項他稱之為「地方時」的新參數放進方程式中。但無論是洛倫茲也好，其他人也好，沒有一個人敢提出「時間本身並不是絕對的」。同樣的，偉大的法國數學家暨物理學家彭加勒（Henri Poincare），將洛倫茲的說法發展成一套漂

亮的數學架構。在他的描述下，相對論呼之欲出。1904 年，
彭加勒在一場演講中這樣推斷：

> 或許我們該建構一個新的力學體系，這新體系曙光初露…而
> 光速成為不可踰越的極限。

洛倫茲和彭加勒已經發現相對論正式的數學架構，這個
事實在愛因斯坦去世前兩個月也公開承認過：

> 洛倫茲早已經看出，在分析馬克士威的方程式時以洛倫茲命
> 名的「洛倫茲轉換式」是不可或缺的，而彭加勒則使這個理解更
> 加深刻。

然而，洛倫茲和彭加勒兩者都是在電磁學的背景下做研
究；接下來也只有靠愛因斯坦才能充分瞭解在邁克生和莫雷
的實驗之中所蘊含的意義。

回顧歷史，我們看得很清楚，當時就是需要某個人可以
看出邁克生和莫雷的實驗所傳遞出的訊息並不是「快快再去
設計一個更精密的以太理論吧！」，而是「以太根本不存
在！」。直到這實驗完成十八年以後，這樣的一個人才終於
出現。1905 年，年輕的愛因斯坦不但勇敢地支持這個異端邪
說，也非常固執地採納經由實驗證明的結果，甚至從此他得
改變固有的時間觀念也在所不惜。奇怪的是，儘管在 41 頁
中有那段話，在他著名的論文中，愛因斯坦卻絕口不提邁克
生和莫雷實驗。並且有好幾次他甚至否認在 1905 年那篇論
文之前知道這件事。有一本很棒的愛因斯坦傳記，名為《不
可捉摸的上帝》，作者帕易（Abraham Pais）在書中細數愛
因斯坦這些自相矛盾的言論，並且推測他為何這麼不願意承
認邁克生和莫雷的實驗在他思考過程中造成的影響。

◉ 有關以太

　　長久以來我一直想，如果有一天我有機會講授這個主題，我將會著重在與早期觀念的連貫性。但通常是那個不能連貫的，那個讓原來時空概念徹底崩解的部份會被強調。這常常會摧毀學生的自信，破壞他們完美的理性與已經習得的有用觀念。

《量子力學中的可說和不可說》，貝爾

　　當我們看到上段引語，愛爾蘭物理學家貝爾——一位因在量子力學上貢獻卓越而知名的物理學家——他深信要介紹相對論給學生的瞭解必須用一種逐步推進的方法，強調與早期觀念的連貫性。這樣會比強迫他們一下子粉碎瓦解所有的觀念，接受愛因斯坦擁護的那套理論要來的恰當。貝爾採用洛倫茲的想法，利用馬克士威方程式處理運動中的電荷，印證菲次吉拉首先提出的「長度收縮」（見圖 2.15 和圖 2.16）。然而，我們前面說過，單靠收縮理論是不足以說明為何甘酒迪和桑代克繼邁克生和莫雷之後所完成的另一個不同的實驗也沒有得出結果。貝爾於是也證明繞核旋轉的電子在運動時，不但固定的圓軌道被壓扁成橢圓，並且每繞一圈的時間週期會以某正確的比例增加，或者說時間會「變慢」，就像相對論預測的那樣。把這個「拉莫時間變慢」（在 1900 年由拉莫 Joseph Larmor 首先計算出）納入計算，測不出相對於以太運動就可以得到解釋了。既然用實驗方法無法告訴我們在兩個系統中到底哪一個才是「真正靜止」，那麼這就演變成一個哲學問題了：究竟要不要保留這個用以太來定義「真正靜止」的概念？

　　愛因斯坦公開表示他的想法：所謂「真正的靜止」、「真正在運動」是無意義的。討論兩個或兩個以上的物體之間相對的運動才實在。貝爾偏愛用「洛倫茲式教學法」去解釋愛因斯坦的理論，並非認同洛倫茲的哲學。然而，我們必須這麼說，還沒有一個人能夠用洛倫茲的方式建構一個完全

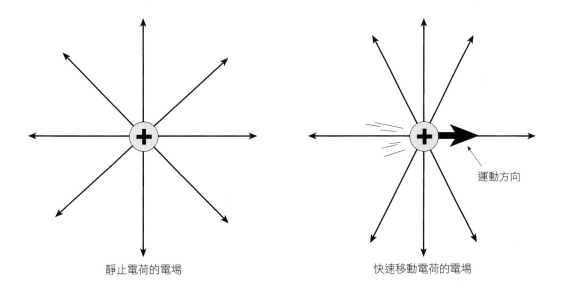

靜止電荷的電場　　　　　　　　　　　　　　快速移動電荷的電場

圖 2.15 靜止電荷（左）以及快速運動中的電荷（右）的電場。右圖中運動電荷的電力線在沿著運動方向的一側被壓縮。此時，這個運動電荷產生了環繞著運動方向的磁場（圖中未顯示）。

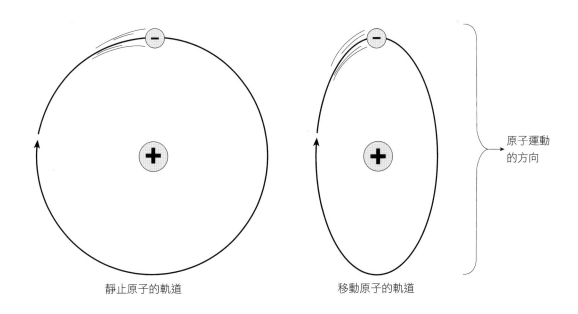

靜止原子的軌道　　　　　　　　　　　　　　移動原子的軌道

圖 2.16 一個原子內部電子圓形環繞軌道（左）以及同一個原子運動時被壓扁的軌道（右）。軌道會變形是因為電磁場的運動，連同洛倫茲所提出的電子動量形式必須修正的結果。利用這個結果，軌道以「洛倫茲—菲次吉拉係數」壓扁，而環繞週期以「時間變慢係數」延長。（詳細過程請見附錄）

適當且前後一致的理論。貝爾接受這個情況，退而守住一個原則：不管是對運動中的或者是靜止的觀察者，物理定律必須具有一致性。當採用洛倫茲—菲次吉拉收縮理論和拉莫時間變慢時也要如此。以現代的科技語彙，我們說物理定律要有「洛倫茲不變量」。對愛因斯坦而言，這是個重要線索。馬克士威方程式在應用時的確對運動中或靜止中的觀察者都一樣，但牛頓定律就不同了。愛因斯坦勇敢地相信馬克士威而質疑牛頓。

　　因此，在某種程度上，人們會理所當然地將洛倫茲—菲次吉拉收縮理論和拉莫時間變慢當成一種很簡化的模型，但當你要擴展這些論點去描述實際狀況時，卻是困難重重。所以對我們及大部分的物理學家而言，我們寧願追隨愛因斯坦。愛因斯坦從一個假設出發，即只有相對的運動是有意義的，以此推論：只要是以等速度運動的觀察者的眼光來看，物理定律都是一樣的。大自然並不獨厚所謂「靜止的」觀察者，所以根本沒有以太存在的必要。

第3章　　光和時間

事實證明，我們根本不需要傳光以太。

　　　　　愛因斯坦，《運動物體的電動力學》，1905

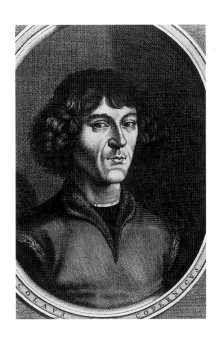

圖 3.1 哥白尼（Nicolaus Copernicus）（1473-1543）大半輩子都在佛恩堡大教堂裡頭當修士。他認為應該把太陽置於行星系統的中心，這個想法為現代科學革命的推展跨出了重要的第一步。承先啟後的是德國天文學家克卜勒（Johannes Kepler）（1571-1630），他提出行星運行應為橢圓軌道而不是圓軌道。由於克卜勒的新發現，天文學家知道哥白尼體系對星體行為的預測能力顯然比以前「地心說」要準確得多。這個進展恰好發生在天文望遠鏡出現改變人類宇宙觀之前。（感謝美國物理學會西格雷視覺資料庫提供）

關鍵的五月天

　　在 1905 年五月，在愛因斯坦 26 歲的年紀，也是他和相對論的問題奮戰十年之後的這一年，愛因斯坦即將攀上勝利的巔峰。大約在一年前，他就已經有種感覺，光的速度應該是固定的—不管光源怎麼運動。假如他的設想正確，那就不用擔心光線相對於那虛構的「以太」是如何運動，而且邁克生和莫雷實驗得不到結果的原因就變得非常明顯：不用去管地球運動時儀器兩臂指向什麼方向，反正光速都一樣。但地球確實是繞太陽運轉，所以伽利略和牛頓的「相對理論」，以及大家熟悉的速度加成方法，至少在討論「光」這個議題的時候是出了一些差錯。像我們在之前第二章講的，稍後在

下一章也會提到，在愛因斯坦的相對論中，速度並不如我們預期的方式相加，逼得我們得去反思對時間空間的既有概念。就在這一章節中，我們將看到現代人對時空的新見解，但在瞭解愛因斯坦的相對論原理之前，讓我們先回顧一下伽利略和牛頓及他們那個時代所信仰的眞理。

在 16 世紀，大家很自然地都認爲，如果地球在動，那麼無論是筆直地射一枝箭到天上，或者是從塔頂丟一顆石頭下來，兩者的運動軌跡都沒辦法維持在一直線上。事情似乎很「明顯」，箭和石頭應該落在弓箭手和投擲者的前方或後方，因爲地球在轉嘛！因此，「地動說」簡直是異想天開的荒唐想法：飛鳥，甚至是大氣和海水如果不追著地球跑，都將無情地被地球甩在後面！要怎樣才能反駁當時人們深信不疑論點呢？牛頓相信伽利略（Galileo Galilei）所發現的相對性原理。伽利略是一位很厲害的義大利科學家，大家對於他反抗天主教會和宗教法庭的事蹟應該很熟悉。爲什麼科學和宗教會產生衝突？我們只要看看但丁的中古世紀宇宙觀（見圖 3.2）就可以明白了，那時地球是被固定在宇宙的中央。哥白尼所描繪的宇宙圖像，地球繞日旋轉之說，還只是種爲了化簡複雜天文計算時所採用的權宜之計。主張地球繞著太陽轉—似乎地球是太陽的附庸—就是明目張膽地質疑了某種最基本的信仰。紙包不住火，「惡事」傳千里，羅馬教廷風聞哥白尼其人其事，馬丁路德（Martin Luther）表示：

人們聽到的是一個傲慢自負的占星者拼命想證明是地球在旋轉，而不是太陽或月亮，愚蠢地妄想推翻所有的天文科學。

在伽利略的時代，火車和飛機都還沒出現呢！而乘船航行大概是最平穩安逸又少噪音的一種旅行方式了。伽利略想像把自己關在密閉的船艙中，艙中有幾隻鳥、一缸魚。伽利略宣稱，只觀察此封閉系統裡的鳥和魚，是無法分辨船是靜止還是正以等速度運動。當然如果船隻傾斜搖晃的很厲害，

船上的人全部東倒西歪，你一定知道船在動；但如果船是在一片平靜無波的海面上以均勻速度航行，那麼不看船艙外面景象，你哪裡分辨得出船有沒有在動呢？在今天，我們擁有很多種相當平穩舒適的交通工具，而「相對原理」對現代人來說已經變成司空見慣的事。大部分的讀者都有這樣的經驗：在火車上，有一瞬間你會搞不清楚，究竟是自己搭乘的火車動了，還是隔壁那輛火車正要離站？牛頓是第一個為伽利略的想法寫出精準的數學公式的人，也是他率先為「力」

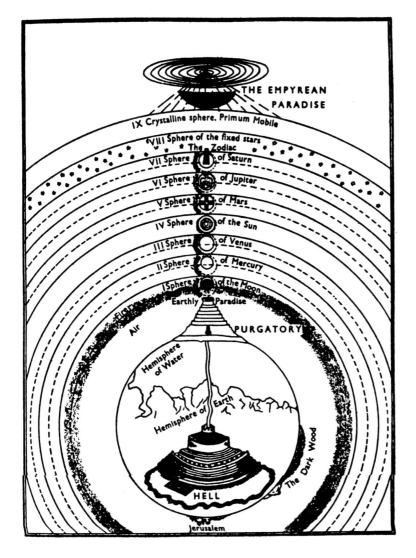

圖 3.2 但丁的中古世紀宇宙觀。在「神曲 (Divine Comedy)」中描繪出的景象：地獄是在地球內部中心；天堂則凌駕在諸行星之上。無論是就地理位置還是道德實踐而言，地球上的人們戰戰兢兢地平衡於這兩個最終命運之間。

的概念下一個清楚的定義：所有的物體，靜者恆靜，動者恆
以等速度運動，除非有外力作用其上。

　　兩個世紀後，愛因斯坦把這「相對運動」的概念發揚光
大。在他 1905 年 發表的相對論論文中，各方面來講都顯得
非比尋常；它沒有引用任何一篇科學論文，它是以一種直接
而清晰的風格書寫，而且人們毋需艱深的數學能力就可以讀
懂它。即使用現在的角度來看，它仍是一篇邏輯清楚、無懈
可擊的作品。這常會使人產生一種錯覺，以爲愛因斯坦的理
論是輕輕鬆鬆地坐在家裡想就想出來了。我們僅能從愛因斯
坦的論文致謝詞中一段話「感謝摯友貝索忠誠地協助」找到
一絲絲人性的流露。整整有一年的時間，愛因斯坦因爲無法
將他對光速是定值的猜測和當時一般「伽利略式」的速度加
成觀念統整起來，而感到相當挫折沮喪。然而，「五月關鍵
的那一日」來臨了，他去拜訪好友兼專利局的同事貝索（Mi-
chelangelo Besso）。愛因斯坦回憶當時的情景，他是怎麼開
始談起這個話題：「最近我正和一個很棘手的問題纏鬥，今
天我來這兒請你幫我一起打這場仗。」經過反覆的討論，用

圖 3.3 哥白尼行星系統模
型。這是現代所繪製的圖，
所以圖上包含的天王星、海
王星以及冥王星，在哥白尼
時代它們還未被發現。

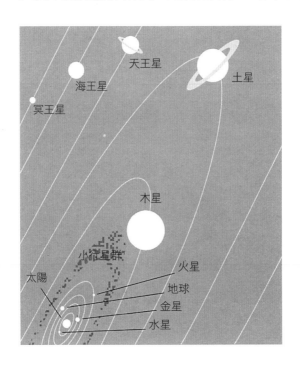

盡各種觀點切入思考，突然，愛因斯坦發現自己瞭解問題的關鍵了！第二天，他又跑回去找貝索，甚至來不及寒暄，他就迫不及待地說：「多謝你！問題解決了。」就像後來他說的：「最後我才想通原來都是時間在搞鬼。」。

　　偉大的德國數學家希伯特（David Hilbert）有一次提到愛因斯坦的貢獻時曾經這樣說：

　　你們知道為何愛因斯坦可以為這一世代老生常談的時空觀念提出最獨創又深刻的見解嗎？因為他以前從來沒有學過關於時空的哲學及數學。

　　對時間有了這層了不起的洞察─世界上並不存在一種對任何人、任何地點、以及對任何速度運動的物體而言都相同的「絕對時間」─愛因斯坦只花了五個星期就把論文完成付梓。

圖 3.4 伽利略受審圖，描繪他被迫撤回他的哥白尼式主張。天主教會宣稱伽利略的異端學說「非常可恥，非常令人厭惡，比起喀爾文、路德以及所有異教徒所寫的書加起來總和還要更褻瀆基督。」。

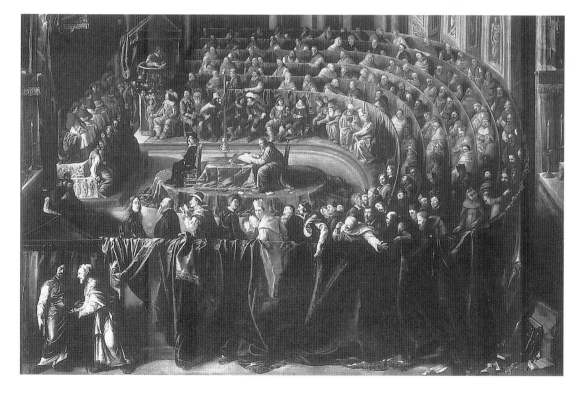

　　愛因斯坦完成的論文是那麼地邏輯完美，外人根本看不
出來他經歷多年的掙扎努力，以及對那些激發他研究靈感的
實驗所下的功夫。而且還有一件事至今仍有爭議，就是愛因
斯坦到底知不知道邁克生和莫雷的實驗結果？在他的論文中
完全沒有提到這個實驗，而且在他一生中有好幾次都聲稱，
是 1905 年在發表了論文之後，才讀到這個實驗。然而，在
1952 年的一次談話，愛因斯坦好像又不那麼確定。他對美國
物理學家亞伯拉罕・帕易（Abraham Pais）說法是：

　　他在 1905 年以前就曾聽過邁克生實驗，部分是因為讀了洛倫
茲的論文，但主要原因是他早就認為邁克生得到的結果是對的。

　　這說法看起來似乎最接近真實狀況。在帕易執筆的《不
可捉摸的上帝》書中，他推想當時愛因斯坦的發現——

　　是如此勢不可擋，已經使他心力交瘁、油盡燈枯；由於他內
心深處十分渴望能更貼近完美創作的神聖型式，以致把早期對問
題的思考以及得到的一些消息資訊都弄得混淆不清。

　　這回的科學革命型式很奇特，在一開始幾乎完全被忽
略。愛因斯坦的妹妹瑪雅（Maja）描述當時她的哥哥是多麼
焦急地等待人們對那篇論文的反應。這篇如今舉世聞名的論
文標題叫做《運動物體的電動力學》，名稱聽起來或許令人
不覺得有啥了不起。儘管愛因斯坦抱著很大的期望，但他的
論文似乎石沈大海，既沒有被砲轟，也沒有被稱許，反而是
全然地無聲無息！接下來幾期的物理年報（Annalen der
Physik）也完全沒有提到他的論文。所以當愛因斯坦終於接
到卜朗克（Max Planck）—德國偉大的物理學家，量子理論
的開山祖師—的來信時，簡直就是大喜若狂。其實，卜朗克
是來信要求愛因斯坦澄清一些當他讀這篇論文時所發現的疑
點，但愛因斯坦十分高興，因為連當代最有名的物理學大師

也注意到了他的論文。卜朗克和愛因斯坦後來一直彼此推崇、惺惺相惜；之前當愛因斯坦移民瑞士時是聲明放棄德國公民資格的，也是卜朗克鼓勵愛因斯坦在柏林大學擔任教職，因此導致愛因斯坦重新申請當德國公民。他後來回想這個重新申請公民資格的決定，覺得是「這輩子中所做的蠢事之一」。

時間是相對的

前面已經提過好幾次，要明白愛因斯坦的相對論必須修正原本「絕對時間」的觀念─就是那種「不管對任何人，不論在任何地點，也不用顧慮物體運動的相對速度，反正大家感受的時間都一樣」的概念。我們將可直接從愛因斯坦論文中的兩個基本假設出發，理解這種修正的必要性。第一個假設和光速有關：光速是定值，不管觀察者或發光者的速度為何。第二個假設是重新詮釋牛頓和伽利略的相對性原理：對所有相互以等速度運動的觀察者來說，物理定律看起來都一樣，這就是狹義相對論。這兩個假設看起來似乎不怎麼樣，但透過它們卻可以引伸出許多令人瞠目結舌的結論與預測。愛因斯坦最著名的有關質能互換的方程式，雖然沒有寫在 1905 年的論文當中，但也可以從這兩個假設推論而誕生。對人類而言，這個方程式的出現到底是福是禍還是個未定之數。

為了證明我們必須重新思考時間概念，讀者請跟著做以下的「想像實驗」。如果我們住在一個光速比現在小得多的世界，比方說時速 100 英哩，我們接下來要討論的現象將會是天天發生在你身邊的事。在考慮這樣一個顯然是純粹想像的實驗時，我們倒也不會失掉任何預測能力的。

讓我們仔細想想，當我們說「兩件事情同時發生」指的是什麼意思。要檢驗這個敘述，我們必須準備兩個對好時間的時鐘來測量兩個事件的時間。假如兩個時鐘不在同一地點，我們得設計一個能發出信號的系統來對時。如果訊號能

圖 3.5（a）上圖是靜止的車廂，正中央發射出一道閃光。下圖顯示閃光同時到達車廂兩端。

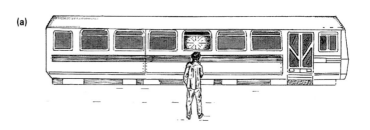

圖 3.5（b）上圖是運動中的車廂，正中央發射出一道閃光。下圖描述對站在鐵軌旁的觀察者來說，閃光先抵達車尾。但處於車中的觀察者看到的卻不一樣，因為他和車子一齊等速運動，所以他覺得訊號同時抵達車兩端。（為了簡單起見，車廂長度收縮的效應本圖中忽略不計）

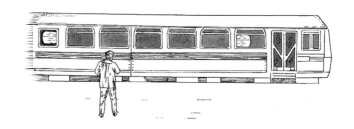

在兩個時鐘之間立即傳輸，那就沒問題。但是就算是光，要傳播在兩個時鐘之間，畢竟也需要一丁點兒時間。既然世界上沒有比光速更快的，那光就是我們的最佳選擇了。讓我們參考圖 3.5 的簡單範例，我們看到這一列超長火車，頭尾各有一名觀察員。第一個例子中，火車在靜止狀態，我和我的搭檔小心地站在火車正中央，一個站在火車裡，一個在車外

軌道邊。假如有一個光訊號從車子中央發出，很明顯地它會同時抵達頭尾兩個觀察員所在地：他們的時鐘和我們的時鐘會顯示同樣的時間。我們可以說閃光訊號同時抵達火車兩端。接下來的故事就很曲折離奇了。假設火車以等速度運動，就在此刻，火車中間的人像剛才一樣打個訊號給站在鐵道旁的人。以我站在鐵道旁的觀點，火車的一端正在靠近，而另一端正在遠離。我因此會發現，光到達列車兩端所要行經的距離並不一樣，花的時間也不會相同。但是，火車上發出訊號的那位搭檔老兄正舒舒服服地坐在火車中，相對於車頭車尾那兩個觀察員俱是靜止不動。對他來說，和上次一樣，車頭車尾的兩人還是同時接收到光訊號。到底他對還是我對？兩個人都對！對某人而言，兩件事同時發生；對另外的人而言不見得如此。這是相對論不可避免的結論，根據以下兩個事實而成立：光速對等速運動的觀察者來說皆為定值，以及光速是有限的。

　　一個光速只有時速 100 哩的世界，我們會覺得事事透著古怪。在那樣的世界裡，「相對論性偵探」就有苦頭吃了；舉個例子說，目擊者對不同事件發生的時間，證詞會很混淆。假若有件謀殺案中有人被槍殺，有沒有可能一位運動中的觀察者會看到被害者在槍發射前就死了？像這樣違背「因果關係」的情形是不被允許的。我們會在下一章再處理這個問題。

快跑的時鐘走得慢

　　在第一章中，我們一直強調相對論中預測的事實，就是相對於我們運動的時鐘指針會走的比相對靜止的時鐘慢。讓我們看看為何會發生這樣的事。這原因和時鐘運作的細節無關，我們考慮一種非常簡單的時鐘形式，只需光束和鏡子。還是老樣子，不必太計較實際的細節─如果光速很慢，實驗會很容易。

　　「光束時鐘」的長相如圖 3.6，包括兩面鏡子在內。透

過兩個不同觀察者的眼中，思考這個時鐘的行為，我們能夠直接得出相對論的推論。其中一位相對於時鐘是靜止的，他測出時鐘每一「滴答」時間即為光束打到平面鏡再反射回來所花的時間。那麼對一個垂直面鏡連線方向等速度運動的觀察者來說，會看到什麼現象呢？她會看到閃光發出，隨即看到兩面鏡子都遠離她（圖 3.6）。對她而言，光束來回一次必須走的路徑比鏡距的兩倍還要多，既然光速對兩個觀察者都一樣，所以運動中的觀察者，她的每一「滴答」時間是比較長的。用畢氏定理做簡單的計算，可證明「時間變慢」的效應取決於觀察者的速度，這就是愛因斯坦相對論中著名的時間變慢預測，對它的數學導證來龍去脈有興趣的人可以參閱本書附錄。前章提到的洛倫茲—菲次吉拉收縮理論—主張運動的物體會看起來比較短—也可用類似的方法推論出來。

物理學家加莫夫（George Gamow）在他一本著名的書《湯普金夢遊記》（Mr Tompkins in Wonderland）中曾經以淺顯的方式介紹相對論。書中主角總是在一位赫赫有名的大學教授講授科普課程時昏睡過去。在其中一次夢境中，湯普金先生來到一個光速奇慢，而相對論效應是家常便飯的世界（見圖 3.7）。其實，如果真的要仔細嚴謹地討論在那樣的世界裡人們真正見到的景象，應該會和湯普金先生看到的不太一樣。因為就算是同一個物體，光線從不同部位反射回來，也會有一個時間差，這將使得三維立體空間的物體看起

圖 3.6 一個光束時鐘：一單位時間包含光訊號在兩鏡來回一次所需時間，圖中以虛線表示。如果鏡子運動，則光的路徑增加，如右圖三角形虛線。既然運動中的時鐘光須走比較遠的距離，那麼和其他一模一樣但靜止的時鐘相比，它會走得比較慢。對時間延遲情形，其數學細節在本書附錄中講得更清楚。

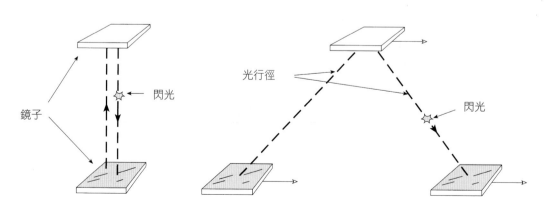

來像轉了一些角度。

　　我們將在下一節介紹，為了弄清楚發生的「事件」，有助於在錯綜複雜的情節中得到結論，常用一種叫做「時間—空間」的圖表來說明。就算是嫻熟理論的「相對論學家」，也很難一下子就把狹義相對論中所謂的謬誤解釋清楚。在本章結尾我們會概略介紹那恐怕是愛因斯坦理論中最有名的例子─前面提過的「孿生子謬誤」。現在，就用個有關時間變慢和長度收縮的一個難題，來為本章節做個結尾吧。

　　在討論過以太之後，我們綜觀貝爾的主張：要解釋相對論觀念最好的方法，就是從洛倫茲—菲次吉拉收縮理論和羅默的時間變慢出發。為了支持他的觀點，貝爾透露一段趣聞軼事。日內瓦歐洲粒子物理研究中心（CERN）的理論物理學家曾討論一個眾所周知的相對論難題。假如兩艘一模一樣的太空船用繩索縛在一起，兩艘都在靜止狀態，而二者之間的繩索拉張到筆直。此時兩艘太空船引擎同時發動，一齊加速到二分之一光速。由地面觀察者來看，因為它們任何時刻

圖 3.7 摘自加莫夫的書《湯普金夢遊記》中有關長度收縮的兩幅插圖。在那個夢境中，光速只比腳踏車快一些而已。上圖顯示，從騎車人的觀點來看其它事物的樣子。左圖顯示的是以徒步行人觀點而言看到的景象。其實，在三度空間中，因為光從運動中物體各部分反射到眼中的時間差都不同，事情並不是像他講的這麼單純，我們將在下圖說明。（感謝加莫夫太太提供）

速度都一樣，所以彼此一直會維持相等距離（見圖 3.9）。
問題是：繩子會斷掉嗎？在 CERN 理論部門貝爾所主導的研
究中，似乎得到一個清楚的共識（但不是百分之百贊成），
那就是：繩子不會斷！然而，當正在訪問 CERN 的著名諾貝
爾獎得主李政道被問及這個問題時，幾經思量，最後他終於
說：「不是繩子斷就是太空船斷。」事實上，大部分物理學
家，就算一開始有不同見解，但在研究過發生事件的「時間
—空間」的圖表，用雙方駕駛員的觀點來思考之後，都一致
贊成「繩子會斷」這個答案。貝爾的想法是，在固定不動的
觀察者眼中，繩子會經歷洛倫茲—菲次吉拉收縮，這就是為
什麼繩子「顯然」會斷掉。

時空

從今而後，只單獨考慮空間或單獨考慮時間的作法注定要飛
灰湮滅，只有兩者的結合方能保持獨立的真理。

明可夫斯基，《空間和時間》，1908

圖 3.8 立方體網狀物外觀（a
圖）當它以接近光速運動時
（b 圖）。相對論的運動似
乎導致了奇異的旋轉和扭
曲。請注意連顏色也發生變
化。（相片提供：熊秉綱博
士，匹茲堡超級電腦中心）

明可夫斯基（Herman Minkowski）是愛因斯坦在蘇黎世
求學時的數學教授。他當時認為愛因斯坦是個「懶骨頭」，

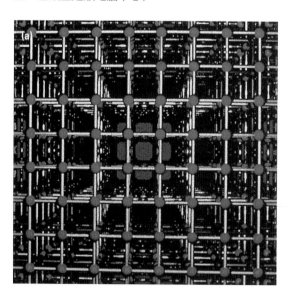

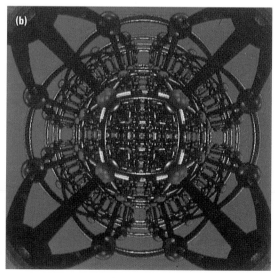

因為小愛上課的表現似乎對數學沒什麼興趣，只偶爾才會花點心思來上課。因此明可夫斯基對愛因斯坦的成就感到很驚訝：「哦，那個愛因斯坦呀！老是翹我課的傢伙—我真不敢相信他辦得到。」我們可以從本節標題開始這段著名的引述（稍微熱情了點）中發現，明可夫斯基以研究愛因斯坦的時空觀念來當作報復舊日「恩怨」的手段。多虧了明可夫斯基，相對論中出現了許多像是「世界線」、「四維時空連續」等等嚇人的詞彙。明可夫斯基主張把時間當作一個變量處理，就像描述三維空間位置所使用的空間「座標」一般：他推測的結果是，摒棄時間空間各自獨立的觀點，取而代之的是思考「發生在四維空間的事件」。起初，對明可夫斯基重新詮釋他的理論結果，愛因斯坦並不領情，還稱之為「學

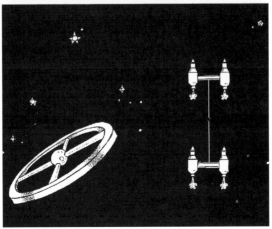

圖 3.9 兩艘太空船被繃緊的繩子拴在一起，附近有一個觀察站。下圖中，兩艘船同時由靜止出發，以相同的加速度，加速到相當快的運動速度。根據觀察者觀點，兩船保持相同距離，雖然兩船本身各自會發生長度收縮。

術累贅」。但後來愛因斯坦漸漸明白，明可夫斯基的相對論數學公式其實是他繼續發展廣義相對論和重力理論的重要踏腳石。

　　就某些方面來說，明可夫斯基形象嚴肅並獻身數學，不太像是會推廣普及相對論的人。儘管他對愛因斯坦的成就表示驚訝，但當他看到相對論時立即認定其真實性，並馬上投身於研究相對論更深層的內涵。這段時期裡，某個偶然的機會，明可夫斯基和他的同事數學家希伯特去畫廊看展覽。當希伯特的太太詢問他們對那些畫的看法時，希伯特回答：「我不知道；我們忙著討論相對論，並沒有好好地看這些藝術品。」在 1908 年 9 月，一場半學術半科普的演說中，明可夫斯基說出了那段有關時空觀念的著名引言，這時他才只有 44 歲。我們不禁要想：如果愛因斯坦仍舊待在伯恩專利局，而且能在附近的哥廷根（Gottingen）和明可夫斯基合作，那事情不知會如何發展？一定會很有趣。但事與願違，在 1909 年，明可夫斯基因急性盲腸炎去世。據說他的遺言是：「很遺憾我得死在發展相對論的年紀。」

　　愛因斯坦明白，明可夫斯基新創的數學語言，把大家搞的一頭霧水。他寫道：

　　對那些非數學專業的人來說，當他一聽到「四維空間」這些事情，就會不由自主地感到厭惡恐懼，有種無法發自內心理解的感覺。然而，再也沒有其它敘述能比「我們生活在一個四維時空連續的世界」更貼切淺顯了。

　　讓我們再弄清楚一些。歐幾里德幾何學中通常談到點、線和三維空間的圖形時，我們一般是將每一個點的位置呈現在三個「座標」上。以一位正在徒步旅行的人為例，就是他所在的經度、緯度，以及相對於水平面的高度。在數學和物理的問題上，當需要詳細指明位置時，我們稱它們叫做 x,y 和 z 座標。明可夫斯基提出如果在某一位置發生「事件」，

圖 3.10 明可夫斯基（Hermann Minkowski）（1864-1909）出生於立陶宛，很諷刺地，他的家庭是為了逃避猶太人的迫害而搬遷到德國。當他在哥廷根大學擔任數學教授時，發展了一種新方法研究相對論。他在新觀點發表以前因盲腸炎去世。德國著名數學家希伯特稱明可夫斯基為「上天賜予的禮物」。（感謝美國物理學會西格雷視學資料庫提供）

時間－空間圖

這是我們所熟悉的空間中三個方向（前後、左右、上下）。以數學表達這個概念就是互相垂直的三個軸（x、y 和 z）。一個物體在任何時間的位置，都可以藉由三個數字標示出來—物體的 x、y 和 z 座標。對一位登山家而言，座標（2,3,3000）這三個數字表示攀登者現在的位置是：東向 2 哩，北向 3 哩並且在基地營區上方 3000 呎的高度。從基地營區到此定點的整個行程，可以用一條曲線表示在這張三維空間圖上。對於這次攀爬行動，如果說上面敘述還有其他不詳盡的地方，應該是我們無法從圖中看出，登山者沿路徑到達不同位置所花費的時間。假如把時間納入當作第四個座標，那路徑上每一點現在應該用四個數字來表示。比方說剛剛那個位置吧！在四維路徑上應該寫成（東向 2 哩, 北向 3 哩,3000 呎高,1996 年 8 月 17 日中午 12 點整）。像這樣一個「點」包含時間座標，我們稱做「事件」，而畫出來的整條路徑叫做「世界線」。要是人們待在基地營區，那麼他們的世界線就是沿著時間軸的直線。很難想像一條在四維空間圖上的路徑，但如果省去高度座標，那麼就可以用透視作圖法把時間座標涵蓋進去。

讀者會發現，三維空間座標圖和含有時間座標的圖兩者間有很重要的不同之處。登山者只要回溯上山時在空間中運動的路徑，就可以折返原點。但是在時間座標上運動是不能倒退回去的，時間之流一去不回，我們只會逐漸老去。雖然有這個不同點，要研究相對論，時間－空間圖仍然很管用。

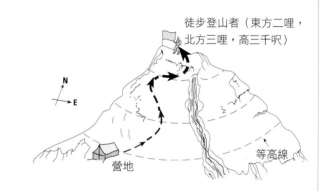

徒步登山者（東方二哩，北方三哩，高三千呎）

N
E

等高線

營地

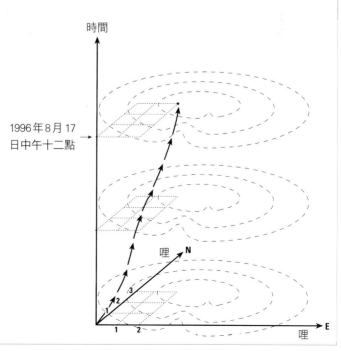

時間

1996 年 8 月 17 日中午十二點

哩

N

E

哩

必須用四個座標去說明：三個空間座標x,y,z描述事件發生地點，同時增加一個時間座標，具體指出事件何時發生。現在讓我們看一匹馬兒急馳而過的「世界線」，來習慣一下把時間當作「第四個座標」。

在 19 世紀時，藝術界有個由來已久的爭議，是有關在奔馳中馬兒到底腿是怎麼運動的？綜觀歷史，藝術家一直把奔馳的馬畫得比較像是栩栩如生的搖木馬。然而，史丹佛（Leland Stanford）—美國鐵路實業家、著名大學的創立者—很想把這個疑問一次徹底弄清楚。在 1872 年，他決定使用新的科技—照相術—來做這件事，並且聘請一位名氣很大的照相師馬布里吉（Edware Muybridge）親自掌鏡。當這些照片發表在他的書《運動的馬》中時，藝術家或一般大眾都很意外（見圖 3.11）。那些古代名畫中的奔馬姿態居然都錯了：事實上，馬兒在快速運動時，牠的四隻腳會同時離地！這個發現造成了一個副作用，就是世界各地的藝術學院一時之間被蜂擁而至的畫作弄得應接不暇，然而不同的是，這次馬兒們四隻腳都是離地的。

圖 3.11 馬布里吉拍攝關於奔馬的著名系列照片。（感謝美國紐約州喬治伊斯曼資料館提供）

究竟這段藝術史上有趣的小插曲，和相對論以及四維空間有何關聯？請看看馬布里吉拍的這一系列照片。在圖 3.12 中我們把照片排在時間—空間圖上，隨著時間的推進，影像位置就高一點，表現出馬穿梭於時間流中的「歷史」。請留神細看，我們每次也把連續影像右移一些，顯示馬沿著跑道運動的路徑。用專業術語來說，這是描述馬運動的明可夫斯基「時間—空間」圖。把運動情形繪成時間—空間圖上的位置，揭示的圖形便是馬的「世界線」，或者馬的生命史。如果你正靜止站在跑道邊，你在這張圖上的「世界線」便是一條平行時間軸的垂直線。舉另一個複雜些的例子，是描述地球繞日公轉軌道的連續影像。把一疊照片組織排列，比方說，一個月一組，逐步把地球繞行軌道運動放在時間—空間圖上。既然圖中太陽是在靜止狀態，那麼太陽的「世界線」會是一條垂直線。而地球繞著太陽轉圈，它的「世界線」勾勒出螺線形狀（見圖 3.13）。

對於四個維度的思考，最大的問題─至少在利用圖解的時候─是無法同時看到這四個維度。對於一頁只有長寬兩維度的紙張，我們常用透視法使它顯出三維的效果（見 p.79）。要我們用直觀的概念畫一幅四維圖形顯然很困難─雖然對數學家來說，要思

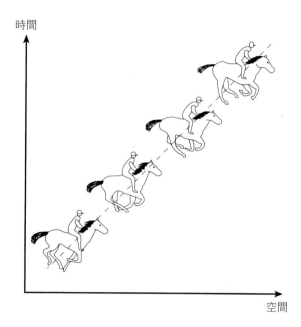

圖 3.12 同一組奔馬圖片，按照次序排列在時間—空間關係圖上。每個連續圖像都比前一張放置高一點，用來表示馬在每兩張圖之間所行經的距離。

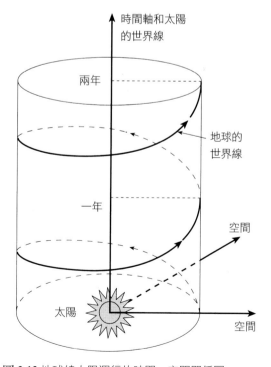

圖 3.13 地球繞太陽運行的時間—空間關係圖。

圖 **3.14** 法國畫家杜象（Marcel Duchamp 1887-1968）「走下樓梯的裸女」（Nude Descending a Staircase）。當這幅畫 1913 年在紐約展出時，引起很大的震驚。這幅畫試圖表現運動的情形，這代表著必須呈現出時間的流逝感。這在第一次世界大戰之前，是物理學也是藝術的主題。杜象和達達主義及超現實主義接近，但最後他放棄藝術，醉心於西洋棋。（費城藝術博物館提供）

考幾個維度都沒有什麼問題。但是，從上述螺線形的地球世界線，我們發現，如果你不需把三個空間維度都展示出來，時間—空間圖的想法就是可行的。在地球公轉的例子中，它的軌道幾乎是個圓，同時被約束在一個二維平面上。所以，當我們增加時間維度上去時，只要利用三維透視圖就足夠表示地球穿梭時間空間的情形。

現在讓我們再回到「企業號」太空船上，繼續航向鄰近的恆星！但宇宙是如此浩瀚無垠，連無線電波以光速這麼快的速度跑，有時都要好幾年才到得了。因此，天文學家在測距離時並不用我們常用的哩或公尺—這樣數字後面會有一大堆零—而改以「光年」單位來計算。光年的定義是光走一年

的距離，一光年換算成公尺等於 9 500 000 000 000 公尺。所以當把「企業號」太空船的世界線畫在時間—空間圖上，我們可以選擇「光年」作距離單位，選擇「年」作時間單位（見圖 3.15）。當「企業號」太空船出發時，同時由船上發射一道光波訊號，現在我們把太空船和光波的世界線同時顯示在時間—空間圖上。因為關係圖所選擇的單位，光波的世界線剛好會是時空兩軸的平分線：是條斜率為 1 的斜直線。而「企業號」太空船用 1 ／ 2 光速航行，在相同時間中走的距離會比光線少，所以它的世界線將比較貼近時間軸。現在要讓讀者見識一下，在時間—空間圖上，一種另類幾何學推理的威力。在這裡先警告大家，接下來幾段文字，會比本章其他部分難懂一點也專業一點，如果對你而言太困難，大可以跳過不看，直接到下一節繼續閱讀。

　　從「企業號」上的太空人眼中望出，又是怎樣一幅景象呢？因為他和太空船相對靜止，所以對他而言「企業號」的世界線是一條與他自己時間軸平行的直線。依照明可夫斯基的相對論觀點，這位太空人的時間軸應該比留守地球的觀察

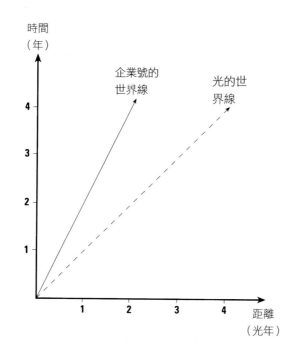

圖 3.15「企業號」太空船以 1 ／ 2 光速航行時，顯示於時間—空間圖上的世界線。在太空船啟航的同時也發出一個光訊號，光訊號的世界線也一齊顯示在圖中。請注意，因為我們選擇橫軸的距離單位是「光年」，所以光的世界線是一條和時間縱軸成 45 度角的直線。由於沒有任何有質量的物體可以加速到光速，所以除了光以外，其他物體的世界線與時間縱軸夾角都會小於 45 度角。

組員時間軸多傾斜一個角度。根據愛因斯坦的想法，無論是對太空人還是對地球上觀察者來說，他們看到的光速是相同的。而地球上的人員選擇了恰當的時間空間單位，所以光線會正好落在時間空間兩軸對稱位置上。那麼，對太空人而言，光必然也是如此對稱的情況。圖 3.16 顯示太空人的時間—空間圖兩軸位置和地球上觀察者的兩軸並不相同。

明可夫斯基對相對論的幾何詮釋影響深遠，利用一般幾何學觀念就可以對問題有所理解。想像你參加越野競賽，正穿越森林，按圖索驥到下一個地點。假定你很清楚自己目前在地圖上的位置，而且必須要到達另一定點。你可以很明確地說清楚如何抵達那兒：向東方移動多少公尺，接著再向北方移動多少公尺。數學上我們稱這兩個距離叫作此點的「x和 y 座標」。但競賽地圖的繪製方法可能有兩種：一種是利用「磁南極」、「磁北極」的指向訂出地圖的南北方向；另一種是依照繪圖者的方便，自訂一些「格子」，南北指向就平行這些格線。由圖 3.17 中可以看出，兩組 x、 y 座標並不相同，縱使它們表示的是地面上同一個位置。但不管用哪一

圖 3.16 對「企業號」太空船上的全體成員來說，太空船是靜止的，而「企業號」的世界線就是他們的時間軸。在此圖中，船上成員的空間軸落在稍微下方，這樣使得光的世界線仍然對稱於他們的時間空間軸。

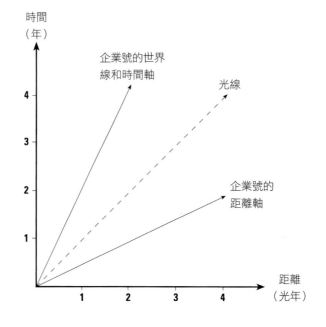

組座標，此地到定點的真實距離一定不會因此改變，這在地圖上也可看得很清楚。用畢氏定理得知，距離的平方恰等於 x 的平方加上 y 的平方：用兩種地圖都會算出同樣的數值。這個關係的數學式如下：

$$（距離）^2 =（x\,間隔）^2 +（y\,間隔）^2$$

上述幾何範例中，當改變南北方向的設定時，兩種地圖間的關係，就像是把 x、y 軸旋轉了一下。明可夫斯基想表達的是，當觀察者彼此之間有相對運動時，可當作他們的時間空間軸作了奇特的旋轉。我們已經看到，那並非普通一般旋轉，新的時間空間軸彼此甚至不再是成 90 度角。但是，和普通座標旋轉一樣，到某一定點的距離並不會變，所以，這裡會出現一個可以類比「距離」的一個量值，而此量值不會因這種時空軸怪異的「旋轉」而變化。我們稱這個量值叫「不變量」，有時又稱為「原時」（proper time）。明可夫斯基證明它可由下列公式得到：

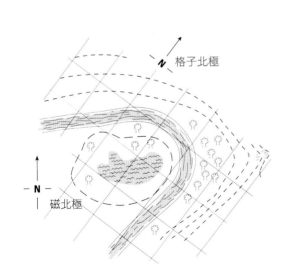

圖 3.17 一張越野賽用的地圖，上頭的座標方向定義是採用「磁北極」而不是一般常見的「格子北極」。座標只是人們約定用來稱呼位置所在的一種方法：不管選哪一種座標都不會影響自然界的真實距離。

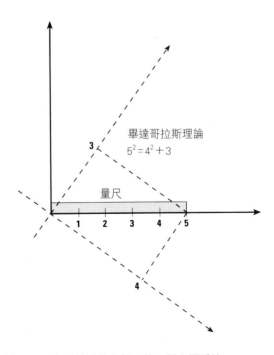

圖 3.18 一支尺端點的座標：第二種座標系統是由第一種旋轉而來。

$$（原時）^2 ＝（時間間隔）^2 －（空間間隔）^2$$

　　就是因為發現這個全新的、絕對的量值，明可夫斯基覺得，取「相對論」這個名稱，對愛因斯坦的新理論而言實在太貧乏太彆腳了。像剛才普通的座標旋轉，我們很輕易就會看出，一個點的新座標可以由舊的 x、y 座標組合而成。用同樣的方法類比可知，運動中觀察者眼中發生事件的時間空間度量值，可以用靜止觀察者的時間空間座標組合而得到。

　　最後，讓我們用一個有趣的問題來為明可夫斯基的時空簡介做結尾，請思考一下，如果從不同的觀察者角度來看馬克士威的電磁場，會發生什麼的事？時空混和的型態和不同的運動中觀察者所看到的電場和磁場有些類似，想像「企業號」太空船又被敵艦攻擊，這次克林貢人用的武器包括一把會發射出具高能量、帶負電荷強烈脈衝電子束的電子槍。很幸運地，「企業號」千鈞一髮之際躲過了電子脈衝，但當電子流擦肩而過時，脈衝所帶來的電磁場產生大量的電流湧到「企業號」太空船的金屬表面。根據愛因斯坦的說法，如果站在運動電子的立場看整個情況，物理現像應該不會變化。所以現在的場景轉換成有一堆不動的電子，而「企業號」突然衝進這群電子當中。有一個難題出現了：當看見電子脈衝經過「企業號」時，我們可以測量帶電的電子運動所產生的電場和磁場。但是從電子本身的角度來看，所有的電子都是靜止的，所以應該只有電場存在才對。

　　愛因斯坦解答了這個疑惑。他證明了電場及磁場實際上是原始電磁場在各種角度觀察下所展現的不同形貌。如同愛因斯坦所說：

　　在磁場中運動物體所得到的電動勢，不是別的，正是電場；這個信念使我們更為貼近狹義相對論，或者離得更遠。

　　一個觀察者看到的電場和磁場，是其他觀察者眼中電場磁場的組合，但要精確地組合它們，做起來可要比在時間空

間座標中複雜多了。但我們可以證明，相對論是完完全全地符合兩個不同的觀察者所寫出的馬克士威方程式。就某種意義上來說還真奇怪，所有磁場都可視為相對論效應。到頭來，相對論成了每天發生在我們身邊的日常現象。

孿生子問題

如果我們把一個生物擺在盒子裡，安排它隨心所欲地長途飛行，然後再讓它回到原始出發點；而對照另外有個一模一樣的生物從開始就沒離開原始位置。假如運動中的生物速率趨近光速，那整個漫長的旅程對他來說僅是一瞬間，而靜止在原點的生物可能已經繁衍出新生代了。

愛因斯坦，1911

在「企業號」的第一個任務中，我們曾遭遇著名的「孿生子謬誤」，就是孿生子之中的一位去漫遊星際，當他重返地球時，赫然發現留守地球待在家裡的手足老的比自己還要快。比起相對論中其他假設，這個想像出來的謬誤情景大概是最惹人爭議的。雖然，愛因斯坦在他 1905 年提出的原始論文中就曾首度陳述討論並解答這個問題，但在 1950 年代還是出現許多專門針對「孿生子」或「時鐘」謬誤此一主題的學術論文，一時蔚為風尚。在一部選錄了幾篇有關狹義相對論之論文的 1963 年出版品中，就有九篇是只討論這個主題。原因大概是因為，顯示的結果實在是很侮辱我們的常識—人老的速度會不相同，這太超出日常經驗了—就是這樣，連要簡單地應用相對論都困難重重。讓我們再看一次這個「謬誤」吧！

假設這對孿生子名字叫做史黛拉（Stella）和雅百妲（Alberta）。她們剛慶祝完 21 歲生日，然後史黛拉就同她的姊妹道別，登上「企業號」開始她的長途飛行。很快地，「企業號」加速到一個最省油的飛行速率等速飛行，即光速的 24／25。根據太空船上的鐘顯示，這段旅程花了史黛拉

七年的時間。接著，太空船又很快地減速、掉頭，然後用原先的飛行速率返航地球。回家的這段路這又花掉她 7 年的時間，所以當「企業號」回到地球時，史黛拉已經 21+7+7=35 歲了。圖 3.19 就是史黛拉和和待在家裡的雅百姐在時間—空間圖上的世界線。當史黛拉和雅百姐重逢時，她大吃一驚，因為她發現雅百姐已經 71 歲了。

　　有很多方法都可以推論得到這樣的結果，最簡單的大概就是用時間變慢效應解釋了。如果史黛拉用 24 ／ 25 光速旅行，那麼她的一年相當雅百姐的 25 ／ 7 年（這個數值可參考附錄中的時間變慢公式，將 v ＝（24 ／ 25）c 代入就可得出）。另外，我們也可用長度收縮理論得到相同的結果。對旅行者史黛拉而言，她經過的總里程數是雅百姐測量的 7 ／ 25。不管用哪一種推論，史黛拉都只有老 14 歲，而雅百姐

圖 **3.19** 電影版的「孿生子謬誤」。在雅百姐眼中，「企業號」太空船以光速的 96% 航行 25 年，之後再回頭以相同速率返航。置身在「企業號」太空船上的史黛拉，表面上看起來路徑比較長，但她所經歷的時間流逝，比待在家裡的雅百姐短得多。

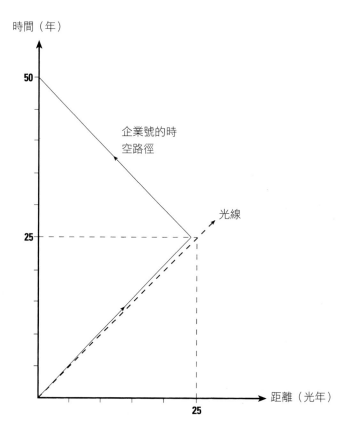

時間（年）

50

25

企業號的時
空路徑

光線

距離（光年）

25

卻老了 50 歲。

　　常常有人問：爲什麼我們不能用相對論的觀念，認定雅百姐是那位出門旅行的人，而史黛拉是乖乖待在靜止太空船上呢？答案是，這對雙胞胎處境並不相同。在折返點時，史黛拉會感受到運動速度的變化而雅百姐則否，所以並無不合理之處，因爲兩個人經歷的過程並不相同。這也可以從圖 3.19 中的時間—空間圖中看出，史黛拉和雅百姐很明顯在圖上各自有自己的路徑。假如這個圖是表示史黛拉和雅百姐開車相向而行往返於城鎮間，那麼所費時間不同也沒什麼好奇怪；相對論使人驚異的是，明明史黛拉在時間—空間圖上的路徑比較長，但她花的時間卻比雅百姐短。原因是出在當你要在時間—空間圖上計算路徑長時，你必須用明可夫斯基特殊的幾何方法，簡單地說，就是要計算史黛拉和雅百姐兩人感覺到的時間差值，不能用畢氏定理定理中平方相加的公式，要改用平方相減才對。

　　相對論中還有不少難題和所謂的「謬誤」。其中有一個叫做「桿子和車庫謬誤」，內容是討論一個人扛著 20 公尺長桿子跑得飛快，他的速度大到使得旁邊靜止的觀察者看到桿長只剩下 10 公尺。所以，旁觀的我們可以在瞬間用一個 10 公尺長的車庫把他們裝進去。但是想想看這時跑者眼中看到的景象：他看到桿長仍是 20 公尺，但是車庫卻收縮成只有 5 公尺長。你怎能把 20 公尺長的東西裝進 5 公尺長的地方呢？會有這樣的問題是因爲當我們以直覺思考時，認爲是整件事都是同時發生，但在速度逼近光速的情形下，這種想法是行不通的。要解答這個疑惑，我們必須仔細地分析時間—空間圖上，桿子前後兩端進入車庫的時間軌跡。還有許多類似的問題可以讓我們動動腦筋呢！

　　在一個光速比現在小很多的世界裡，我們天天都得要被迫面對這些自然界耍弄出來的種種把戲，弄得暈頭轉向。在第一章中，我們討論過愛因斯坦理論中，這些令人訝異不已的預測，早都已經得到實驗證明，鐵證如山。只因這些相對

論效應實在太小，而且牛頓絕對時間的概念又可以近似的這麼好，所以長久以來時間空間本質的真相才會一直隱而不現。那麼話說回來，愛因斯坦最偉大的貢獻究竟是什麼？英國物理學家惠特克爵士（Sir Edmund Whittaker）於皇家協會的紀傳體回憶錄中曾提到愛因斯坦，說他「採用了彭加勒的相對性原理作為他新理論的主要基礎」。意思是說愛因斯坦只不過重新解釋了洛倫茲和彭加勒的研究理論─這種看法並沒有得到多數人的認同。最典型的反應是像這位德國物理學家，以機率概念詮釋量子力學而著名於世的玻恩（Max Born）說的話：

雖然我對於相對性的概念和洛倫茲轉換十分熟悉，但愛因斯坦的推論仍然大出我意料之外。這篇論文最令人驚喜的元素，並不只是它的簡明與完整；而是因為它竟然向牛頓所建立的哲學體系、傳統的時空觀大膽地提出挑戰。這便足以使愛因斯坦的成就出類拔萃、傲視前人，也讓我們理所當然地大聲說這是愛因斯坦的相對論。

第4章　　終極速度

經過十年的深思熟慮，這個原理肇因於一個早在我十六歲那年就遇到的謬誤：如果我用速度 c﹝光在真空的速度﹞追趕一束光，我應該觀察到這一束光就像靜止的週期震盪電磁場，不過，這種事情似乎並不存在，無論是根據經驗，或者是馬克士威的方程式。

愛因斯坦，《自傳記錄》，1949

光速的奇怪行為

就如我們所見的，羅默（Roemer）早在 1676 年就證明光速不是無限大，繼邁克生和其他人之後的測量，都一致認為光速約每秒 299792 公里，這速度適用的範圍不僅有電磁頻譜中的可見光部分，也包括長波的無線電波，短波的伽瑪（γ）射線，以及所有馬克士威方程式所預期的波長。現在根據牛頓運動定律，光速並沒有特別的地方，理論上沒有任何方式不允許加速某一物體到任何想要的速度，如果觀察者和鏡子都以光速前進，將會在鏡子中看到什麼？就是這個問題讓愛因斯坦走上他相對論之路。

時有聽聞愛因斯坦在學校的時候並沒有顯露出什麼不凡的天分，這可能是真實的，但很少有學童在十六歲的年齡就想出鏡子的關鍵謬誤。這個謬誤和光速相對於以太是個定值有關，就像音速相對於空氣是個定值一樣。在聲音的情形，噴射機以一馬赫（即音速）和它的音爆並駕齊驅，同理，來自觀察者的光線應該不會追上鏡子，觀察者也就不能看到鏡子內的影像，這就和本章剛開始的引言一樣，只是它用了較技術一點的說法。愛因斯坦不相信單單從均勻運動就可以存在這種新的現象，他的解答既徹底又優雅：他提議光速是一個普遍的常數，和以太無關，也和光源或者觀察者的運動無

圖 4.2 莫明寫了一本有關偉大的蘇聯物理學家藍道的傳記。當今日物理期刊的編輯要求一份簡短的小傳，他提供了以下的陳述：莫明是康乃爾大學的物理教授，努力使自己合於四又二分之一的標準，他對相變化理論以及液態氦偶有貢獻。事實上，莫明是非常有能力，並很有思想的物理學家，他的許多不凡研究成果證明了這一點。另外他將近代物理令人興奮的結果傳達給物理學家和非物理學家，在這方面也極具天份。他努力讓物理評論通訊（最權威且最廣為接受的國際性期刊）採用 boojum 這個名詞，也已成為一個傳奇故事。莫明也對量子力學和狹義相對論的觀點寫了一些具激發思考和啟發性的文章。（大衛林區·班哲明攝）

圖 4.1 愛因斯坦孩童時期的著名鏡子想像實驗：假如他以光速在以太中移動，他將會在鏡子內看到什麼？左邊較暗的愛因斯坦影像顯示右手邊影像之前一段時間的狀況，這説明了愛因斯坦、光脈衝和鏡子都一前一後地以光速前進。（渥特絲繪）

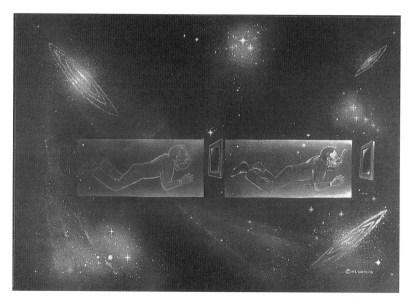

關。邁克生和莫雷實驗的結果現在可以很容易地解釋：兩條光行徑的光速完全相同，因此沒有干涉條紋的移動。就如先前的章節所見，愛因斯坦的提議引導出時間變慢。但是，如果我們嘗試將光速代入公式 $1/\sqrt{1-(v^2/c)^2}$，時間變慢的因子變成無窮大，就某種意思來說，時間靜止了，我們在後頭會看到，這是一個很強的暗示，表示無法將任何有質量的物體（例如人）加速到光速。鏡子謬誤的解決之道就是在任何非常接近光速，但小於光速的情形下，觀察者看到的影像和他靜止的時候看到的一樣，而且他無法達到光速。

　　愛因斯坦所建議光的行為有什麼應用？在前一章節，我們看到愛因斯坦的理論直接導引出時間變慢和長度的收縮，我們現在探索另一項驚人的結果：牛頓速度加成定律的修訂。不僅是速度加成定律的修正，並且光速是一個終極速度，一個無法超越的速度。有很多種方式可以達到愛因斯坦的結果，一種方式是仰仗時間變慢和長度收縮的直接應用，

另一種是使用所謂的洛倫茲轉換（Lorentz transformation），
這是和運動中觀察者的座標事件有關。但是最能直接展現出
光速的恆定性與愛因斯坦的速度合成公式的方法，則當數莫
明（David Mermin）的招數，假如我們的論述變得太過於艱
澀，建議你跳到下一節。

　　莫明的論述是使用一個想像實驗，類似在我們討論同時
性所使用的實驗，我們考慮一列長火車，以相對於靜止觀察
者的速度 v 前進（見圖 4.3）。在某一特定時間，一顆速度
為光速的光子和速度為 w 的粒子開始從後車廂朝前方競賽，
以光速前進的光子贏得競賽，並反彈朝後車廂回去，當行走
到離前車廂有 f 百分比之車廂長的時候，碰上正朝前車廂前
進的粒子。無庸置疑，這兩個粒子碰在一起的位置對任何觀
察者而言都是一樣的：所有的觀察者都承認是在車廂長的 f
比例地方，這個 f 的數值可以從三項簡單的事實，以 v、w 和

圖 **4.3** 粒子和一束光脈衝在
火車內的賽跑。光先抵達終
點，透過鏡子反射回頭，遇
上還在前進的粒子。圖中顯
示從軌道旁察看同一賽跑的
三個階段：賽跑開始，當光
抵達鏡子的狀況，以及賽跑
結束，光和粒子相遇。

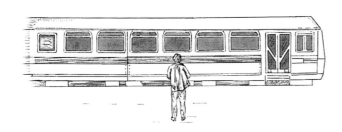

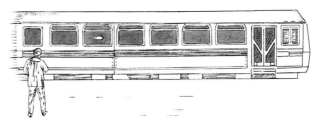

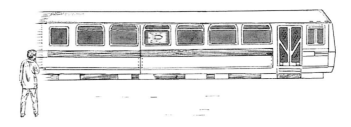

光速表示出來。

1. 粒子從競賽起點到跟光子相遇所走的總距離等於光子從後車廂走到前車廂的距離，扣掉光子從前車廂到遇上粒子的距離。

2. 光子從後車廂走到前車廂的距離恰好是火車廂長度，加上當光子在行走的時候，火車所走的距離。

3. 光子從前車廂到粒子的距離等於火車內的前車廂到粒子的距離，減掉當光子行走的時候，火車所走的距離。

從靜止觀察者的角度和從火車上的觀察者角度都可以計算出我們想要的答案，結果得到的不再是牛頓的答案。

$$w = u + v$$

其中的 u 是在火車上看到的粒子速度；相反的，我們得到以下的結果：

$$w = (u+v) / (1+uv/c^2)$$

數學上並不太困難：計算的過程放在附錄內，留給有興趣的讀者。

我們現在可以瞭解在第一章中，假想戰爭中企業號和克林貢人之間所宣稱的奇怪結果，即使速度 u 或速度 v 等於光速 c，觀察到的速度也不會等於 2c，而只是 c：這就是愛因斯坦的鏡子在數學上的重新詮釋。我們被迫接受這個結論，光速是無法超越的，牛頓力學必定是錯誤的，我們應該在下一章節中看到，跟著這項結論的邏輯推論，將會導引到愛因斯坦連接質量和能量的著名結果。在我們開始之前，我們必須看看什麼樣的實驗證據支持愛因斯坦有關光速的推測。

雙星和中性 π 介子

光的行為真的像愛因斯坦所說的嗎？1913 年，愛因斯坦發表論文的後八年，荷蘭天文學家德西特（Willem de Sitter）發現光速的確和光源速度無關的證據，他的實驗器材是個雙星，雙星系統就像地球和月球系統一樣旋轉，第一個雙星是由 1650 年的義大利天文學家雷賽奧立（Jean Baptiste Ricci-

圖 4.4 荷蘭天文學家德西特 (1872-1935) 和他的妻子。德西特的主要科學狂熱是研究木星的衛星，但現在最廣為人記憶的是他對於廣義相對論的研究，包括真空的膨脹宇宙模型。（感謝美國天空出版社提供）

oli）所發現的。1821 年英國天文學家赫歇爾（William Herschel）發表了超過 800 個雙星的星表，德西特指出有些雙星的軌道排列成朝向我們前進，或者遠離我們。如果光速會受到星球運動而修改，那麼朝向地球的星光速度較快，會追上遠離我們卻較早發射的慢速光（見圖 4.5），這可能在不同的位置形成多重的星球鬼影，這種鬼影並未曾觀測到：雙星經常出現在正常的軌道上，由於這個原因，德西特斷言愛因斯坦有關光速的假設是正確的。

　　事實上，在接受德西特的雙星論點當成支持愛因斯坦的證據上，必須要更加小心，因為有一個稱為消光（extinction）的現象會在當中作怪。光在經過物體的時候，會經歷被物體分子的吸收和再輻射連續過程，當光經過介質的時候，不僅光速會從真空中的速度值減小，只要一點點物體的厚度就足以將光源運動的記憶抹去。雙星系統經常受到氣體雲環繞，這些雲氣會將來自雙星運動的效應去除，因此德西特著名的愛因斯坦假說證明是值得懷疑。為了避免這個問題，雙星實驗最近被重作了一次，針對釋放 X 射線的星球，這類星球幾乎不受星際氣體影響，這樣的實驗在 1977 年進行，並確定了愛因斯坦的假說。

　　最直接的證據來自基本粒子物理，一種和核力有關的粒子稱為 π 介子，這是一種比電子重的粒子，質量大約是質子的七分之一。質子被認為由三種夸克所組成，夸克是所有基本粒子的基石，帶有分數的電荷。π 介子是

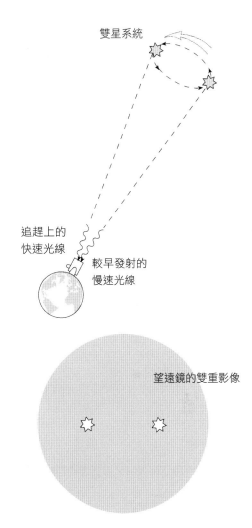

圖 4.5 雙星系統中的一顆恆星星光抵達地球上的望遠鏡（系統中的另一顆恆星沒有畫出來）。如果星光的速度取決於恆星的速度，那麼當恆星遠離地球的時候所發出的光，會被之後朝向地球時所發出速度較快的光追上，在地球上的望遠鏡看到的雙星系統影像應該會被鬼影所迷惑。

圖 4.6 橘黃色的恆星（Algol
B）掩過更亮的藍色伴星
（Algol A），更遠的白色
恆星（Algol C）是這個三星
系統中的第三顆恆星。

一種介子（meson），相信含有一個夸克和一個反夸克。π 介
子有三種帶電狀態，+1、-1 和 0，單位是質子所帶的電荷。
我們對中性的 π 介子有興趣，這是一種非常短命的基本粒子
（見圖 4.7），會衰變成兩個光子。如果我們測量行進中 π 介
子衰變產生的光子速度，我們就可以檢驗愛因斯坦的假說。
這項實驗曾被執行，在加速器中，高能質子和靜止靶碰撞後
產生速度超過 99 ％光速的中性 π 介子，然後藉由測量行經空
氣約 30 公尺的時間，仔細測量 π 介子衰變產生的光子速度，
對於這種高能光子，消失長度（extinction length）大約五公
里，所謂消失長度是指遺失所有來自光源運動的記憶所需要
的長度，因此對這實驗結果非常確定。證明相對論性速度加
成定律的準確度更高，牛頓和伽利略的速度加成在如此高速
下，被證明是不能勝任的。

都卜勒和愛因斯坦

　　仍有更高明的方式檢驗愛因斯坦有關光速的提議，這牽
涉到所謂的都卜勒效應。在 1845 年的烏特勒支，一隊小號

手在火車上演奏他們的樂器，另一隊音樂家站在鐵道邊排成一排，有人付錢請他們仔細聆聽當火車和小號手經過的情形，這似乎有點奇特的實驗是奧地利物理學家 Johann Christian Doppler 的發明，大多數的讀者都曾注意到火車經過的氣笛聲變得低沈，或救護車、警車經過時的警報聲，運動中高音的改變就和都卜勒有趣的火車及小號手實驗相同。

聲音是一種必須在一些如空氣之介質中才能行走的壓力波。當產生聲音的物體朝向我們接近，因為音源的運動，音波比平常更加緊密，結果造成等效的波長 λ 變短，我們聽到的頻率 f 比物體靜止的時候高，這是來自眾所皆知波速 v 的波長和頻率關係式

$$v = f\lambda$$

同樣地，如果產生聲音的物體遠離我們，音波會更加疏散，我們聽到較低頻率的聲音，這就是都卜勒效應。現在假想聲音是由一架正好以聲速前進的飛機發出，音波都在前進的方向壓縮在一起，所有的音波都在同一時間到達我們所在的位置，造成一個音爆。當飛機遠離我們，我們會收到都卜勒位移的音波，雖然飛機是以音速飛離，即使飛機以超音速飛離，我們應該持續聽到聲音。另一方面，如果飛機投擲一些炸彈，然後以超音速飛走，爆炸產生的音波不會追上飛機。我們發現對聲音而言，在音源運動和觀察者運動的效應

圖 4.7 在氣泡室照片中的軌跡是由帶電粒子在行經原子時所激發出來的，當氣泡室的壓力降低，這個加熱過程造成氣泡沿著原子行徑軌跡形成。中性粒子沒有留下軌跡，只有用間接的辦法證明它的出現，在這張照片中，中性π介子是在另一種 kaon 介子（K）的衰變產物中產生，氣泡室照片右邊的圖示是利用能量和動量守恆的方式重建衰變的過程，中性 pi（π^0）幾乎緊接著衰變成兩個光子（γ），光子是中性的，也沒有在氣泡室內留下軌跡。在這個情形中，它們的存在是靠它們和氣泡室內的鉛片之間的交互作用顯露出來。光子轉換成電子和正子對，帶負電電子和帶正電正子（反電子）的曲線在氣泡室內的磁場下是呈現相反的方向。（感謝勞倫斯實驗室提供）

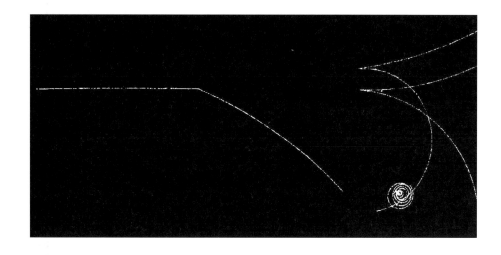

之間並沒有存在對稱性，當中的原因在第二章的想像實驗中是非常明顯的。聲音需要一個像空氣之類的介質，波才能傳播，所以聲速相對於靜止空氣是固定的。

都卜勒相信光應該也有都卜勒效應，這在十九世紀是很自然的事，光被想成非常類似聲音，也就是一種在以太中的波動，以太扮演介質的角色。事實上，我們現在知道事情並沒有這麼簡單，根據量子力學，光不僅同時表現波和粒子的行為外觀，並且愛因斯坦也揚棄以太這個東西。光也有預期的都卜勒效應，但並不像聲音，它的效應相對於光源運動和接收者運動是完全地對稱，這是直接來自愛因斯坦相對論：光速不會受到光源運動而改變，也不會受到接收者運動而改變。

假如仔細研究來自雙星系統的光頻率，上述的 X 射線雙星實驗是可以變得更好。當星球在軌道上運行，根據以往的論點，在觀測頻率上會有預期的都卜勒位移，但是，假如光速取決於光源的運動狀況，當星球在它的軌道上運行，在頻率上會有不同的週期性都卜勒位移，實驗證實了愛因斯坦的預測。

相對論也會引起另一個以往未知的都卜勒效應，這來自光源運動所造成的時間變慢效應。假設太空船既不是駛向地球，也不是駛離地球，就沒有一般的都卜勒效應發生，但想像企業號送規律性的測時訊號給地球，因為時間變慢，這些

圖 4.8 都卜勒（1803-1853）是奧地利物理學家，他的事業不順，只能獲得資淺的教職，當布拉格的一所學校提供他一份資深的教職時，他正要移民美國，他最後成為維也納的實驗物理教授。他的發現來自於聲波，也就是現在熟知的都卜勒效應，當應用到光波，使得天文學產生許多重要的發現。都卜勒效應現在是許多近代科技儀器的例行特色，例如警察的雷達速度偵測器。（感謝美國物理學會西格雷視覺資料庫提供）

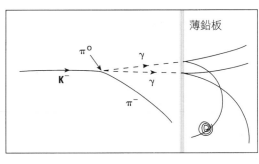

測時訊號到達地球的時間間隔比預期的長，對地球上的觀察者而言，這些訊號被移到較低的頻率，或稱為紅移，這就是所謂的橫向都卜勒效應（transverse Doppler effect）。時間變慢也會對正常的都卜勒效應造成影響。如果光源和接收者是以光速相互遠離，會有另一個不同於聲音的都卜勒效應發生，在這個情形下，預期的紅移會無限大。

　　橫向都卜勒效應的一個值得注意的範例發生在一個稱為SS433 的恆星系統（一種擁有不尋常光譜的星表中，編號第433 號，該星表是由美國天文學家史提芬遜（Bruce Stephenson）和山杜雷克（Nicholas Sandulaek）所編）。1978 年兩位英國天文學家莫丁（Paul Murdin）和克拉克（David Clark）確認 SS433 的位置是一個嵌在超新星爆炸殘骸內的 X 射線源，超新星是所有星球爆炸中最激烈的一種，一般相信會留下一個壓縮的熱中子球—中子星。莫丁和克拉克在 SS433 的譜線中觀測到不尋常的行為，但無法持續長期觀測，以便詳細解釋這個現象（見 p.101）。美國人馬更

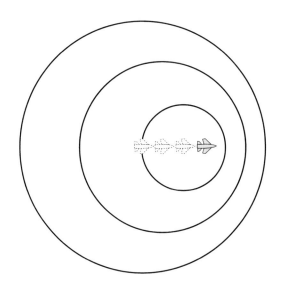

圖 4.9 一架半音速（二分之一馬赫）飛機發出聲音的都卜勒效應，飛機的點狀影像表示它先前的位置，也就是圓形波出現的地方，這個示圖顯示波在飛機前頭方向壓縮，在飛機尾端延伸。

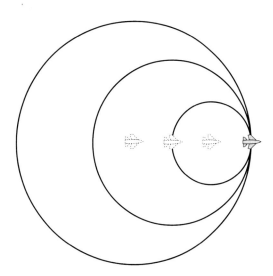

圖 4.10 從速度為一馬赫（音速）的噴射機所擴展的聲波，點狀噴射機影像標示出當發出每個波時的噴射機位置，這些聲波在噴射機的前端累積起來，並在尾端延伸。

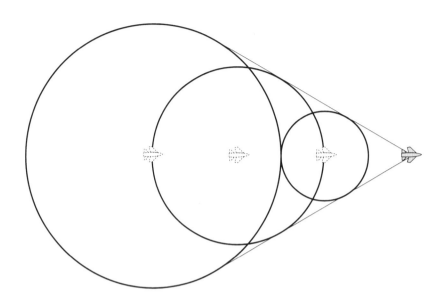

圖 **4.11** 從速度為二馬赫（音速的兩倍）的噴射機所擴展的聲波，點狀噴射機影像標示出當發出每個波時的噴射機位置，聲波累積成一個圓錐形，噴射機在圓錐的尖端，形成一個震波，這就是音爆的來源。

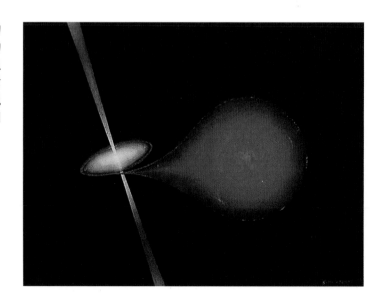

圖 **4.12** SS433 恆星系統。物質從巨星流到中子星周圍的吸積盤上，狹長的噴射流以四分之一光速從吸積盤射出，朝向我們的噴射流呈現藍移，遠離我們的噴射流則是紅移。（渥特絲繪）

光譜和恆星

　　光譜是不同元素所發出特殊顏色的光，發現光譜的故事起始於兩位科學家所主導的實驗，這兩位科學家分別為德國物理學家 Gustav Kirchhoff 和他的化學朋友 Robert Bunsen。他們用火焰加熱物質的時候，發現構成該物質的原子會發出特定的顏色，將產生的光通過三稜鏡，會展開出不同波長的光，他們藉由這種方式可以找到各種不同長相的亮線，稱之為發射光譜。利用這些光譜可以辨認出是何種物質，就像利用人的指紋找出哪些人出現在犯罪現場。一個熟悉的特徵光譜就是加熱鈉所產生的黃光，常用作街燈照明。

　　我們也可以測量發射光譜的反例先將白光通過正在燃燒物質的火焰，然後再通過一個三稜鏡，此時產生類似彩虹般的顏色，當中夾雜了一些暗線，這些暗線發生的位置就和同一物質加熱產生發射譜線一樣，這是因為白光中特定波長的光被吸收，這種光譜稱為吸收光譜，它們也可以用來辨識物質中的各種元素。元素氦就是從太陽光的吸收光譜中發現。

　　利用發射光譜和吸收光譜研究恆星的先驅者是富有的倫敦業餘天文學家哈金斯（William Huggins），他描述聽到 Kirchhoff 有關光譜的發現後，就像久旱逢甘霖一樣的感覺。1868 年，哈金斯觀測來自天狼星（Sirius）的光譜線，發現光譜線的長相就和相同元素在實驗室產生的長相一樣，只不過有一點點差異，所有來自天狼星的譜線波長都朝向光譜的紅端移動，哈金斯認定這是都卜勒效應所造成的結果，也就是說天狼星必須是正在遠離地球。這件事標示出天文學家現在測量恆星和星系移動速度的慣用技術的誕生，美國天文學家哈柏也是使用這個技術觀測來自許多不同星系的星光，根據他的建議認為宇宙正在膨脹。

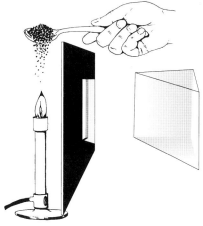

（Bruce Margon）接著證明出 SS433 有發射譜線，包含了氫的譜線以成對的方式出現，其中一條移向光譜的紅端，另一條則朝向藍端且會週期性的移動，其週期約 164 天。除此之外，這一對發射譜線的中間點是從實驗室觀察到的靜止波長往紅移的一端偏移一些。

兩位劍橋天文物理學家費邊（Andy Fabian）和芮斯（Martin Rees）對 SS433 的謎題提出解釋，另外還有以色列的密爾葛郎（Mordechai Milgrom）也獨自提出解釋。SS433 是一個雙星系統，當中的一顆恆星已經變成超新星爆炸的緻密殘骸—中子星，物質從伴星流向中子星，這會造成兩條對稱的噴射流從中子星噴出，雖然這些噴射流如何產生的機制尚不清楚，伴星的萬有引力所造成的潮汐力會讓兩條噴射流以 164 天的週期旋轉，這可以解釋光譜的紅移和藍移對，但為什麼光譜會顯示一個基本的紅移？因為在噴射流內的物質流得很快，即使沒有朝向地球方向的運動分量，也會因為時間變慢產生橫向都卜勒位移，SS433 的電波望遠鏡影像（見圖 4.13）顯示物質團以四分之一光速的速度從中心源射出。

圖 4.13 SS433 的四張電波照片，噴射流從中心源延伸約六分之一光年。（感謝美國國家天文台及約翰生觀測提供）

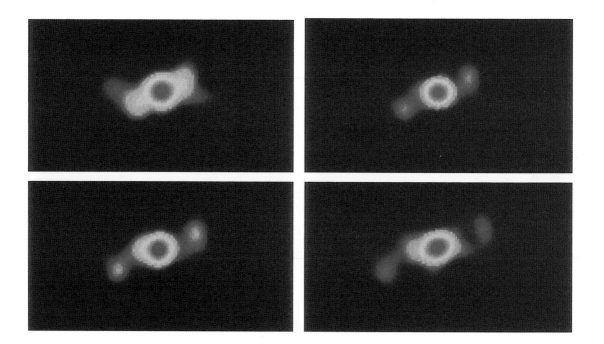

瞭解這種複雜的恆星系統，就像解開一個真實生活的偵探故事，許多不同並且可能不相干的事情會在同一時間發生。

比光還快

他下定決心藉由跳躍穿越超空間，這是一種在單純的行星際旅行中從未經歷過的現象。跳躍是現在、也可能是以後星球間旅行的唯一可行的辦法。在一般的空間是無法以超越光速來旅行的（這是屬於早被忘記的人類歷史初期所遺留下來的一點點科學知識），所以即使在最靠近的棲息系統之間旅行也要經過數年的時間。超空間則是一種無法想像的區域，既不是空間，也不是時間，不是物質，也不是能量，不是存有，也不是虛無，透過超空間，吾人可以在星系的距離內，剎那間來回行走。

愛西莫夫，《基地》

任何一位星艦迷航記的影迷都知道超光速跳躍超時空是企業號上的家常便飯。當然，只要想到從地球到最近星星之間的距離以及我們現有的次光速旅行速度，這些發明對於當代的科幻小說而言是絕對必要的。但這種超光速旅行只是科幻小說的產物嗎？雖然這對科幻作家沒有任何用處，在特定情形下，超光速的確有可能發生，相對論和科幻將會在第十一章有更詳盡的探索。

我們應該從一個風馬牛不相及的問題開始：是什麼造成鈾核反應核心的詭異藍光被重水給冷卻下來？在 1930 年代初期，許多科學家曾看到水暴露在放射性物質下也會有類似的藍光，1934 年俄國物理學家契倫科夫（Pavel Cherenkov）知道藍光造成的原因在於帶電粒子穿過水的時候，帶電粒子的速度大於光在水中穿透的速度（見圖 4.14），為了瞭解這是如何發生，我們需要更仔細察看當光通過水的時候到底發生什麼事。

我們已經提過，當光通過水的時候，會持續地吸收和再輻射，光波的電磁場和物質分子的電子有交互作用，造成電

◀圖4.14 來自燃料儲存池的藍色光，
是由契倫可夫輻射造成。

子振動，振動的電子就像加速的電荷會產生新的光波，這些再輻射的光波會干擾原來的光波，造成光波速度的改變以及波能量的淨吸收。像水和玻璃這類的透光物質吸收的光比不透光物質少很多，例如光就只能穿透金屬很短的距離。可見光穿透透光物質的視速度（apparent velocity）小於穿透自由空間（free space）的速度，通常我們在物質內所造成的波動現象會用到「視光速」這個字眼，這個波動是由兩個都以正常光速傳播的光波相互干涉而形成。上述所提的干涉效應和光的頻率有關，假如我們用X射線取代可見光，我們發現許多對可見光是不透明的物質，例如石墨，對X射線而言則是透明的。更驚訝的是，我們發現X射線在物質內的等效速度變得比光在自由空間中的速度還大！這表示我們可以超光速傳遞訊號嗎？答案是錯的，原因在於傳送訊號中的資訊不只需要一種頻率，為了要傳送一個帶有資訊的訊號，我們需要將均勻的單一波形改變成一連串的波形，這樣我們才可以傳送有特定開始和結束的資訊脈衝。為了產生這種脈衝波形，必須將許多不同頻率的波混和在一起，藉由將組成脈衝的所有不同波的效應加起來，我們就可以仔細研究這個脈衝傳播時所發生的事情（見圖 4.15）。這個脈衝的速度稱為群速（group velocity），它不會等於所有波的平均速度，這個群速即資訊傳遞的速度，而且絕不會超過真空中的光速。

那麼，在放射性粒子和水的情形下發生什麼事？放射性物質衰變所釋放的電子移動速度會比光在水中的視速度快，這會造成震波，就像噴射機飛得比音速快的時候，也會產生音爆一樣，這現象稱為契倫科夫效應，這效應現在常被粒子

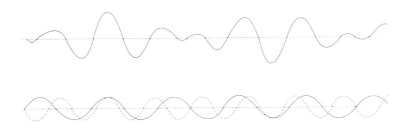

圖4.15 圖示下方顯示兩個單頻波，上方則是兩個單頻波的合成波，注意看合成波的最高點發生在兩個波同時震動的時候。要形成一個單一脈衝，必須將大量不同波長的單頻波疊加起來，最後形成脈衝波的速度稱為群速，群速不同於單頻波的速度。

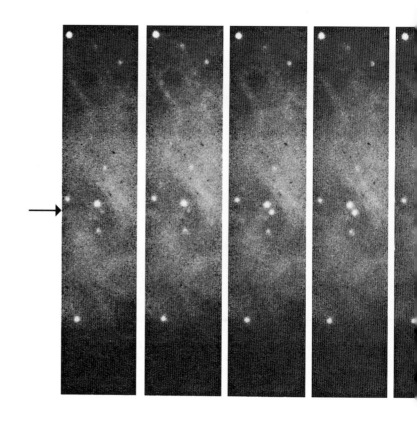

物理學家用來決定實驗中的基本粒子速度。

　　當燈塔的光束掃過一個非常遙遠的螢幕時，會發生一個更簡單的超光速範例，這不比它聽起來那麼古怪：大自然就以脈衝星（pulsar）的形式提供我們一個星際燈塔光束。一般相信脈衝星是一顆旋轉的中子星，它會發出很窄的輻射光束，在蟹狀星雲內的脈衝星大約離我們六千五百光年，它的光束大約每秒鐘掃過地球三十次。當光束掃過地球的時候，顯然它會超光速，不過這個光束是由數百萬個光子所構成，每個光子都曾在太空中旅遊了六千五百年，因為脈衝星離地球很遠，光束看起來以超光速掃過地球，而每個光子都是以光速從脈衝星傳到地球，沒有一個物體是以超光速通過地球。不過脈衝星的確展示出相對論性的效應，當光子束從中子星出發，一旦掃過來的光子束運動達到光速的情況，就要考慮相對論。對蟹狀星雲脈衝星而言，這個光速距離相當於

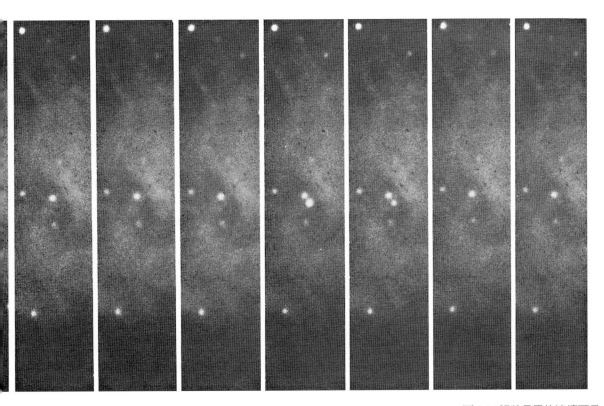

圖 **4.16** 蟹狀星雲的連續可見光影像，當中顯示一個完整週期的脈衝星週期性閃爍，蟹狀脈衝星大約每秒閃爍三十次，電磁頻譜涵蓋的範圍從電波到X射線都有。（美國國家可見光天文台照片）

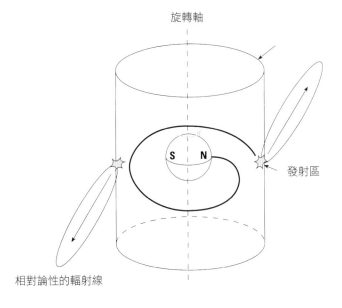

圖 **4.17** 圖示顯示一個旋轉的脈衝星和光速圓柱體，為了讓圖更加清楚，我們只顯示一條來自磁極並垂直旋轉軸的磁力線，磁力線將會在圓柱體上彎曲，脈衝星的一個模型建議，靠近光速圓柱體會發出輻射線，我們只在兩點位置顯示有狹窄的輻射束產生，這是為了不要將示圖弄得太過雜亂。

圖 **4.18** 藝術家心中的類星體中心區域,並顯示有兩條噴射流從核心噴出。類星體比一百個星系還亮,但它的巨大能量是從一個不大於太陽系的體積內產生。(繪圖:卡羅,Michael Carroll)

離中子星一千五百公里的距離。中子星產生的強大磁場必須跟著星球旋轉，並彎曲到這個光速柱面，就像圖 4.17 一樣，超過這個柱面，磁力線必須以某種方式剪切（shear）和斷裂。雖然脈衝星輻射產生的位置仍備受爭議，許多天文物理學家相信應該是和光速柱面有關。

　　大約在 1970 年，有些電波天文學家的研究小組發現，有些電波源似乎是以超過光速在分離，這些電波源稱為超光速源（superluminal sources），並和稱為類星體（quasar）的奇怪天體有關，類星體是在 1962 年由施密特（Maarten Schmidt）發現，是一種難以理解的能量來源，它可以在太陽系大小的範圍內發出比整個星系還強的能量。我們會在後面的章節討論類星體的問題，我們現在要專注超光速源的問題。在 1966 年，來自劍橋大學的年輕天文學家芮斯建議類星體爆炸所造成的碎片會以接近光速的速度噴出去，並且他預測這些碎片對在地球上的我們來看，就好像它們是以超光速離開類星體的核心，他的預測在四年後得到證實。參考圖 4.20 可以瞭解這個超光速的原因，假設有一個碎片從類星體噴出，在五年後到達 A 的位置，當碎片噴出來的時候，請注意從類星體發射的光到達地球的時間，這個時間只比在位置 A 的碎片發出的輻射到達地球的時間早一年，在這個例子中我們看到碎片看起來似乎以三倍光速從類星體遠去，其他的超光速噴射流可以用類似的方法解釋。

　　那麼，有沒有其他真正超光速旅行的希望？一些物理學家曾提出基本粒子可能可以超光速，美國物理學家費因伯格（Gerald Feinberg）給這粒子取一個綽號—速子（tachyon），這是來自希臘字 tachus，是快速的意思。大多數物理學家皆以嚴謹說法，認為速子是非常不確定的概念。的確，沒有人曾發現任何證據顯示這種不可思議的粒子，也不清楚有人可以發明一套包含速子的完整自洽相對論性的理論。在下一章節，將繼續思考愛因斯坦相對論對牛頓運動定律的應用，我們將有足夠的理由相信光速代表了物質的終極速度。

圖 **4.19** 芮斯是一位劍橋的天文物理學家，預測了超光速類星體噴射流，並建議黑洞是類星體巨大能量的來源。（感謝芮斯教授提供）

圖 **4.20** 圖中顯示一團物質從類星體核心射出,以近乎光速沿著 O-A 路徑前進,五年後,那團物質抵達 A,而剛開始從核心噴出的影像也走了五光年,它與地球間的距離和 A 比起來就又近了一光年。這時在 A 點的物質影像將會在從核心產生時的影像一年後抵達電波望遠鏡,這兩個影像相距三光年,這團物質看起來像是超光速。

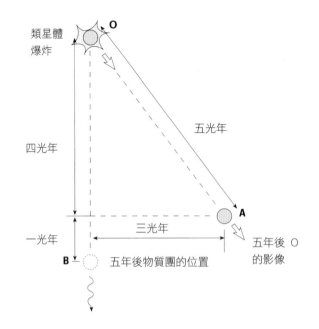

類星體爆炸

O

五光年

四光年

三光年

A

五年後 O 的影像

一光年

B

五年後物質團的位置

地球上的電波望遠鏡

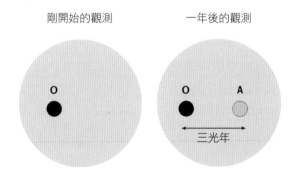

剛開始的觀測

一年後的觀測

O

O   A

三光年

第 5 章　　$E = mc^2$

狹義相對論推導出的一般特性有一個最重要結果,這結果是
和質量的概念有關,在相對論出現之前,物理有兩大重要的
守恆定律,能量守恆定律和質量守恆定律,這兩個基本定律
之間相互獨立,藉由相對論,這兩個定律可以統一成一個定
律。

愛因斯坦,《相對論》,1916

燃素(Phlogiston)和卡路里

　　在我們看愛因斯坦著名的方程式之前,我們最好先作點
準備工作,看看科學家如何描述方程式內的能量(E)和質
量(m)。現今我們對能量的瞭解是緩慢漸進的,最早的認
識來自兩個概念,這兩個概念就像惡名昭彰的以太一樣稀奇
古怪,分別為燃素和卡路里。它提供我們對科學進展的一些
看法,看看這兩個理論如何創造,然後被捨棄。

　　燃素是被十七世紀的德國醫學和化學教授史塔爾(Georg
Stahl)所引進的,主要是要用來了解火。即使到了十八世紀
末,許多科學家仍將火當作一種元素。可燃物質被認為由兩
部分所組成—生石灰(或灰燼)和燃素。當物質燒起來,一
般認為燃素會被釋放出來,留下生石灰。不同的物質保有不
同的灰燼,但假設燃素對所有的可燃元素都是共通的。這些
燃燒後的物質所產生的空氣也是很混濁的物質,空氣很明顯
會佔用一些燃素,但當完全是燃素的時候,又不能燃燒。當
發現有些物質在燃燒成灰燼的時候會得到一些重量,例如錫
和鉛,又得提出一種燃素特徵,假設燃素會把輕浮加到金屬
上,這就可以解釋當金屬在空氣中燃燒,燃素被抽離開來的
時候,灰燼能夠比金屬重。經過很多年,燃素理論變得必須

圖 **5.1** 拉瓦節（1743-1794）和他妻子的圖片，他妻子也是他化學研究的伙伴。因為他受法國政府的總租稅所的委派而變得富裕，這是一個付給政府一定金額的費用，作為募款並保留稅金的權力。從 1776 年開始，拉瓦節在法國皇家兵工廠工作，負責槍枝火藥的製造。雖然他是自由主義者，同情早期的法國革命，他參與了稅金農業經營的腐敗系統，使得他上了斷頭臺。其它的科學家請求緩刑，但被以下的陳述所駁回：共和國不需要專家。他的妻子倖存下來，日後嫁給物理學家侖福特伯爵（湯姆生）。（美國紐約大都會藝術博物館）

越來越巧妙，如此才可以解釋各種實驗結果。最能釐清理論和實驗之間差異的功勞應屬於法國科學家拉瓦節（Antoine Laurent Lavoisier），他寫道：

> 化學家能夠將燃素變成一種模糊不清的理論…它可以根據需求，適應所有的解釋，有些時候，這個元素有重量，有時候又沒有重量。有時候它只是火，有時它是混有土質元素的火。有時它可以通過花瓶的氣孔，有時又不能穿透…它可真是名符其實的變形蟲，隨時在改變它的外型。

燃素理論滑不溜丟的特性讓人聯想到被科學家們試圖全力搶救的以太理論。

在十八世紀，有關電學和磁學的特性存有很大的混淆，科學家盲目地引用流體來解釋這些現象，有些科學家認為電流是兩種流體，玻璃體和樹脂體，另外兩種流體─南極體

（austral）和北極體（boreal）是用來描述磁學。另一方面熱被視為一種單一流體——卡路里。熱的東西通常含有的卡路里比冷的東西多，因此加熱某物體牽涉到將卡路里從其他地方流進該物體，卡路里的總量是維持一定。拉瓦節曾極力詆毀火的燃素理論，他在 1789 年將卡路里列入它的化學元素表內。

　　並不是所有的科學家都相信這種流體，大約在一百年前，牛頓對這些火和熱的本質提出一種更大膽的解答。他相信上帝在創造宇宙的時候，也創造了不可毀滅的原子，每個原子有固定的質量，以及藉由作用力而相互吸引或排斥的能力，這表示物質的基本特性是質量和電荷，就如我們現在所知，電力是作用在固定電荷之間，移動的電荷則會出現磁力效應。牛頓相信火其實是化學反應伴隨著大量光線的產物，牛頓走在他那個時代的尖端，幾乎只有他相信這個理念。事實上牛頓很清楚他的想法要和許多化學家得到的混淆結果相一致是非常困難的。

　　卡路里並不是熱理論的唯一提案，幾乎在一個世紀以前就有對熱的其他觀點，現今稱為熱的動力論，這個理論認為熱是肇因於構成該物質的分子運動，因此對氣體而言，氣體越熱，氣體分子的運動越快。1738 年，著名的法國科學家白努利（Daniel Bernoulli）藉由運動分子間的碰撞，以及分子和容器壁的碰撞，可以解釋許多氣體的特性。雖然動力論是個成功的理論，熱的卡路里理論在十八世紀末仍廣為流傳。

　　燃素理論的沒落起始於普利士利（Joseph Priestley）所做的發現，奇怪的是，他終其一生都是堅定的燃素支持者。普利士利發現空氣不是一種簡單的物質，是由許多種氣體所組成，他更進一步發現空氣中只有一種成分是支援燃燒，當這個燃素空氣用完，就無法再支援燃燒。普利士利稱這種新的物質為去燃素空氣（dephlogisticated air），當普利士利證明當動物呼吸的時候，會消耗掉這種去燃素空氣，拉瓦節則稱之為能呼吸的空氣或者是不可或缺的空氣，今日我們稱之為

圖 **5.2** 拉瓦節的其中一個實驗，在裝有水銀的玻璃球放在火爐上加熱，所有產生的氣體被留存在鐘形罐內，該鐘形罐被放置在裝有水銀的水槽內。（安羅南影像圖書館）

圖 **5.3** 湯姆生（1753-1814）的卡通畫像，大家所熟知的巴伐利亞頭銜是侖福特伯爵。湯姆生是生在新英格蘭的美國人，因為他較偏向英國，在美國革命的時候，他謹慎地飛離美國。在他歐洲旅遊的時候，他曾遇到吉柏（Edward Gibbon），吉柏後來寫了著名書籍羅馬帝國的衰弱和滅亡。吉柏將湯姆生描述成秘書陸軍上校海軍上將哲學家湯姆生先生，這樣的描述很適合他過去在巴伐利亞十一年間的活動，他曾是國防大臣、警察部長、宮廷大臣和科學家，這幅卡通顯示他正站在侖福特火爐前，火爐上頭有兩個他自己設計的茶壺。（感謝皇家研究院提供）

氧氣。普利士利也證明綠色植物曝曬在太陽下，會產生氧氣，在 1774 年普利士利造訪住在巴黎的拉瓦節之後，拉瓦節開始一連串的實驗，使得他能夠解開化學家的混淆結果。

拉瓦節在一個密閉容器內加熱水銀，實驗顯示汞會在空氣中燃燒，並形成一種紅色的灰燼，並在整個過程中得到重量，留在容器內的空氣會將點燃的蠟燭熄滅，也不能維持動物的生命。我們現在知道氧氣從空氣中移除了，產生紅色的氧化汞。拉瓦節並顯示在一個密閉系統內，整個過程發生之前和之後的重量並沒有改變。沒有燃素藉由熱而被移走，氧氣被加入金屬中，形成汞的氧化物。進一步加熱到高溫狀態，會造成灰燼分解，被束縛的氧氣會被釋放出來，將釋放出來的氣體和第一個實驗中缺少氧氣的空氣混和，又可以製造出正常可呼吸的空氣。拉瓦節的實驗是第一個清楚地在燃燒中辨識出氧氣，給燃素理論致命的一擊。

什麼是熱的卡路里理論？直到當代，當我們提到日光浴，事實上我們用了熱流的隱喻，當我們談到熱從熱物體流到冷物體，我們也用了相同的隱喻。雖然拉瓦節在燃燒和造成燃素理論崩潰有先驅性的成果，就像當時的科學家一樣，拉瓦節仍相信卡路里理論的熱是一種物質，卡路里理論的沒

落起始於追隨拉瓦節實驗的一些有趣實驗，這些實驗是由物理史上另一位怪人所完成的，也就是美國的湯姆生（Benjamin Thomson），他曾晉升爲神聖羅馬帝國的貴族，受封爲侖福特伯爵。湯姆生在擔任巴伐利亞軍事大臣的時候，進行這項實驗，在他看過加農砲的鐵屑之後，他說：

　　我對銅製大砲在很短的時間內獲得大量的熱，以及用鑽子剝離出來的金屬碎屑仍有大量的熱感到印象深刻。

　　鑽子抵抗金屬的阻力，會以固定的速率產生熱，這個熱的供應似乎是無止盡的，他總結說道：

　　對任一隔離物體，或一群隔離物體，如果我們能無止盡地持續提供某種東西，那麼這個東西可能不是一種物質。

　　湯姆生也證明金球的重量並不會因爲加熱的動作而改變，這表示說，如果熱是一種物質，那麼謎樣的卡路里必須幾乎沒有重量，這些實驗和一些其他的實驗都建議：熱最好解釋爲內部的某種運動形式，就像很久以前所提的動力論。很意外地，所有負面的結果都沒有立即終結卡路里理論。事實上，一部份的理由是因爲對熱物體的熱和這種物體釋放的輻射熱缺乏瞭解。我們現在知道輻射熱是電磁輻射的一種形式，但不知道這種熱的輻射成分，動力論就無法解釋如何在眞空中傳熱。因此，雖然有湯姆生的結果，大多數的科學家仍寧願相信一個要求每個物質都含有無限量的無重卡路里理論。

圖 **5.4** 梅爾（1814-1878）是第一位寫下能量守恆定律的人，梅爾的研究被英國物理學家庭多（John Tyndall）從不受人重視中解救出來，結果他在去世前得到認同，並賦予他在名字前加上 von，這個德國封號等同於英國的爵士。（曼榭收藏）

能量和原子

　　在十九世紀中葉，卡路里理論逐漸被淘汰，這是一連串仔細的實驗結果所造成的，這些實驗清楚證明能量有許多不同的形式，之間可以相互轉換，但總能量維持不變。雖然物理學家焦耳（James Prescott Joule）是進行可以導致能量守恆

圖 5.5 大約在 1790 年的一個
礦場繪圖。能量的觀念是在
對工業革命產生的機器操作
沈思中發展出來的。（利物
浦沃克美術館）

原理的關鍵實驗之功臣，還有其他鮮為人知的科學家值得一
提。德國醫師梅爾（Julius Robert Mayer）是航行在熱帶地區
的船上醫師，有一件事令他感到疑惑，他發現熱帶地區病人
的靜脈血液顏色和動脈內的血液一樣紅，這和他以前在德國
的經驗不同，梅爾相信血液負責將氧氣帶到全身各處，為了
將食物緩慢地轉變成身體熱能，提供必要的元素。為了解釋
這種顏色的差異，梅爾認為熱帶地區的高溫表示身體需要較
少的氧氣來產生熱，所以在回歸的靜脈血液中留下較多未使
用的氧氣。另外梅爾知道費勁的體操和工作會使我們發熱，
梅爾在深入瞭解這些觀察結果之後，斷定熱產生的量直接和
所花的工作量有關，他寫道：作用力一旦存在就無法被湮
滅，只能改變它的型態。我們現在應該用能量這個字眼取代
梅爾的作用力，但梅爾事實上已經有能量守恆的概念。他的
結論於 1842 年在德國發表，並沒有得到當時科學界的重視，
可能是這個忽略造成梅爾健康上的衰弱，類似的悲劇在科學
史上屢見不鮮。

現在將建立能量守恆原理歸功於科學家焦耳。焦耳是一位曼徹斯特製酒大亨的兒子，他在二十三歲的時候向皇家協會投遞他的第一篇科學論文，在該論文中，焦耳展示一個電流流過一個導體，會以正比於導體電阻乘上電流平方的速率產生熱，用這種效應產生的熱稱為焦耳熱。於是焦耳繼續察看要產生這種熱所造成的能量改變。在他的實驗中，電流來自於電池內的化學反應，化學能轉變成電池中的電能，最後在導體電線中產生熱。大家都知道焦耳可以測量所謂熱的機械當量，也就是多少功會產生多少的熱，給一定量的機械功，用在發電機上產生電流，然後轉變成在導線內的熱，他最有名的實驗顯示相同量的熱可以直接從相同量的機械功得來，過程中不需要轉換成電能。在這個實驗中，焦耳藉由掉落的重物來驅動船槳，旋轉的船槳在水中產生熱，最初焦耳的發現和梅爾一樣不受重視，但在 1847 年英國協會的會議中，焦耳被允許發表一個簡短的報告，很幸運地，年輕又有天資的科學家湯姆生（William Thomson）也在觀眾席內，湯姆生很快就認定焦耳研究的重要性，並且鼎力支持。後來成為凱爾文爵士的湯姆生被認定為近代熱力學的奠基者之一。有了湯姆生的背書，焦耳得到他公平的名聲和榮耀，死後在西敏寺並留有一紀念碑。

對梅爾和焦耳研究的認識，最後終於在德國科學家亥姆霍茲（Hermann von Helmholtz）發表的一篇論文中得到體現，這篇論文名為《作用力的守恆》。能量這個字眼是被後來的蘇格蘭工程師郎肯（William Rankine）所提出的，能量是個常數，不會被毀滅的想法讓之前科學的各種不同類別－如化學、電學、磁學、光學和熱學－都變得相互關連，每個領域都表現出不同的能量形式，這些不同的形式可以藉由適當的實驗安排而相互轉換，但總能量仍保持不變。能量轉換和守恆的最簡單例子發生在雲霄飛車，當飛車從軌道最高點下降，它的重力位能很快地轉換成動能。

在十九世紀末，所有的科學都處在已被完全瞭解的邊

圖 5.6 亥姆霍茲（1821-1894）在他二十六歲研究醫藥的時候，發表了能量守恆的概念。他同時繼續在生理學和物理學上做出重要的研究，他是當時德國科學家的佼佼者。（德意志博物館）

緣，不僅能量是守恆和不滅，連質量也是一樣。大多數科學家接受原子的產生和破壞是不可能發生。在化學中，原子的重要性首先由 1808 年的曼徹斯特校長道耳吞（John Dalton）所證明。為了瞭解道耳吞的想法，讓我們思考一個例子。他發現轉換成特定量的碳酸所需要氧的重量，是轉換成氧化碳的兩倍，道耳吞所用到的兩種化合物，現在的名稱分別為二氧化碳（CO_2）和一氧化碳（CO）。一個二氧化碳分子的每個碳原子都附著了兩個氧原子，而一氧化碳則是每個碳原子有一個氧原子。跟隨早期的道耳吞實驗之後，在化學反應中，原子無法產生或毀滅的概念形成了化學的基礎原理。

牛頓遇上愛因斯坦

牛頓的運動定律在科學上應用了兩百多年，他的三大定律能夠讓物理學家對一大範圍的現象有量化的瞭解，從行星的運動到動力論的分子運動。但是如同我們在前章所見的，愛因斯坦揚棄了絕對時間的觀念以及光速的特異行為，這兩者冷酷地將我們引領到沒有任何物體可以超過光速的結論。這和牛頓運動定律有明顯的矛盾。在敘述證明愛因斯坦質能關係的想像實驗之前，我們先描述一個電子實驗以顯示牛頓定律在高速的情形下變得無法勝任。

電子可以在電磁場內被加速，例如我們可以用兩片帶電的金屬片產生一個電場，兩片金屬片帶有相反的電荷，因此之間有電位差。將一個帶電粒子從其中一片金屬片移到另一片金屬片必須抵抗之間的電場作用力，移動該帶電粒子所需的能量可以表示成電位差。科學家所用以量化這種電位差的單位，稱為伏特（volt），這是根據義大利物理學家伏特（Alessandro Volta）所命名，伏特發展出第一個實用型電池，也就是伏打電池（voltaic pile），為日後物理學家戴維（Davy）、法拉第、歐姆和安培開啟了仔細研究電學和磁學之路。在原子物理學的考量下，一個方便的能量尺度可以用一顆電子通過一伏特電位差所獲得的能量為準。和加熱一壺

水所需的能量相比，這能量非常小，但它比日常使用的卡路里和焦耳更適合原子能量的尺度。因為這個原因，這個原子尺度的能量稱為一電子伏特，或簡寫為 eV。電子因為質量很小（電子所帶的電荷量和質子相同，但電性相反，而質量比質子輕兩千倍），可以很容易加到高速。

　　圖 5.7 是一項實驗的結果，圖中顯示一個電子獲得能量後如何改變電子的運動速度，根據牛頓的說法，電子的能量是和速度的平方成正比，我們仔細察看圖形，實驗很清楚地顯示圖中標示牛頓的預測值是錯誤的，當電子的能量增加，電子的速度並不會超過光速，而是越來越接近光速，但絕不會超過光速。實驗的數據點落在一條標示愛因斯坦的曲線上，這是狹義相對論的預測。這實驗是典型高能粒子加速器的實驗，它顯示牛頓運動定律在高速的時候將會失靈，這結論中是否有遺漏的地方？有一個可能遺漏的地方就是對於電子能量的假設，在加速過程中，或許電子沒有得到所有的能量。我們可以直接測量能量來檢驗這個說法，在一個已經做過的特別設計實驗中，其結果很清楚地確認電子得到所有的能量，沒有遺漏的地方。在描述粒子高速運動的時候，牛頓定律必須加以修改。

　　牛頓運動定律可能在哪裡出錯？要回答這個問題，我們可以返回愛因斯坦最愛的工具—假想實驗。簡單地說，我們

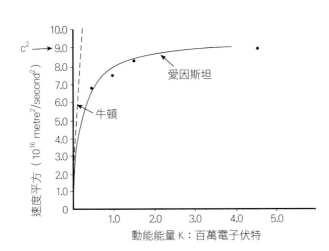

圖 5.7 圖形顯示當電子動能改變時，測量電子速度的實驗結果，牛頓物理預測圖中的虛線部分，並標有牛頓二字。很明顯和實線的相對論預測相符，圖中的實線標有愛因斯坦，虛線在每平方秒 9.0×10^{16} 平方公尺的地方相當於光速的平方（c^2）。

可以省略一些真實的情況，雖然理論上並沒有道理說我們一定無法進行這種實驗。我們先不討論太空船以接近光速的方式運動，我們看看更令人熟悉的火車範例。圖 5.8 說明這個範例，一位球員靜止地站在鐵道邊，另一位則在一輛火車的對面窗口，兩位球員都手拿一顆相同的籃球，進行以下的實驗。在第一個實驗中，火車是靜止的，因此兩位球員面對面靜止地站立，他們同時以相同速度，相同的拋球方向將球傳給對方，他們將球相互瞄準，讓球在半路中相撞，並彈回原來的手中，球將會以原來的路徑回到球員手中，這結果並不會有太大的意外，這就是我們所預知的動量守恆定律。

　　動量守恆是直接來自於牛頓的運動定律，我們所熟悉的日常物體相互碰撞就是動量守恆的結果，牛頓的運動量，也就是現在稱的動量是物體質量和物體速度的乘積。一輛重型卡車以每小時五十哩的速度前進，它所擁有的動量比小汽車以相同速度前進的動量多，因此碰撞的時候很難停下來。從日常生活中的許多例子可以很明顯地看出牛頓動量守恆的真

圖 **5.8** 上圖顯示一位籃球球員站在一輛靜止的火車，他的同伴站在月台上，每個人都拋投一顆籃球，然後籃球會相撞，反彈回原來球員的手中。下圖顯示一個更加困難的實驗，該實驗是在快速移動的火車窗口進行。箭頭表示球的移動軌跡，注意從移動中火車拋出來的球會繼續和火車一樣移動，但是從靜止球員的觀點來看，他的同伴丟出來的球比較慢，這是因為時間變慢的效應。（此處忽略火車的相對論性縮短）

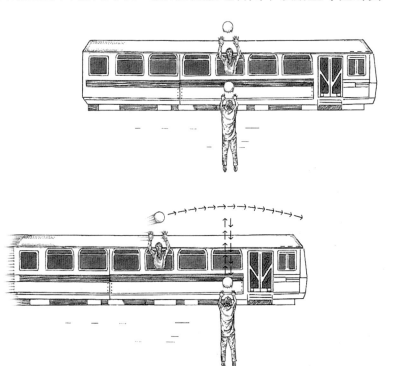

實性，它可以應用在撞球：在碰撞前後的每個方向上的總動量是保持不變。它也應用在發射槍砲的情形，在扣扳機之前，槍和子彈都是靜止不動，扣下扳機之後，子彈以較小的質量，卻高速衝離槍管。子彈的動量改變被較大質量槍以較慢速度的後座力抵銷。雖然我們認為動量守恆的概念非常明顯，和我們日常生活一樣熟悉，但在 1920 年代和 1930 年代，太空船在太空中飛行的概念備受爭議的情形，令人莞爾。太空飛行的某位先驅者就被紐約時報的一篇社論揶揄：

那位在克拉克學院擁有職位，並且是史密松研究所支持的加達（Goddard）教授不知道作用力和反作用力的關係，想要找比真空更好的東西來抵抗反作用力，這樣說應該是很荒謬的，當然他似乎只是缺乏每天從高級中學撈取一些知識。

不太意外地，加達在發表新概念的時候變得退縮和謹慎。諷刺地，美國政府在拒絕承認侵犯了加達數以百計的火箭專利之後，於加達死後十五年，被迫支付他的太太一百萬美金作為賠償。位在華盛頓特區外的馬里蘭州格林貝特（Greenbelt）的航太總署加達太空飛行中心就是紀念他的成就。

讓我們回頭看看那兩位籃球球員，我們現在知道兩位球員在靜止的時候所發生的事情。當火車以高速移動，兩位球員想要重複剛才的動作，但在我們的想像實驗中出現令人訝異的事，在火車上的球員就像火車靜止的時候一樣丟出籃球，但現在兩位球員必須考慮火車移動的效應來投擲籃球。根據牛頓定律，這項實驗能夠完成的，動量守恆保證每位球員可以拿回他們丟出去的籃球。但如果火車速度接近光速會發生什麼事？現在看看每位球員眼中的碰撞情形，在鐵軌邊的球員看到火車上的球員以高速通過他的面前，根據他的看法，他看到火車上的球員所丟出來的籃球比靜止的時候慢，這結果可以從狹義相對論的公式中推導出來，也就是時間變

慢的論點，我們在上一章曾討論過。另一方面，在火車上的
球員看在鐵軌邊的朋友以高速接近，他以相同的速度丟球，
但他看到他朋友丟的球比之前的慢，不管從那個角度來看，
結果都是相同的。在第一個實驗中，當兩位球員都是靜止，
每個人看到動量的改變是籃球質量和速度乘積的兩倍，因此
動量守恆能夠維持。在火車移動的情形中，動量守恆似乎被
破壞，其中一顆球有相同的動量改變，但另一顆球因為時間
變慢的因素，出現較少的動量改變，為了維持相對論性的動
量守恆，我們被迫承認質量必須隨著速度而改變。從我們的
例子中，如果高速移動球的質量增加，增加的程度就和時間
變慢所造成的速度減慢相當，這時我們仍可以得到動量守
恆。

　　這個想像實驗可以讓我們看到質量隨速度增加的要求，
愛因斯坦使用不同的想像實驗推導出他著名的結果：這個特
別的想像實驗首次出現在 1909 年的論文，並將在本章的後
頭詳細討論。我們現在可以瞭解上述電子速度實驗的結果，
除了增加電子的速度，能量也會讓質量增加，我們可以更直
接地測量質量所增加的部分嗎？在 1901 年，考夫曼（Walter
Kaufmann）進行了一些仔細的實驗，這些實驗是要將電子的
能量和電子的速度關連起來，他顯示出質量隨著速度有明顯
的變化。有好幾個物理學家，特別是亞伯罕（Max Abra-
ham）和巴契羅（Alfred Bucherer）針對這些質量的變化導出
一些模型，這些模型都是將電子當成很小的帶電球體。在
1905 年相對論的重要發表之後，考夫曼受到刺激促使他更準
確地重複他的實驗。1906 年他宣稱：

　　測量結果和洛倫茲—愛因斯坦假設不合，而亞伯罕方程式和
巴契羅方程式就可以和觀測符合。

　　這個結果在物理圈造成轟動，但愛因斯坦表現地無動於
衷，他寫道：

它是⋯提到亞伯罕和巴契羅的理論所產生的曲線比相對論所得到的曲線更符合資料，但以我的觀點來看，這些理論的可能性應該很小，因為它們的理論基礎假設是和移動中的電子質量有關，但對包含廣泛複雜現象的理論系統而言，這些假設並不可信。

愛因斯坦寫下這些話之後，沒多久就收到巴契羅的來信，信中巴契羅告訴愛因斯坦他所進行的最新實驗告訴他要放棄自己的理論，而偏向相對論，圖 5.9 是巴契羅更新後的結果，我們可以看到相對論性的質量增加和相對論所預測的非常吻合。

就相對論性動量守恆需要有一個質量會隨速度改變這個需求來說，我們也可用另一種方式來理解它。想像一場典型的撞球賽，母球撞擊另一個靜止的球，假如兩顆球是偏離中心的碰撞，兩顆球都會以不同的方向撞開來，根據牛頓能量和動量守恆定律，對質量相同的兩顆球，不難算出撞開球之間的夾角一定是90度，如果母球是以相對論性的速度撞擊，那將會發生什麼事？在這個例子中，雖然兩顆球的質量在靜止的時候是相同的，前進的母球會增加質量使得動量比牛頓預期的大，這會讓碰撞看起來像是一顆大球撞擊一顆小球。這個相對論性撞球將會傾向於類似火車在軌道上撞擊轎車一樣，運動速度較快的球很難從原先的路徑偏折，而靜止的球

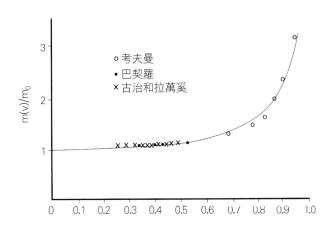

圖 5.9 圖形顯示電子質量隨著速度而改變。圖上所標的資料來自幾個實驗，明確顯示電子質量隨著速度增加而增加。Y 軸是速度為 v 的質量和靜止質量的比值，X 軸為速度除上光速，通過資料點的平滑曲線是愛因斯坦所預測的。

將會被帶著一起前進。數學上是支持這種情況，當兩顆球碰撞後離開的夾角會遠小於 90 度，我們已經用另一個想像實驗來描述這種情形，一個相對論性撞球賽。事實上，在基本粒子碰撞當中，例如質子和電子，我們可以看到相對論的戲碼在上演。

質量和能量的等效性

…光線轉換質量…這種想法既有趣，又吸引人，但是上帝是否因為這個見解嘲笑我，牽著我的鼻子到處亂走，這些我並不知道。

愛因斯坦寫給哈心其的信，1905

在上一章討論的速度相加定律中，我們推斷不可能將物體加速超過光速，愛因斯坦的質量公式給我們對這個結果有另一個思考的方向，當粒子的速度接近光速，粒子的質量增加，我們曾看到對一個以相對論性速度運動的粒子而言，增加能量主要是會增加粒子的質量，不會明顯地增加它的速度，就是這個思考方向帶領愛因斯坦斷定物體的質量是它能

圖 **5.10** 赫茲發現光電效應所使用的原始儀器，一股電流從電極之間的細縫通過，當細縫加寬，電流將會停止，但當光打在負極上，電流又會再度流動。只有當光的頻率大過某一特定數值，才會釋放電子，這個最小的頻率會隨各種金屬而有所不同。（德意志博物館提供）

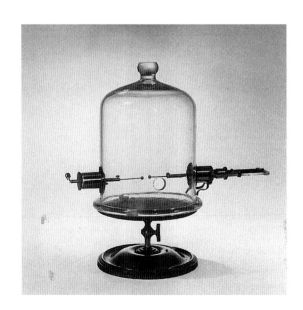

量內涵的一種測量，有很多方法可以得到他著名的方程式，我們將描述愛因斯坦原始的想像實驗。

爲了體會愛因斯坦的論點，我們必須先體會光同時有能量和動量。光攜帶能量是很容易想像的，畢竟我們地球的加熱就是受到太陽光的照射。1905 年，愛因斯坦將光當成一串的單一能量封包來解釋光電效應，當光照射到一個金屬表面，會造成電子被釋放出來，愛因斯坦的解釋著重在一個概念，就是光能量和束縛在金屬原子內電子有交互作用，就像能量集中在一個個類似粒子的能量包，這個現象即使光源很弱，也可以從金屬表面敲出電子，而沒有明顯的時間延遲。相反地，光波的圖像則是預測光的能量應該分散在整個金屬表面，因此當金屬表面經過一段時間累積足夠的能量，才能釋放出電子，實驗結果支持愛因斯坦的似粒子圖像，我們現在所稱呼的光子是源用於之後二十年的柏克萊化學家路易斯（Gilbert Lewis）所稱。

我們已經看到要將具質量粒子加速到光速是不可能的，當增加能量想要加速粒子，我們發現質量越變越重，愛因斯坦的公式預測當速度到達光速，粒子的質量變成無窮大，換句話說，需要無窮多的能量才可以將粒子加速到光速，很明顯這是不可能的，那麼光子如何加速到光速？這個答案就是光子沒有質量，這代表了光子的能量全都是動能，如果光子被迫停留在一些吸收物質，那光子將不會存在。

如果單一光子帶有特定的能量，行爲像一顆粒子一樣，那麼光子就會攜帶動量，這是馬克士威的光理論所期望的。一個普通的光束包含了大量的光子，一瓦的可見光相當於每秒流動 10^{18} 顆光子。光的能量和動量關係首先由英國物理學家波印亭（John Poynting）以馬克士威理論爲根基所提出的，這項預測可以用輻射計測量一束光的輻射壓來檢驗，輻射計的構造是將一薄金屬片懸放在真空內，第一個測量輻射壓的實驗是由蘇聯物理學家勒比迪夫（Peter Lebedev）在 1901 年所進行，但進行這種實驗要很小心地把真正來自輻射

1996 年四月從特內里費
（Tenerife）的愛札納(Izana)天文
台所拍攝的百武（Hyakutake）
彗星照片，修咸頓（Southamp-
ton）大學物理及天文系的大學生
當時正在該天文台執行他們的計
畫，幸運拍到這張傑作。（柯依
拍攝）。

　　在 1997 年的三月和四月，海
爾‧波普（Hale-Bopp）彗星成
爲二十世紀最壯觀的彗星，它是
在 1995 年七月二十二日同時被兩
位天文學家發現：一位是擁有天
文學位的海爾博士，使用新墨西
哥州克勞可羅夫（Cloudcroft）
家中的望遠鏡，另一位是距離四
百哩的業餘天文學家波普先生，
他隸屬於北鳳凰非傳統天文協
會。在他們各自發現的彗星被確
認之後，海爾打電話給波普作自
我介紹：我想我們有一些共通
點。（普因庭在 1997 年四月五日
拍攝，使用 200 釐米 F2.8 鏡片和
柯達 PJM 底片，曝光時間爲八分
鐘）

圖 **5.12** 一艘太陽帆船朝向火星或月球的想像圖。（劍橋顧問有限公司提供）

壓的效應與很易造成混淆的「輻射計」效應分離。輻射計效應是一種被當成新奇廉價商品販賣的玩具型輻射計所形成的現象。單就輻射壓而論，這些輻射計會在預期的相反方向旋轉。輻射計的葉片一側會被塗成黑色，另一側為白色，黑色的一面吸收較多的光子，加熱的程度比白色的一面高，因為白色容易反射光子。反射光子所造成的動量改變是吸收光子的兩倍，這時輻射壓會讓儀器從白色的一面朝黑色的一面旋轉。糟糕的是，這個效應會被輻射計內殘餘空氣所造成的局部加熱而影響，靠近黑色一面的空氣較熱，快速運動的空氣分子會讓輻射計朝反方向旋轉。一個較為近代的輻射壓證明可以用雷射光束將一個小玻璃球漂浮起來。

　　勒比迪夫也曾建議輻射壓是彗星尾沿著太陽方向遠離的主因，事實上來自太陽的高速粒子流（稱為太陽風）所造成的壓力比太陽光強，這種太陽風造成彗星尾內的灰塵、分子

和原子朝遠離太陽的方向吹送。另一位蘇聯太空先驅者茲歐考夫斯基（Konstantin Tsiolkovski）和鄉下同伴彰德（F.A. Tsander）將這個想法更擴展一步，他們認爲太空船可以在太陽光內航行，一個更實際的證明就是美國在 1960 年發射一個氣球人造衛星回音一號（Echo I），輻射壓的效應造成該氣球的高度上下變化高達五百公里。

有了光子兼具能量和動量的知識，我們終究能夠體會愛因斯坦的原始想像實驗，如果我們將想像實驗轉換成星艦企業號，愛因斯坦的實驗就會更實際點，想像企業號在太空中自由地漂浮著，我們正在船舷的射擊區內，當朝向射擊區最遠的一個槍靶發射一顆子彈，根據動量守恆的要求，槍枝的反作用力會透過我們的手和身體傳到整艘太空船，這會造成太空船沿著子彈前進的反方向緩慢移動。當子彈擊中槍靶的時候，子彈的動量會抵銷太空船的動量，太空船便停下來，雖然太空船有些微移動，整個質量分布有輕微的改變（現在子彈在槍靶上），但整艘太空船的質量中心仍在原先位置，當整個系統（太空船和射擊區）是完全孤立在太空中，這個結果是我們所預期的。愛因斯坦的概念是用光子取代子彈，如果我們讓離開雷射槍的光子和原先的子彈有相同的動量，動量守恆將和原先一樣應用在整個系統，而整艘船將會感受到反作用力，因爲光子移動得比子彈快，太空船沒有時間移動得太遠，但它仍會移動。當太空船是孤立的，我們再次期望質量中心必須不變，但光子沒有靜止質量，只有動量和能量，爲了讓太空船的質量中心維持在原來的位置，必須有質量從射擊區的一端移到另一端，我們必須推斷藉由光子轉換的能量必須有對應的等效質量，有了這個非常簡單的想像實驗，愛因斯坦能夠推導出他著名的質量和能量關係式。

雖然愛因斯坦的質能關係式在核物理有重大結果，就如我們下一章所見，瞭解這個結果的普適性是非常重要的。換句話說，能量的改變相對會有質量的改變，一個運動中的高爾夫球擁有的質量比靜止的高爾夫球多，一個熱金球的質量

比冷金球多，為什麼這種效應多年來都沒有被注意到？原因是當光速很大的時候，和能量對應的質量非常小，對一個一千公斤的金球加熱到一千度，質量只增加大約百萬分之一克，超過侖福特實驗的準確度，也超過我們現在實驗的準確度。

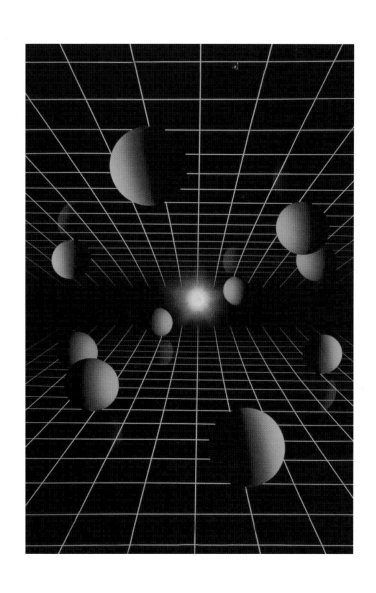

第 6 章   物質與反物質

有可能可以找到某些放射性過程，使得起始原子質量的一個不小的百分比（較鐳更高）能被轉化成數種輻射線。

愛因斯坦，1907

序言

　　本章將要探索狹義相對論在原子物理領域的應用。為了要能對物理學與化學中的基本原子結構做精確定量的預測，我們必須把標準量子力學圖像中的原子做相對論性修正。這種相對論的應用在支持愛因斯坦理論的實驗證據上構成非常重要的一環，忽略這些應用會對它的功效造成扭曲的印象。因此，雖然本書是和相對論有關，為了領會到相對論的應用領域，有必要以我們現今對原子物理的認識做一些簡短的回顧。

　　我們從原子存在的大辯論開始。1905 年，年輕的愛因斯坦以布朗運動的原子解釋對這場大辯論作了重要的貢獻，就在同一年他發表了狹義相對論。在大辯論熱烈展開的同時，倫琴、貝克勒爾和居里夫婦首次發現了放射線，那時候的最大疑問就是在放射性衰變當中所釋放能量的來源。在拉塞福、波耳和查兌克研究原子核的先驅成果中，他們都利用到放射性。大約在同一時間，人們也知道了強核力和弱核力加上萬有引力以及電磁力的存在。在 1920 年代，波耳早期的量子方法已經被近代的量子力學所取代，量子力學將我們對原子的認識帶到另一個全新且完全迥異的境界。雖然現在可以完全解釋原子光譜的主要特徵，但也是一直到理論配合了相對論性的修正，才能解釋光譜中精細結構，這牽涉到電子的關鍵特性—電子自旋。

　　電子自旋一直是個謎，一直到 1928 年才由年輕的英國

人狄拉克（Paul Dirac）想出一個方程式來描述電子的相對論性量子力學。狄拉克方程式不僅正確地重現精細結構的結果（在這之前人們只能很暴力地將之強加在量子力學上），也預測了一種全新的物質型態。除了電子外，狄拉克的方程式預測了電子的反物質搭檔，現在稱之為正子（positron），並在 1932 年的實驗中發現正子。當一個電子和一個正子相遇，它們會相互湮滅，隨著它們的消失，以光子的方式釋放能量，反物質的成功預測是狹義相對論的一項驚人成就，除了粒子—反粒子湮滅，能量也可以產生粒子—反粒子對，這是愛因斯坦質能等價的明證。

本章的目的是要更仔細地敘述以上的故事，在第七章當中，我們要看看狹義相對論在核物理上的應用，因此焦點將會轉移到原子核，而不再是原子。對迫不及待想要知道相對論故事的讀者，可以略過本章的剩餘部分以及下一章。略過以下的所有內容在邏輯上將不會遺漏任何關鍵性的步驟，錯過的只是狹義相對論在原子物理和核物理認知上所扮演的正確評價。

原子是可逆的

久而久之，我對藉由已知的事實，且積極地努力發現真實定律的可能性感到失望，嘗試的挫折越久、越多，我更加信服只有全能形式的原理發現才能導引出確切的結果。我所看到的範例就是熱力學，一個普遍的原理被寫在定律內，自然的定律就是不可能建造出一個永動的機器。

愛因斯坦，《自傳記錄》，1949

今日的學校都會教導學生物質是由原子所組成，因此很難想像十九世紀末對原子存在的想法存疑並懷有敵意。這種敵意似乎難以理解，原子是永恆不變的，是物質的基本組成，這個想法可以追溯到西元前五世紀的希臘哲學家流基波斯（Leucippus）和德謨克里脫（Democritus）。幾個世紀之

後，牛頓是這樣寫道：對我來說，上帝在盤古開天的時候就用固體的、塊狀的、堅硬的、不可穿刺的、可移動的粒子構成所有的物質…。一百五十年之後，馬克士威（James Clerk Maxwell）藉由引進電磁場的概念來修正牛頓的超距力定律，但他仍相信原子的存在，為什麼原子理論在十九世紀末仍不能為科學界所接受？

　　部分的問題是因為原子難以觸碰，缺乏實驗的直接證據。但原子的概念已經證明在化學方面很有用處，道耳呑（John Dalton）在 1808 年就證實了這一點。相同的概念也在物理學上證明有用，早在 1738 年，白努利（Daniel Bernoul-li）就曾使用原子的動力論解釋很多氣體的性質，該理論之所以稱為動力論，是因為它用原子或分子的運動和碰撞解釋壓力和黏滯力等特性。這種氣體的機械看法現在已幾乎毫不遲疑地被接納了。那為什麼在 1894 年，索里斯百利伯侯爵，也是前英國首相的賽西爾（Robert Cecil）對英國協會宣稱：

　　　　每種元素的原子到底是什麼東西，不論它是一個動作、或一件東西、或是漩渦、或擁有慣性的一個點，不論它的切割是否有任何極限，不論元素的列表是否有限，或者不論它們之間是否有一共同起源，所有這些問題仍然像以前一樣陷在迷霧之中。

　　其中一個攻擊原子假設的主要論點源自於熱力學。熱力學加上牛頓力學，以及馬克士威和法拉第的電磁學構成十九世紀古典物理的基礎。熱力學探討一些過程，熱從一個系統流進或流出，加上對系統作功或系統對外作功，這些會造成能量的改變。一個熱力學系統的簡單範例就是在一個圓柱體內裝有氣體，圓柱體的一端封閉，另一端是密閉但可移動的活塞。氣體可以藉由擴張而作功，並移動活塞，另一方面，也可以藉由推動活塞對這個系統作功，並壓縮空氣。熱可以轉給氣體，也可以從氣體抽出熱，進而改變氣體溫度。汽油引擎、蒸汽渦輪機和噴射引擎都是熱引擎，都相當於一個將

熱轉換成機械功的熱力學系統。同樣地，一個冰箱或熱幫浦則是將熱從一個冷物體傳到一個熱物體的熱力學系統。熱力學最值得稱道的就是它的預測能力，無視物質是哪種模型，它的預測都可以從兩個基本定律推導出來。例如應用在氣體上的熱力學只涉及宏觀的物理量，如氣體壓力、體積和溫度。另一方面，氣體的動力論可以做出和熱力學相同的預測，但要將氣體視為不斷碰撞的原子和分子組合，並引進一個詳細的微觀模型。

　　熱力學的兩個基本定律似乎是一般常識經驗的總結，在十九世紀常用來彰顯這些定律的方式就是製造永動機器之不可能性，第一個定律就是有關能量守恆的描述，該定律告訴我們不可能建造一種可以產生無限能量的引擎，這稱為第一

圖 6.1 此處所看到的自行吹動的風車就是永動機的一個例子。熱力學定律不允許這類機器，但這並不能阻止無數的發明家嘗試規避這些定律。

圖 **6.2** 一台紐考門（Newco-men）機器，當中有一圓筒包著一個連接在十字秤桿的活塞，另一端則連接了一個水幫浦的活塞。幫浦的重量將活塞提起，蒸汽進入圓筒內，當水將圓筒冷卻，將會產生部分的真空，並將幫浦的活塞提起。紐考門（1663-1729）在得文島的達特茅斯生活和工作，他的引擎是近代蒸汽引擎的先驅，提供了英國在工業革命時期的活力。（達特茅斯博物館提供）

類永動。第二定律則比較難瞭解，但也同時是根基於日常經驗。假設我們有一個圓柱體，內有特定溫度的壓縮空氣，如果我們讓空氣膨脹，這個系統可用來推動活塞，並且作功。當氣體膨脹之後，我們發現空氣的溫度比先前還要低，我們可以提升圓柱體的溫度，將圓柱體和一個巨大熱源接觸，例如一個熱水槽，可以加熱空氣，使空氣回復到原先的溫度。到此為止，看起來就像是作功來壓縮空氣，然後從熱水槽中吸取熱能。但我們無法將系統回復到原先開始的狀態，假如我們要建造一個永動機器，回復到原先開始狀態是必須的。為了完成整個循環，我們現在必須對系統作功，重新壓縮空氣以回復到剛開始的壓力狀態，這個事件的循環隱含了熱力學第二定律：不可能建造一種引擎可以不作任何事情，就在同一溫度下，從某個來源吸取熱能，並將之轉換成機械功。這樣的一個引擎若做得成就叫做第二類永動機。在十九世紀末，這兩個簡單的定律展現出很廣的應用性，我們可以從這個章節前的引言所述，愛因斯坦在他思索狹義相對論的架構中，就深受熱力學的影響，他所提出的當作狹義相對論基礎的兩個假說，就是用類似的語法描述，分別是探測均勻運動的不可能性，以及超光速的不可能性。

　　什麼是熱力學家和原子學家之間的衝突起源？這全都和時間方向以及日常事件明顯的不可逆有關，德國物理學家克勞修斯（Rudolf Clausius）曾表示熱力學第二定律可以用一個他稱為熵（entropy）的物理量來重新詮釋。雖然熵是一種不需要用到物質的原子圖像就可以定義出來的熱力學物理量，我們近代對熵的認知可以歸功於波茲曼（Ludwig Boltzmann）的原子概念。波茲曼是奧地利物理學家，和克勞修斯、馬克士威、美國物理學家吉布斯（Josiah Willard Gibbs）同為統計力學的先驅者。馬克士威的氣體原子模型能夠將原子的速度分佈和氣體溫度聯繫在一起，當時沒有人能夠直接觀察到原子的效應，因此馬克士威的預測經過六十多年都沒受到實驗的驗證。波茲曼利用統計力學將氣體的熵和原子運動的

圖 6.3 克勞修斯（1822-1888）是一位經營小學的普魯士牧師的兒子，他的兒子也進入這所小學。在 1870 年的戰爭中，當克勞修斯和他的學生設立並管理一所醫療救護站的時候，受到嚴重創傷。克勞修斯最為人知的，就是有關熱引擎的卡諾概念，當中他引進了熵的觀念。（曼榭收藏）

圖 6.4 奧地利物理學家波茲曼（1844-1906）的墓碑，他發現的方程式是將熵 S 關連到一個可測量的亂度 W（S=k logW），這個方程式被刻在墓碑上。常數 k 以他之名為波茲曼常數，這份榮耀是他死後才獲得。波茲曼因為長期和馬赫以及他的追隨者對他原子假說的奮戰而感到沮喪，之後以自殺結束一生。

亂度（disorder）聯繫起來。粗略地說，假如氣體原子或多或少都朝向同一方向前進，這時氣體原子的能量就可以做出有用的功，例如推動活塞，另一方面，熱能是一種原子的隨機運動，無法有組織地作功。在真實系統中，熱經常是作功的副產品，整個系統的熵或亂度是會增加，因此宇宙的熵也是不斷地增加，前後或因果之間就存有明顯的區別，這種情形下，第二定律看起來像是引起了物理定律中的基本不對稱性，存在一個定義明確的時間之箭。

熵隨時間增加是衝突的重點，假如物質的原子觀點是正確的，基本上我們應該可以藉由數不清的原子碰撞來描述所有的複雜現象。假如將兩個原子的碰撞想像成兩顆撞球的碰撞，在這種原子層面下，我們可以看到基本的可逆性，如果我們將兩顆撞球的碰撞拍成影片，我們可以倒帶，並看到另一可能發生的碰撞。影片正轉和倒轉的可能性就是牛頓力學定律無法分辨時間方向的示範。用句物理學家的術語，牛頓定律在時間逆轉下是不變的（invariant），問題是在每天日常生活發生的事都能區分出時間的先後，著名的德國化學家奧斯特（Fiedrich Wilhelm Ostwald）在 1895 年的一場會議中對這個問題作了個總結，當時波茲曼也在現場，他說：

　　…在純粹機械式的世界中，不可能像在真實世界一樣有先後順序：大樹可以變成幼枝，可以變成種子，蝴蝶可以蛻變成毛毛蟲，老年人可以返老還童。

　　換句話說，如果原子是真實的，物質的物理特性就是可逆原子碰撞的結果，那為什麼我們周遭世界卻不是可逆的？偉大的德國物理學家馬赫（Ernst Mach）也有相類似的想法，他用下列說法回應卜朗克（Max Planck）的抨擊：

　　如果對原子真實性的信仰對你是非常重要的，我宣稱將我自己從思考的實體模式中解放出來，我不想成為一位真正的物理學

家，我宣布放棄所有的科學名聲，最後我透過閣下將無限的感謝
交給所有的信仰者，自由的思考似乎較適合我。

　　說來奇怪，愛因斯坦在 1905 年的另一篇論文中則對原
子的真實性提出第一個令人信服的證明。1827 年，植物學家
布朗（Robert Brown）宣稱當像是花粉一般的微小粒子漂浮
在水中，似乎看到這個微小粒子的隨機運動，這種布朗運動
對熱力學來說是個問題，因為利用這些微小運動，似乎可以
用來建造一台永動機器。愛因斯坦將這種花粉的運動解釋成
花粉和水分子的碰撞，並提出詳細的預測，後來也得到實驗
的證實。這些結果加上 1897 年發現的電子，已經足以說服
頑固的原子懷疑論者，例如奧斯特。奧斯特在 1908 年勉強
承認，這些結果可以讓謹慎的科學家談論和物質的原子組成
有關的實驗證明。而馬赫至死（1916 年）仍不相信原子。因
為長年與科學奮戰而消沈的波茲曼則已經在十年前自我結束
了生命。
　　我們現在知道熱力學第二定律是一種機率的概念，馬克
士威是這樣描述：

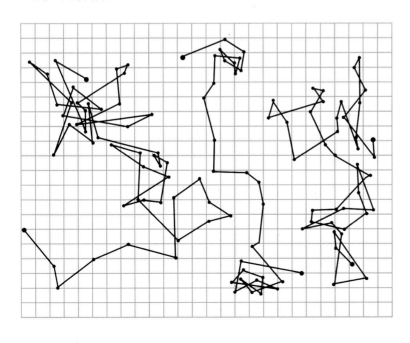

圖 6.5 根據佩蘭（1870-194
2）的研究所繪製的布朗運
動，圖中顯示直徑在百萬分
之一公尺的粒子於液體內連
續的移動，每三十秒做一次
顯微鏡觀察，然後將粒子的
位置用直線連接起來。運動
的結果是肇因於和液體分子
的非對稱碰撞，以隨機的方
式推擠粒子。

如果你將一杯水倒到海中，你無法將相同的那杯水從海水抽取回來，熱力學第二定律就是像這樣。

為了看到這種水分子不太可能的變化，我們可能要等上的時間遠超過宇宙的年齡。

放射性和核物理的誕生

十九世紀最後五年的發現為我們對原子物理和核物理的近代認知奠定基礎。十九世紀物理學家對真空管內電流所產生奇怪效應的著迷，導致一連串 X 射線、放射線以及電子的迅速發現。真空管是現今電視裡頭都有的一種玻璃管的原始版。早期真空管由一個密封的圓柱體和置於兩端的金屬片所組成，當金屬片連接電池，金屬片之間就會發光，帶正電的金屬片稱為陽極（anode），帶負電的稱為陰極（cathode）。在陰極前頭放置一個物體，就會在發光中產生陰影，於是德國物理學家希特福（Johann Hittorf）就證明神秘的發光源自於陰極。關於陰極射線的本質有很激烈的爭辯，就像原子和熱力學的爭論一樣。再一次，大多數的德國物理學家怯於粒子解釋，而相信陰極射線是波動的結果。在英國的大部分物理學家則認為陰極射線是由一連串的粒子所組成。1895 年法國物理學家佩蘭（Jean Perrin）證明陰極射線有類似粒子的特性，他後來作了一些有關布朗運動的重要實驗。兩年後，主管劍橋卡文迪西實驗室的湯姆生（J.J.Thomson）證明陰極射線是由帶負電的粒子所組成的，他寫道：這個解釋和德國物理學家幾乎一致的選擇相違背。

湯姆生的帶負電粒子比最輕的元素氫幾乎輕了二千倍，稱之為電子。事實上電子這個名稱並不新鮮，早在數年前就由愛爾蘭物理學家史坦利（George Johnstone Stoney）提出，用來代表電荷最小的單位。在英國物理學家的眼中，將電子當作基本粒子代表了原子的真實性。接下來十年，湯姆生繼續發展原子的葡萄乾布丁模型，也就是一堆輕且帶負電的電

圖 **6.6** 湯姆生爵士（1856-1940）是一位書商的兒子，他原先想當工程師，但無法供給成為歐文斯（Owens）學院（也就是後來的曼徹斯特大學）的工程師學徒所需的費用，因而改學數學、物理和化學。湯姆生獲得獎學金前往劍橋，並在那裡成為卡文迪西教授，並發展卡文迪西實驗室，成為全世界第一流研究中心之一。他現在應該被稱為實驗物理學家，但事實上他是相當地笨拙，他最重要的工作都是由助手代勞。他獲得 1906 年的諾貝爾物理獎，他有七個研究助理先後也獲得諾貝爾獎。（感謝劍橋大學卡文迪西實驗室提供）

子嵌陷在一個重且帶正電的球體內。這個簡單模型藉由電子在原子內穩定的圖像，首次為化學元素之間同異點的瞭解帶來希望。舞台幾乎已經準備好了，就等待著拉塞福和波耳帶領到原子物理和核物理的新紀元，但湯姆生在他的陰極射線實驗中仍遺漏了一項關鍵性發現。

倫琴（Wilhelm Roentgen）出生在德國，但他早期都待在他母親的祖國荷蘭。在他完成著名發現的時候，他是德國烏茲堡（Wurzberg）大學的教授。1895 年十一月，倫琴正在作一些有關陰極射線管的實驗，該實驗的陰極射線管整個被黑色的硬紙板遮蓋住，實驗室是黑暗的，但令他感到驚訝的是，他發現一個實驗室內的測試用螢幕發出螢光。發光的螢幕可用來偵測高速運動的粒子，是由一片塗有燐光劑的板子所組成，當粒子打在上面會釋放出光線。當關閉粒子流，光線很快就熄滅，這效應就是螢光（fluorescence），如果光線

圖 6.7 倫琴（1845-1923）在他還是學生的時候，因為他嘲笑一張諷刺老師的漫畫，卻不願意供出畫那幅漫畫的同學名字而被 Utrecht 技術學校開除。這個意外幾乎斷送了他的學術生涯。1895 年，在他五十歲的那年，他第一次觀察到他手骨的 X 射線投影，他很害怕同僚會認為他是在吹牛。倫琴並不是第一位拍到 X 射線照片的人，但他是第一位瞭解到 X 射線的重要性。1901 年，他獲得第一個諾貝爾物理獎。（感謝美國物理學會西格雷視覺資料庫提供）

像餘暉一樣持續，則稱為燐光（phosphorescence）。在現代的陰極射線管中，硫化鋅通常被當作螢光劑，它會發出藍光，但沒有餘暉。是什麼原因造成倫琴的螢幕發光？嘗試著管子是被遮蓋住的，沒有光或陰極射線能夠打到螢幕。倫琴在螢幕和管子之間放了很多物體，更令他驚訝的，當他的手放在當中，他發現可以在螢幕上看到他手骨的投影。他宣稱發現 X 射線的論文在 1896 年元月已經寫好，並造成轟動。當他將太太手的 X 射線照片附在論文當中，物理學家只好接受他的結果。就算一個人不是物理學家也可看出這項發現在醫學上的應用。在 1896 年，超過一千篇論文是和 X 射線有關。在劍橋，他們的發現促使湯姆生叫剛從紐西蘭來的拉塞福進行研究，在拉塞福有所進展之前，另一項發現將要大出風頭。

在科學界有很多著名的意外發現故事，當中的一個就是貝克勒爾射線（Becquerel rays）的發現，我們現在知道這是放射線的結果。貝克勒爾（Henri Becquerel）是巴黎的教授，他是螢光和燐光的專家，在聽到有關倫琴的 X 射線之後，他決定查明當暴露在太陽光下的時候，螢光物質是否會發出 X 射線。他將一層鈾化物放在用黑紙板密封住的底片上，再讓它在太陽下曝曬數個小時。當照片沖洗出來，他看到一個燐光劑的輪廓，貝克勒爾認為這可以證明太陽光將 X 射線從燐光劑中釋放出來，於是他在 1896 年二月二十四日規矩地將結果報告給法國科學院。一個星期之後，氣候改變了，貝克勒爾很快就知道他犯了錯誤，當他在二月二十六日和二十七日重複實驗，當時幾乎沒有日曬，因此貝克勒爾將所有的東西都收起來放在書桌抽屜內。當三月一日將底片沖洗出來，他預期看到鈾化物非常微弱的輪廓。就像他所說的：相反地，輪廓非常清楚，我很快就認為這個反應應該可以在黑暗中進行。八天之後，貝克勒爾發現鈾所發出來的射線會造成氣體導電。我們現在知道是鈾的輻射線將氣體原子的電子踢開，將氣體游離化。在貝克勒爾的時代，還沒有人知道電

圖 **6.8** 第一批 X 射線照片中的一張：倫琴太太的手骨。（科學照片圖書館提供）

圖 **6.9** 貝克勒爾 (1852-1908) 就像他父親和祖父一樣熱愛螢光。他和居里夫婦因為發現鈾鹽所釋放的放射線而共同獲得 1903 年諾貝爾物理獎。（曼榭收藏）

子，因此這些結果變得非常神秘。貝克勒爾射線游離氣體的特性讓使用驗電器測量不同樣本的「活性」變得非常容易，這些儀器和研究靜電的儀器很相似。

在物理史的這一刻，出現了另一位英雄式的人物，兩位波蘭姊妹—布朗雅（Bronya）和瑪麗在父親財富損失之後倖存下來，並完成她們的學業。首先布朗雅跑到巴黎攻讀醫學，由瑪麗回到波蘭當一位家庭女教師供給部分開支。然後則由布朗雅來供給瑪麗。瑪麗想要攻讀物理，1891年，她只帶著二十法朗來到巴黎，三年後她遇到法國物理學家居里（Pierre Curie），兩人在1895年七月結婚。他們在法國鄉村間騎單車度蜜月。在生下第一個女兒之後（也就是艾琳 Irene，日後自己也獲得諾貝爾獎），居里夫人接受丈夫的建議攻讀博士學位。她決定研究貝克勒爾的新發現，她檢驗所有已知的元素，居里夫人發現只有釷發出和鈾類似的射線，並引進放射性這個字眼來描述這個現象。但她並沒有就此打住，她決定檢驗這兩種放射性元素（鈾和釷）的天然礦。令她大吃一驚，她發現有些放射性效應比一般樣本強上三到四倍，居里夫人認為這些礦物樣本一定含有新的放射性元素。事實上，這個未知物質每單位重量的放射強度是鈾的數百萬倍，但是它在礦物樣本內出現的量只有百萬分之一。居里夫人和她的丈夫從此展開了一連串研磨礦物以及用化學方法提鍊濃縮具最強放射性物質的苦差事。1898年七月，他們宣稱發現新的放射性元素，並以居里夫人的祖國命名為釙（polonium）。

週期表上的元素84釙除了是一種較軟的金屬，並發出較強的輻射線，將周圍的氣體游離，產生詭異的藍光之外，其他特性很像元素83的鉍（bismuth）。釙在發現中子和在第一顆原子彈中當作引爆物上扮演很重要的角色。居里夫婦也證明釙可以自發地衰變，在一特定時間內，放射線會減少到原先的一半，這個時間稱為放射性的半衰期，這是每個放射性元素的特徵表現。測量不同放射性訊號的半衰期就可以

圖 **6.10** 描繪居里夫婦在實驗室工作的畫像，這張畫像被當成 Le Petit Parisien 雜誌的封面。在他們不夠標準的實驗室內，通風裝置的確有助於避免空氣中傳播的有害輻射，但由於沒有對放射性做出預防措施，有害的效應便無法得知，因此事後在瑪麗的筆記本和烹調書籍上都發現有高度的放射性。

讓物理學家在複雜放射性衰變鍊當中解開不同的產物。數個月之後，居里夫婦繼續分離出他們最著名的發現，新的放射性元素鐳。直到現在都仍令人難以置信的是：這些成就都是在一個缺乏適當儀器，並且冬潮濕夏炎熱的實驗室內完成。在這種環境下，居里夫婦手工分解超過一百公斤的礦石，沒有抽風設備抽取有毒空氣的情形下攪拌化學溶劑。當時沒有人知道放射線的危險性，所以不令人意外地，他們都開始罹患奇怪並難以醫治的疾病。貝克勒爾將居里夫婦給他的一個鐳樣本放在西裝口袋內，結果成為第一位被放射線灼燒的人。居里夫婦也受到放射性灼傷。1903 年夏天，拉塞福到巴黎拜訪他們，並做以下的紀錄：

　　大約在十一點的時候，我們到庭院休息，居里教授拿了一個部分塗有硫化鋅的試管，裡頭裝了大量摻有溶劑的鐳，在黑暗中

非常耀眼，這真是難以忘懷的傍晚的輝煌結尾。

　　拉塞福也看到居里先生的手在鐳射線長期照射下所造成的紅腫和疼痛。一旦知道他們對處理放射性物質的這種神勇態度，我們對於在居里夫人死後五十年，她的烹調書籍仍發現存有放射性，這件事也就不足為奇了。

　　1900 年，居里夫婦為在巴黎的一場國際性物理會議中報告他們的發現。在報告結尾中提出兩項重要的未解問題，放射性的本質和它的能量來源。釙衰變的時候會放出非常高能的粒子，但這個能量從哪裡來？答案就在愛因斯坦的質能關係，但在 1900 年質能關係仍是未知的。即使如此，居里夫婦猜想他們的發現落入壞人的手中可能會造成危險。他們在 1903 年獲得諾貝爾獎，領獎演說中，居里先生以諾貝爾發現炸藥的沈思作為結尾：

　　鐳落入壞人手中可能非常危險，這是可以理解的，在此我們可能會問，解開大自然的奧秘是否對人類有益，是否已經準備從中獲利，或者這項知識是否對人類無害。諾貝爾的發現就是一個典型的例子，炸藥的巨大力量讓人們可以做一些好事，但落到引起國家戰爭的罪犯手中，它們也是破壞的恐怖工具。我和諾貝爾一樣相信人類將會從新發現中獲得的善要比惡多。

原子和核子：拉塞福、波耳和曼徹斯特

　　我們對近代物質的原子理論和元素週期表的認識起始於英格蘭北方的曼徹斯特，就在此地，紐西蘭出生的物理學家拉塞福證明湯姆生的葡萄乾布丁原子模型是錯誤的。拉塞福對在曼徹斯特得到的一些實驗結果困惑了超過一年，這項實驗是由他的兩位助手—以蓋革計數器聞名的蓋革（Hans Geiger）和大學部學生馬士登（Ernest Marsden）所進行的。1911 年，拉塞福終於想出幾乎原子所有的質量和所有的正電

圖 **6.11** 照片前方的是拉塞福爵士（1871-1937）。曾和拉塞福工作的俄國物理學家凱匹扎（Peter Kapitza）曾寫信給在聖彼得堡的母親，當中描述他的同事：這位教授是一位會讓人受騙的角色。那些英國人認為他是為熱情的殖民地居民，但並不是這樣，他是一位非常急躁的人，他沈溺於無法控制的興奮，他的心情劇烈變換，如果我打算要獲得並維持他的高度評價，這將需要極高的警覺。（感謝劍橋大學卡文迪西實驗室提供）

荷必須集中在很小區域內，因此原子幾乎是很空洞的空間。德國物理學家勒納德（Phillipp Lenard），也是諾貝爾獎得主和納粹主義信徒，用圖像的方式描述到底是怎麼一回事。他說由一米見方的固體鉑所佔據空間的空洞程度就像外太空一樣。在重叙拉塞福原子核發現的細節，以及這如何催化年輕的波耳發明量子理論之前，我們必須退一步看看數年前，也就是 1895 年，拉塞福抵達劍橋的卡文迪西實驗室。

拉塞福受到貝克勒爾以及居里發現的激勵，在 1898 年開始系統地探索放射性元素鈾和釷，他很快就得到結論：

最少有兩種不同型態的放射線，一種可以很容易就被吸收，稱為阿爾法輻射，另一種有較強的穿透特性，稱為貝他（β）輻射。

事後法國科學家維拉德（Paul Villard）辨識出第三種不同的放射線。他遵循拉塞福命名的方式，將之稱為伽瑪（γ）輻射。我們現在知道阿爾法粒子是帶正電的氦原子核，β 粒子是高能的電子，而 γ 射線則是高能的 X 射線。當時這三種

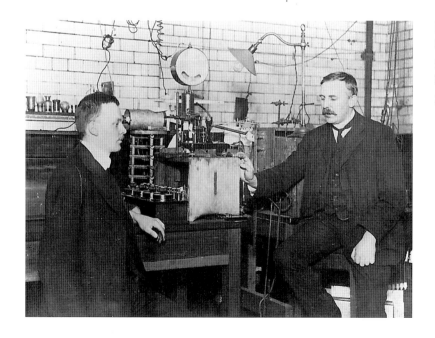

圖 6.12 蓋革（1882-1945）和拉塞福（右邊），以及他們在曼徹斯特大學的阿爾法粒子計數儀器。（曼徹斯特大學提供）

圖 **6.13** 湯姆生（1824-190
7）在二十二歲的時候就成
為格拉斯勾（Glasgow）大
學的自然哲學教授，並一直
做到七十五歲退休。1866
年，由於他對第一條大西洋
電纜放置的貢獻而受封爵
士，1892 年他成為凱爾文男
爵，當退休的時候，他又註
冊為研究生。（安南收藏）

輻射是非常困擾，數年之後才知道整個物理的相關過程。拉
塞福有幾個重要發現是他在加拿大麥吉爾（McGill）大學的
時候所進行的，在他應徵麥吉爾教職的時候，湯姆生的介紹
信中寫道：

　　我從未有比拉塞福先生認真或在原創研究更有能力的學生，
如果獲聘的話，我保證他應該可以在蒙特婁創立一個卓越的物理
學派。

　　在蒙特婁，拉塞福很幸運有一位非常慷慨，並且有遠見
的物理系主任寇可士（John Cox）。在觀察拉塞福數週的工
作後，寇可士自願接替拉塞福的班級，並代他上課，好讓拉
塞福能夠繼續他的研究。在一連串重要發現之後，拉塞福發
現他需要化學家的協助，才能在解開他所發現放射性過程的
複雜圖像上有更進一步的進展。在麥吉爾的化學系所內，拉
塞福找到他要的人，英國人索迪（Frederick Soddy）。拉塞
福和索迪 在一連串重要的論文中，解開放射線的秘密。

　　1900 年，拉塞福發現放射性釷會散發一種放射性氣體，
這項發現使拉塞福腦中產生一種想法，認為一種元素可能可
以質變成另一種元素。即便是拉塞福也不願將這個想法寫下
來，因為任何元素質變的想法都會讓人聯想到煉金術士點石
成金的幻想。索迪 和拉塞福談論他的結果之後，他嘗試辨識
出釷所散發的氣體，他發現該氣體的化學活性很遲鈍，用索
迪 的一句話：

　　雖然很驚人，但我們還是得這麼說，元素釷正在緩慢地、自
發地將自己轉變成氬氣。

　　利用各種放射性元素不同的半衰期當成一種特徵，可以
辨識衰變鏈中各個不同的階段，拉塞福和索迪追蹤鈾、釷和
鐳這些元素在發射出阿爾法（α）和貝他（β）粒子之後，轉

變成不同元素的過程。

　　在 1903 年的一篇論文中，拉塞福和索迪 首次計算在放射性衰變中所釋放出來能量的大小，他們最後認為：

　　放射性衰變的能量必須比任一分子改變的能量最少大上二萬倍，也可能是一百萬倍。

　　這個能量的來源仍是個謎，但它的存在讓拉塞福可以將物理學家凱爾文爵士（Lord Kelvin）和一些地質學家之間的長期爭論得以平息。凱爾文曾利用估算熔融態的地球冷卻到現在情況的時間來計算地球的年齡，凱爾文的估算遠小於地質學家從地質證據所估算的年齡。拉塞福認為岩石內的放射性元素衰變所提供的熱可以解決這個謬誤。當拉塞福在一個公開演講中展示他的理論時，他警覺地注意到那位慓悍的凱爾文爵士就在聽眾席內，當他講到重要關鍵的時候，他擔心如何用不會激怒他的方式報告他的結論，也就是他同意地質學家所估計的地球年齡。拉塞福靈機一動便解決了他的難題：

　　接著突然靈光乍現，我說：凱爾文爵士曾限制地球的年齡，但前提是在沒有新能源被發現之下，這預言式的說法就是今晚我們所談的鐳，然後呀，我看到了那個老頑童關愛的眼神。

　　拉塞福在 1907 年離開麥吉爾，前往英格蘭北方的曼徹斯特，他在那裡用阿爾法（α）粒子撞擊薄金屬片來檢驗原子的結構。他和助手蓋革發展一種儀器，當阿爾法粒子撞到儀器就會發出卡嗒聲，這就是著名的蓋革計數器的前身。蓋革和大學部學生馬士登正被從側向跑入偵測器內之粒子所困擾，因為這樣就無法辨識出真正從標靶散射來的阿爾法粒子。在這關鍵的時刻，拉塞福逛進實驗室，在對實驗過程討論一番之後，做了一個似乎沒有道理的建議，他提議馬士登

應該看看是否有阿爾法粒子被目標物反彈回來。這是一個不得了的建議，因為原子的葡萄乾布丁模型預測阿爾法粒子應該近乎筆直地穿過金屬薄片，只有一些小偏折，沒有反彈的粒子。馬士登非常小心地處理這個實驗，並意外地看到阿爾法粒子從目標物反彈回來，雖然這是拉塞福的建議，當馬士登告訴他這個結果，他仍大吃一驚：

這太不可思議了，正如你朝一張衛生紙發射一枚 15 吋砲彈，它居然會反彈，並射中你。

經過一年的時間仔細考慮這些結果，拉塞福瞭解到這些結果蘊涵一個原子的所有質量必然集中在原子中心很小的區域內。拉塞福將之稱為原子核。他決定在當地一場曼徹斯特文學及哲學協會的會議中公開他的想法，他的演講在議程上排列第二，在宣告一種稀有蛇類的發現之後，這種蛇是跟著托運水果一起進入曼徹斯特。會議時間是 1911 年三月七日。

拉塞福所發現的原子核使得原子模型很類似行星系統的縮影：原子核就像太陽，電子就像行星繞著原子核運轉。物理學家對這種模型有所疑問，雖然這種原子的行星系統模型

圖 **6.14** 在劍橋的波耳和拉塞福兩家人。和其他科學家相比，波耳可說是完全主導引領了物理學家如何從他自己早期有關原子的量子概念度過艱困的過渡期，直到量子理論架構的最後出現。他設立第一個國際性理論物理中心，在第二次世界大戰之前，所有的頂尖物理學家都到哥本哈根拜訪他。使量子理論預測和實驗一致的傳統方式就叫做是哥本哈根解釋。（哥本哈根、波耳檔案歐林芬攝）

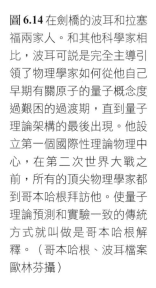

應該有些眞實性，但根據古典物理的定律，這種原子應該不穩定。和太陽系不同，原子內的作用力是電磁力，馬克士威定律預測在圓形軌道上加速運動的電子會不斷放出輻射而損失能量，然後以螺旋狀的方式掉入中心的原子核。估計掉入原子核的時間大約是一兆分之一秒！在這物理的關鍵時刻，波耳來到曼徹斯特。

　　1911 年五月波耳在哥本哈根爲他的博士論文答辯，那一場口試的時間眞是破記錄的超短！這並不意外，當時的一位主考官就說，在丹麥很難找到一位有能力評斷波耳的研究工作。經過一個暑假的休息，波耳獲得一份卡斯堡基金的獎學金前往劍橋繼續研究，雖然他發現劍橋的生活非常有趣，波耳日後仍說：我得花半年時間去認識一位英國人。

　　當拉塞福在卡文迪西週年晚宴上的一個演講，波耳很快就被這位紐西蘭人的熱情和不拘小節吸引，日後波耳回憶一項拉塞福最偉大的特質，就是能夠有耐心傾聽年輕人的想法，不論那想法是如何的不起眼。

　　在卡文迪西待了六個月後，波耳在 1912 年三月底前往曼徹斯特和拉塞福一起工作。拉塞福是個典型的實驗家，他會像魔法般地用來自英格蘭銀行的紅色封蠟來密封他的玻璃試管。相反地，波耳是一個標準的理論學家。雖然拉塞福不太信任理論學家，但從一開始，他和波耳的合作非常愉快，當別人問到這點，拉塞福回應說：波耳和別人不同，他是位足球玩家。波耳的確與眾不同，在六月中旬，他對如何穩定拉塞福原子核有了首次的洞悉。他寫信給他的哥哥：我很有可能發現了原子結構的蛛絲馬跡。又花了九個月的時間，才讓他能夠將名爲「原子和分子的構造」的論文寄給拉塞福。

　　讓波耳完成該篇論文的臨門一腳是他一位老友—漢生（Hans Hansen）。漢生向波耳詢問他的模型該如何解釋氫的譜線，波耳無法回答這個問題，於是漢生建議波耳查一查氫譜線波長的巴耳末（Balmer）公式。波耳事後提到：當我看過巴耳末公式之後，整件事情就變得很清楚。波耳如何解決

電子軌道穩定的問題？他沒有解決這個問題。他另外提出一種說法，認為電子軌道要滿足新的量子狀態，這是一般的古典物理定律所無法適用的。為了瞭解這個量子條件的起源，我們必須回顧一下愛因斯坦另一項對二十世紀物理的貢獻，也就是這項貢獻讓他獲得諾貝爾物理獎。

量子曾被卜朗克勉強地引進物理，用來解釋熱黑體輻射光譜中的怪異現象。卜朗克花了很多年的時間想要找一個方法規避他的結論，但沒有成功。他的想法後來被愛因斯坦採用，在他 1905 年的論文當中解釋了光電效應（photo-electric effect），光電效應在上一章曾提過。愛因斯坦證明光應該是以一串粒子的方式和金屬內的電子有交互作用，現在則稱之為光子。光子所攜帶的能量包是和光的頻率成正比，比例常數稱為卜朗克常數，這個自然常數非常小，乃至於光的量子特性在日常生活中很難看到。

波耳的新原子量子理論是古典物理和量子物理的巧妙組合。電子軌道的角動量是電子的動量乘上軌道半徑，他所允許的電子軌道角動量是卜朗克常數的倍數，這使得電子軌道有特定的能量，這和古典的圖像很不相同，古典的電子軌道是允許任何軌道能量。波耳接著將巴耳末著名的公式，以及愛因斯坦的光子能量─光頻率關係式聯繫起來，他建議電子可以被激發到較高能階，當電子跳回較低能階，就會發射一顆光子，光子的能量是兩個能階的能量差。波耳的預測非常成功，不僅是他的模型可以準確地預測氫的可見光譜頻率，並且預測出在紫外線和紅外線區域的譜線。

除了他的原子模型，波耳也首次對元素週期表有了些微的瞭解。1922 年，也是他的原子模型獲得諾貝爾獎的同一年，波耳畫出現在看到的原子傳統圖像，這包含了一系列的軌道殼層，就像大小依次疊套的俄國娃娃，每個殼層只能有固定數目的電子。波耳能夠在不知道量子力學、電子自旋和庖立不相容原理的情形下，仍能得到這個圖像，實在了不起。波耳也預測原子序 72 的元素，正電荷數為 72，應該不

是化學家所期待的稀土元素，但很像原子價 4 的鋯，不過當時尚未發現此一元素。匈牙利放射性化學家赫維斯（George de Hevesy）當時正在哥本哈根的波耳新物理研究所工作，當他們都在曼徹斯特的時候，曾教波耳一些化學。他和一位年輕的荷蘭人寇斯特（Dirk Coster）想要在鋯石礦內找尋這個新的元素，在波耳諾貝爾演講的前一晚，他們打電話給正在斯德哥爾摩的波耳，述說他的預測是正確的，他們以哥本哈根的古羅馬名，稱這個新元素為鉿，而波耳也在隔天的演講中宣布這個發現。

或許對波耳最好的推崇是來自新量子力學的奠基者之一海森堡（Werner Heisenberg），海森堡在慕尼黑當學生的時候，和他的同事學習有關波耳預測，這是和原子結構有關，有十個、二十個或三十個電子在不同的軌道上。他們無法瞭解波耳是如何得到這些結果，即使是牽涉太陽、地球和月亮的古典三體問題，天文學家也無法給出一個準確的答案，波耳一定是一位非常聰明的數學家，才能解決三十個電子的問題，一直到後來遇上波耳，海森堡才知道波耳是如何做到的，在第一次會面中，海森堡說道：

對我而言，第一個令人驚訝的經驗就是波耳並沒有經過計算，他只是用猜的。

接著海森堡問他，是否知道有誰能夠用古典牛頓力學來計算這個結果，波耳給了以下的答覆：

我們現處在物理的新領域，我們知道舊觀念可能行不通，我們所看到的也是行不通，否則原子不應該會如此穩定。另一方面，當我們說到原子，我們必須使用語言，這些語言只能取自舊有的觀念和語言，因此我們處在絕望的兩難當中，我們就像水手正朝向一個遙遠的國家，他們並不認識這個國家，他們看到的人們，說的語言是從來沒聽過的，所以他們不知道該如何交談。因此當

古典觀念還行得通，也就是說我們還能談論電子的運動、速度和能量，我想我的圖像是正確的，但沒有人知道這套語言還能用多久。

海森堡事後認為，就是波耳改變他對物理的整個態度，海森堡是新量子力學的先驅者之一，在後來的數年取代波耳的舊量子力學。

相對論、量子力學和電子自旋

三篇決定性的論文發表在 1925 年和 1926 年，將新量子力學的原理確定下來，三篇的作者分別為德國物理學家海森堡、玻恩（Max Born）、喬丹（Pascual Jordan），奧地利物理學家薛丁格（Erwin Schroedinger）和大名鼎鼎的英國物理學家狄拉克（Paul Dirac）。新量子力學能夠重現氫原子的波耳能階，也能解釋波耳模型無法解釋的問題。狄拉克接著證明如何能用一致的方法將電磁場納入量子力學內，這讓物理學家首次能夠計算電子在做不同量子跳躍的相對機率。雙電子原子的問題對波耳模型來說是徹底失敗的，例如氦，但新量子力學也能解決這個問題。這些又如何和愛因斯坦的相對論牽扯上關係？舊的和新的量子力學都是假設原子的電子運動是非相對論性的，換句話說，假設電子的速度遠小於光速。事實上，電子的速度並不比光速小很多，對假設非相對論運動的氫原子能階，我們應該能夠計算它的修正量。海森堡在慕尼黑的教授索末菲（Arnold Sommerfeld）就曾對波耳模型進行計算。索末菲的相對論性修正預測一些譜線應該是由兩條非常靠近的譜線所組成，這稱做精細結構（fine structure）的譜線很快就被實驗證實，新量子力學必須能夠解釋精細結構的譜線。

這裡還有更多的驚訝和問題。雖然索末菲的模型對氫很管用，但卻無法適用在鹼金屬原子。鹼金屬原子只有一個電子在封閉殼層上運行，在波耳模型中，預期電子應該跑得比

氫原子的電子慢，所以索末菲的理論對能階的相對論性修正
預測值會更小，而譜線的精細結構分裂也會更小。但實驗結
果並不是這麼一回事。1925 年十一月，兩位荷蘭研究生鳥倫
貝克（George Uhlenbeck）和哥德斯密特（Sam Goudsmit）
正在萊登（Leyden）工作，他們建議除了繞行原子核的軌道
角動量，電子還會有自旋角動量，這就像地球一邊自轉，一
邊繞著太陽公轉。鳥倫貝克和哥德斯密特的教授厄任費斯脫
（Paul Ehrenfest）建議他們將他們的提議寫給期刊，然後再
向洛倫茲請益。兩位學生遵從老師的指示，差不多一個星期
後，洛倫茲拿著他計算的結果跑來找他們，根據古典物理，
他的結果顯示整個想法不太合理。鳥倫貝克和哥德斯密特跑
去找厄任費斯脫，並告訴他不要發表他們的論文，厄任費斯
脫的回答令他們感到沮喪（之後倒是鬆了口氣）：

　　我很早就將你們的信寄出去了，你們還年輕，還足以做些蠢
事。

　　事實上，他們的洞察力已經透露出新的非古典電子特
性。

　　電子的自旋和相對論以及精細結構有何關連？新量子力
學預測電子能量有一部份的貢獻來自於電子自旋和軌道運動
之間的交互作用，粗略地說，電子在軌道上的運動可以當成
一個電流迴圈，這種電流將會產生磁場，根據古典物理，由
於電子的自旋角動量，我們可以想像電子的行為會像一個小
磁棒。這個自旋磁鐵和軌道磁場之間的交互作用稱為自旋軌
道耦合，對電子能量會有些貢獻，這也會表現在譜線的精細
結構分裂上。在整個計算過程中，有兩個詭異的數字 2 和相
對論有關，第一個 2 出現在電子自旋角動量和產生自旋磁鐵
強度的關係式內，古典物理預期這個比例常數（g 因子）等
於 1。將電子束放在磁場中的實驗顯示電子的 g 因子趨近於
2。第二個因子 2 也是一樣令人意外。在劍橋和狄拉克在一

起的學生湯瑪斯（Llewellyn Thomas）證明有一個新的愛因斯坦相對論效應需要考慮進去。他指出以前的人在計算能量的時候，都將電子看成靜止，原子核則繞著電子旋轉。但真正要拿理論去和實驗比較的時候，其實應該是把原子核當成是靜止的。湯瑪斯使用狹義相對論計算顯示出來這種看法的改變會產生能量有兩倍的改變，現在的物理學家和化學家都將這些相對論修正當成標準的手續。

狄拉克和反粒子

　　狄拉克是一位非常羞澀又傑出的物理學家，當他仍在劍橋當博士生的時候，就已經完成他早期的量子力學研究。狄拉克後來娶了諾貝爾獎得主威格納（Eugene Wigner）的妹妹，當威格納提到美國物理學家費曼（Richard Feynman），他都會說：他是現在的第二個狄拉克，不過這回我們看到的是一個人。狄拉克不僅因為他的研究貢獻而聞名，他將早期量子力學研究寫成的書也是量子力學的第一本教科書之一。在這本名為量子力學原理（The Principles of Quantum Mechanics）的書中，他用純數學的方式描述理論，並不是每個人都覺得容易瞭解，即使是一些量子力學的奠基者也是一樣。俄文翻譯本還附上一些警語：狄拉克的書包含有一整系列的評價，明確的和含蓄的都有，這完全和辯證的唯物論不合。

　　狄拉克早期對量子力學的貢獻來自 1925 年到 1928 年間，單單這些貢獻就足夠將他列入二十世紀最偉大的物理學家之一，但他在 1928 年有關電子的相對論論文是他最著名的一篇。

　　通常處理自由電子都是從非相對論性的能量暨動量關係式開始，也就是粒子能量和動量的平方有關，狄拉克則想從相對論性的關係式開始，也就是能量和動量是處在相同的立足點。包括薛丁格在內的許多物理學家都曾嘗試從相對論性關係式開始，但都牽涉到能量的平方和動量的平方，這種方式會造成許多問題，最嚴重的是代表機率的數值有時會出現

圖 6.15 站在右邊的費曼正和
狄拉克 (1902-1984) 對談，
地點是在 1962 年的華沙。
狄拉克是非常著名地沈默寡
言，對話看起來像是單向的
交談或者相當稀疏，然而狄
拉克卻是費曼的物理英雄。
（感謝加州理工學院資料庫
提供）

負值。薛丁格覺得很沮喪，他只好回到非相對論性的關係
式，並導出他著名的方程式。就像平時一樣，狄拉克採取正
面迎擊這個問題。他先寫下一條能量和動量處在同等地位的
方程式，令他感到意外，他發現唯有將他的方程式解釋成矩
陣方程式才有意義。矩陣是一個眾所皆知的數學物件，是由
一堆數字所組成，有一些固定的規則處理乘法、加法等運算
法則。比較特別的是乘法，當給定兩組陣列 A 和 B，A 乘上
B 有可能不等於 B 乘上 A。就是這個特性讓海森堡在處理量
子力學的時候，吸引他的注意。狄拉克的矩陣是由 4×4 複
數陣列所組成，最奇怪的是用四個數字的行矩陣（column
matrix）代表電子，物理學家已經瞭解他們需要兩個分量的
行矩陣來考慮電子自旋，狄拉克多出來的兩個分量代表什麼
意義？

　　狄拉克發現他的方程式可以去除負機率，但存在另一個

問題：狄拉克的電子可以有正能量，也可以有負能量。狄拉克暫時忽略這個問題，繼續將他的理論應用到氫原子，令人驚訝的，他的方程式正確地預測出能階的精細結構，尤其是它可以正確地預測電子的神秘非古典 g 因子應該為 2，和實驗結果相同。狄拉克的精細結構能階公式結果是和導自古典量子理論的索末菲公式相同，雖然索末菲的推導現在看起來是完全地錯誤，物理學家範費萊克（John van Vleck）曾描述這件事或許為物理史上最值得注意的數字巧合。

該如何處理狄拉克的負能量？是什麼可以阻止電子從正能階跳到負能階造成能量損失？根據庖立不相容原理，在同一能階中不能存有兩個電子，因此狄拉克給了令人訝異的建議，就是所有的負能階都被佔滿。根據狄拉克的說法，一個看起來是空的盒子，事實上有無限多個電子佔滿這些負能階，雖然聽起來很荒謬，但只要想到我們都是相對於這個空盒子狀態在測量能量與電荷時，一切也就沒有那麼奇怪了。狄拉克考量其中一個負能階被淨空（形成一個電洞）所形成的效應。和狄拉克的空盒子相比，我們現在沒有負能量和負電荷，因此一個有電洞的空盒子看起來像是一個有正能量和正電荷的盒子！在那時，已知只有兩種基本粒子存在，負電荷的電子和正電荷的質子，這是一個比電子重兩千倍的粒子。剛開始，狄拉克認定他的帶正電荷的電洞粒子就是質子，即使他的方程式預測它的質量應該和電子一樣，他希望有一些尚未知道的交互作用可以解釋質量上的差異。但是這種質子的解釋還有其他嚴重的困難，假如我們考慮一個含有正能量電子和電洞的盒子，電子會掉入電洞空缺的能階，接著是一道閃光而湮滅。當狄拉克計算氫原子產生一個質子電洞和一個電子需要多久才會產生湮滅，答案只有數分之一秒。所以狄拉克理論受到全世界質疑是不奇怪的。庖立開玩笑地說其實還有一個庖立第二原理：只要物理學家提出一個理論，該理論很快就會應用到該物理學家身上，因此狄拉克應該會被湮滅！即使狄拉克的朋友海森堡給庖立的信中也這

樣寫著：近代物理最悲哀的一章仍是狄拉克理論。

　　但是挺到最後得以笑傲江湖的卻是狄拉克，他的方程式是理論物理的大勝利，將量子力學和相對論結合成一個具備數學之美的理論，狄拉克還發現一個完全意外的現象—反物質世界。1931 年，狄拉克最後放棄認定正能量電洞就是質子的希望，就像狄拉克的風格，在完全沒有任何實驗實證的暗示下，他大膽的總結：

　　他的方程式預測一個實驗物理還不知道的全新粒子，它有和電子相同的質量，但帶有正電荷。

圖 6.16 安德生正在操作一個電磁鐵，這是用在他的雲氣室內。（感謝加州理工學院提供）

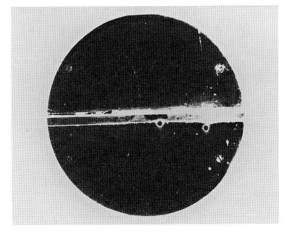

圖 6.17 這是安德生所拍攝的雲氣室照片，提供了正子的第一個證據，注意照片上半區域的曲線軌跡比底部的大，這表示上半部的粒子有較少的能量，粒子因此必須是從底部走到頂部，而一個帶電粒子在通過安德生放置在雲氣室內的鉛版時，將會損失能量。這條軌跡可以讓安德生確認粒子的電荷是正的，他也能決定出它的質量和電子相當。（感謝加州理工學院提供）

加州理工物理學家安德生（Carl Anderson）在 1932 年八月發現反電子，並稱之為正子（positron）。當時安德生似乎不知道狄拉克的預測。狄拉克的預測很快得到更進一步證實，在劍橋卡文迪西實驗室工作的布萊克特（Patrick Blackett）和歐加利納（Giuseppe Occhialini）在宇宙線簇射（cosmic ray shower）中看到電子和正子的對生，這是湮滅過程的反過程，能量注入一個空盒子中，將負能量電子激發到正能量能階，留下一個正能量電洞（正子）和一個正能量電子。

有了對生和湮滅，相對論性的量子力學不能看成一個有固定粒子數目的理論，除此之外，將真空狀態想成一個擁有無限組負能量能階也變得非常棘手。接下來的進展包括費曼、施溫格（Julian Schwinger）和朝永振一郎（Sin-itiro

圖 6.18 在勞倫斯柏克萊實驗室的貝伐高能質子同步穩相加速器，在 1954 年加速質子，現在仍在運轉。質子加速到粒子質量是靜止質量的六倍，第一顆反質子也是使用這類機器產生。（勞倫斯實驗室提供）

Tomonaga）三人所共同獲得的諾貝爾獎，以及戴森（Free-man Dyson），導致現在的量子電動力學，簡稱 QED。用這個理論推測基本粒子的行為，結果準確得令人難以置信。例如電子的 g 因子在考慮高階修正的時候，就不是正好等於 2，QED 預測有一個異常的 a 存在，a 可以用方程式來定義

$$g = 2\,(1+a)$$

電子異常的最新值約

$$a = 11596522 \times 10^{-12}$$

這數值非常接近 QED 所預測的

$$a = 11596519 \times 10^{-12}$$

數值的成功，加上預測電子正子對和許多其他的過程，QED 是物理學家所發明的理論中最成功和預測最準的一個。但是仍有一些傑出的物理學家不表贊同。基本的疑慮就是狄拉克的負能量電子海的來龍去脈，狄拉克的真空有一個負無限大電荷和一個負無限大能量，只考慮相對於電子海的變化，吾人可以忽略這些惱人的無限大，並對電子洞和正子作出有限的預測。在 QED 中，除了這個以外，還有一整系列的無限大，我們可以用所謂的重正則化（renormalization）的步驟產生明確的有限預測來解決這些無限大。費曼是發明這方法的其中一人，他曾說到這個重正則化：

　　但是無論這字眼有多聰明，我還是稱之為愚笨的步驟！正因我們只能憑藉這些戲法，才使我們無法證明量子電動力學是數學上的自治（self-consistent）。

　　費曼經常懷疑重正則化在數學上是合理的，狄拉克終其一生也是個懷疑者，在他最後一場公開演講中說道：

　　…我們不該再用這種不合邏輯的無限重正則化步驟。這在物理上是非常沒有道理，我經常反對這種作法。雖然這種作法很成

功，吾人應該準備完全拋棄它，看那些藉由 QED 所得到的成功都是碰巧得到正確的答案，就如同波耳理論在成功的時候也只能看做是一種巧合。

　　反物質世界不僅應用在電子，狄拉克曾被迫放棄他的想法，也就是根據他邏輯上的結果，他的方程式描述出兩個實驗上已知的兩種粒子──電子和質子。如果存有反電子，狄拉克認為就應該有反質子。直到 1955 年，粒子加速器的技術才能在碰撞中製造足夠的能量來產生質子和反質子對。張伯倫（Owen Chamberlain）、西格雷（Emilio Segre）、蔚更（Clyde Wiegand）和匹藍提茲（Thomas Ypsilantis）使用加州大學柏克萊分校的貝伐加速器發現反質子。

　　在狄拉克 1933 年諾貝爾獎演講中更進一步提出更冒險的想法：

　　我們對於地球（也可能是整個太陽系）保有較多的負電子和

圖 6.19 正子斷層掃描法（PET）讓我們在大腦接受刺激後，能夠探索大腦的活動。病人被注射一種會發射正子的同位素，會附著在血液中的葡萄糖，大腦活動增加的區域就相當於葡萄糖高度集中的區域，而這些區域會因為注射的同位素而顯現高程度的放射性。同位素衰變所釋放的正子會被大腦組織吸收，並和一顆電子湮滅，產生兩道伽瑪射線，這些伽瑪射線有特定的能量，並且是背靠著背發射，觀察湮滅的光子可以讓輻射源精確地定位。（感謝歐洲核子研究組織提供）

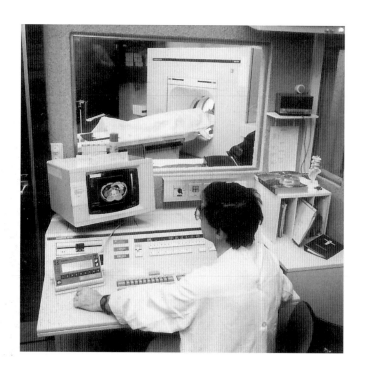

正質子，這件事恐怕只能視成是一個意外。但對其他一些星球而言，狀況可能剛好顚倒，這些星球可以由正子和負質子所組成。事實上這種星球也許佔了一半。這兩種星球表現出相同的譜線，沒有辦法從現有的天文方法分辨它們。

　　現今天文物理學家相信這種猜測不太可能發生，因爲沒看到來自物質反物質湮滅的輻射線。現在認爲物質和反物質存在的不對稱可能可解釋成粒子和反粒子之間交互作用的些微差異。

　　除了來自物質起源的猜測，狄拉克的反物質發現存有實質上的應用。除了放射性衰變釋放出電子，現在知道有許多原子核可以釋放正子，正子很快就找到另一個電子，然後在一次湮滅過程中放出一個特定的高能光子爆射，這是正子斷層掃描（positron emission tomograph，或 PET）的原理。先將可釋放正子的放射性追踪原子注射入人體內，然後PET掃瞄，並顯露出這些原子的分布情形，這種技術曾用來研究抗躁鬱（anti-depressant）藥物在人腦操作上的生化效應。若從愛因斯坦和邁克生—莫雷實驗一路走來，路途似乎還算蠻遙遠的。

◉結語

　　雖然身爲一位才華洋溢和身負遠見的物理學家，狄拉克從不說廢話，而他對問題的反應經常是語出驚人，美國物理學家克里西（Alan Krisch）曾說的一件故事可以說明這一點。庖立和狄拉克曾在鄉間共同搭乘火車，在經過一個鐘頭的沈默之後，庖立開始覺得不自在，開始尋找話題，當火車經過一群綿羊，他開口對狄拉克說：看起來這些綿羊剛被剃毛。在仔細察看這群綿羊之後，狄拉克回答說：至少是這半邊被剃毛。還有很多類似的狄拉克故事說明他的古怪創見和非凡反應。我們已談過有關狄拉克電洞理論和他的負能量，現在我們用以下兩件趣聞作爲本章的結尾。

佩爾斯（Rudolf Peierls）講述以下的故事，在劍橋的一位同事休姆（H.R.Hulme）和狄拉克一起散步，這時他的外套口袋發出咯咯聲，他為這個噪音向狄拉克道歉，並解釋口袋裡有一瓶藥丸，因為感冒而服用了一些，所以這瓶藥並沒有裝滿，過了一會，狄拉克回答說：我認為當它半瓶滿的時候，製造的噪音最大。

　　另一個故事的作者不詳，但仍很精彩，這個故事主題圍繞著一個猜謎遊戲。五位好朋友採集椰子，到了晚上，他們圍著營火睡覺，並承諾一早要平分椰子。到了半夜，其中一個人醒來，並決定先拿他的那一份，他先數了一次椰子，發現椰子數目無法平均分成五份，但如果他將一顆椰子給了看守的猴子，他就可以拿走剩下的五分之一，他將分到的椰子放在睡袋下，然後繼續睡覺。這時第二位朋友睡醒了，他重複這個過程，他數了椰子，給猴子一顆椰子，拿走剩下的五分之一，然後繼續睡覺，最後五位好朋友都作了一次相同的動作，問題是要算算剛開始有多少顆椰子。據說，狄拉克給出的答案是-4。

第 7 章 # 小鬼與胖漢：戰鬥中的相對性

我不相信文明會在一場原子彈的戰爭中徹底消滅，或許三分之二的地球人會被殺害，但是還有足夠的人可以思考，足夠的書籍留下來，讓人類重新開始，文明能夠重新恢復。

愛因斯坦，《大西洋月刊》1945

序言

　　本章我們要探索狹義相對論在核物理的一些應用，就像在第六章一樣，讀者僅需要閱讀以下的回顧，便可獲得愛因斯坦理論對核子結構和核反應認識的衝擊之印象，愛因斯坦發展廣義相對論的故事則在第八章介紹，第七章的部分對本書剩下部分的瞭解並不是必要的。

　　這個故事從拉塞福和索迪開始說起，他們將放射性衰變所放出的能量加以量化，並且他們共同瞭解到這個巨大能量來源可能是神賜給人類的福與禍。在劍橋和拉塞福共事的阿斯頓（Francis Aston）發明了質譜儀（mass spectrograph）可以分辨出許多元素的同位素。在 1932 年查兌克（James Chadwick）發現中子以前，對於同位素的本性仍有不清楚的地方。阿斯頓也瞭解到束縛在原子核內的中子和質子比它們處在自由態的時候還要輕，不同之處在於核束縛能，這個束縛能是將原子核束縛在一起的強核作用力所造成的，這是愛因斯坦質能關係應用的直接例子。

　　在核物理中，下一個重要發現就是拉塞福觀測到第一個人造核反應，一個名符其實的元素轉換。接著，費米（Enrico Fermi）和他的義大利物理同事利用中子來啟動核反應，並產生一整串不穩定的新放射性同位素。但關於鈾這個已知是最重的元素，他們卻搞錯了一件事：他們認為他們製造出新的

超鈾（trans-uranic）元素。四年後的二次大戰前夕，在柏林工作的哈恩（Otto Hahn）和史特拉斯曼（Fritz Strassmann）從鈾反應產物中辨識出鋇，梅特納（Lise Meitner）和弗里施（Otto Frisch）知道這項結果的重要性，在中子的撞擊下，鈾核破碎成兩個較輕的核，他們稱之為核分裂（nuclear fission）。

　　核分裂的結果會釋放出能量，這可以用質能關係式計算出來，早在 1934 年，齊拉特（Leo Szilard）就已經有連鎖反應的想法。當發現核分裂，他就知道鈾將是發展原子彈的關鍵。1939 年，他說服愛因斯坦寫信給羅斯福總統，警告他核武器的可能性，並督促他批准一項完整的計畫研究核武器的可行性。英國也認知到這項可能性，兩位來自希特勒掌控下的德國難民─弗里施和佩爾斯，他們當時在伯明罕工作，並寫下著名的備忘錄，證實這種新武器的可行性和潛力。他們的報告促使英國原子彈計畫的設立，代號為合金管（Tube Alloys），相同的報告也影響美國動手設立美國原子彈計畫─曼哈頓計畫（Manhattan Project）以及由葛福斯（Leslie R. Groves）和歐本海默（J. Robert Oppenheimer）領導的洛沙拉摩斯實驗室（Los Alamos Laboratory）。愛因斯坦質能關係的實際應用結果就是投在廣島和長崎的鈾和鈽原子彈。

科學事實或科幻？

　　就在 1903 年，拉塞福和他的同事索迪首次將放射性衰變所釋放的巨大能量加以量化。在愛因斯坦著名的質能關係發表以前，科學家並不知道這種能量的來源。但兩人都知道這種能量是非常危險的，有人就耳聞拉塞福說：一些實驗室內的傻子可能在不知情的狀況下毀了整個宇宙。索迪在 1904 年的一場演講中推測：

　　所有潛伏在原子架構下的重物質都可能持有和鐳一樣多的能量，如果它可以被選定和控制，在塑造世界的命運時，它將會是

何種媒介啊！一個人只要把手放在這個大自然一直在謹慎調節其儲存能量之輸出的控制桿上，那他就擁有了一個可以把地球毀滅的武器。

索迪相信大自然會捍衛它的秘密：但著名的科幻作家和小說家威爾斯就沒那麼樂觀。就在第一次世界大戰之前出版的一本少為人知的小說（《解放世界》，The World Set Free）當中，威爾斯結合了索迪的推測，這本預言書是關於他所預見一定會發生的核子戰爭和核子對峙。在他的故事中，全世界的核武控制方式就是用原子彈毀滅歐洲的主要城市，只有在這樣一次的大災難下，政治家的心思才會集中在核武的控制上。不意外地，當核物理才剛開始的時候，威爾斯的說法在細節上是錯的，但他還是有很多對的地方。他精

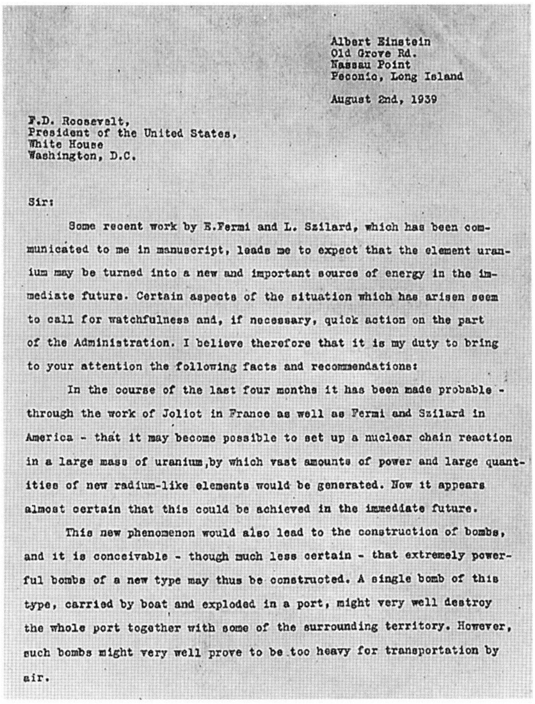

Albert Einstein
Old Grove Rd.
Nassau Point
Peconic, Long Island

August 2nd, 1939

F.D. Roosevelt,
President of the United States,
White House
Washington, D.C.

Sir:

Some recent work by E.Fermi and L. Szilard, which has been communicated to me in manuscript, leads me to expect that the element uranium may be turned into a new and important source of energy in the immediate future. Certain aspects of the situation which has arisen seem to call for watchfulness and, if necessary, quick action on the part of the Administration. I believe therefore that it is my duty to bring to your attention the following facts and recommendations:

In the course of the last four months it has been made probable - through the work of Joliot in France as well as Fermi and Szilard in America - that it may become possible to set up a nuclear chain reaction in a large mass of uranium,by which vast amounts of power and large quantities of new radium-like elements would be generated. Now it appears almost certain that this could be achieved in the immediate future.

This new phenomenon would also lead to the construction of bombs, and it is conceivable - though much less certain - that extremely powerful bombs of a new type may thus be constructed. A single bomb of this type, carried by boat and exploded in a port, might very well destroy the whole port together with some of the surrounding territory. However, such bombs might very well prove to be too heavy for transportation by air.

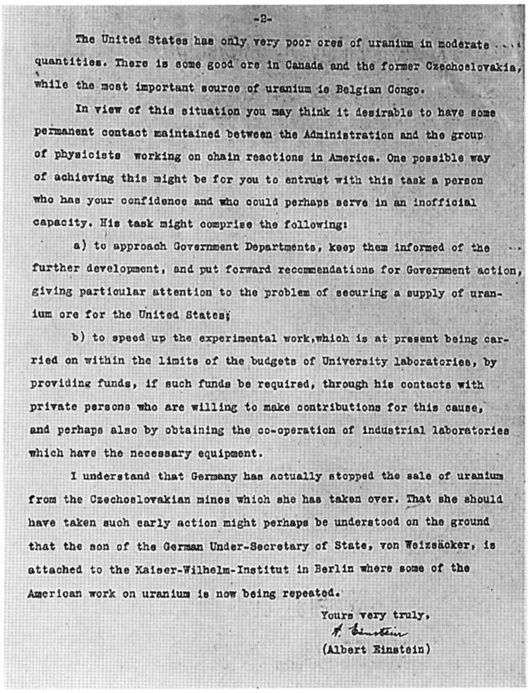

-2-

The United States has only very poor ores of uranium in moderate quantities. There is some good ore in Canada and the former Czechoslovakia, while the most important source of uranium is Belgian Congo.

In view of this situation you may think it desirable to have some permanent contact maintained between the Administration and the group of physicists working on chain reactions in America. One possible way of achieving this might be for you to entrust with this task a person who has your confidence and who could perhaps serve in an inofficial capacity. His task might comprise the following:

a) to approach Government Departments, keep them informed of the further development, and put forward recommendations for Government action, giving particular attention to the problem of securing a supply of uranium ore for the United States;

b) to speed up the experimental work,which is at present being carried on within the limits of the budgets of University laboratories, by providing funds, if such funds be required, through his contacts with private persons who are willing to make contributions for this cause, and perhaps also by obtaining the co-operation of industrial laboratories which have the necessary equipment.

I understand that Germany has actually stopped the sale of uranium from the Czechoslovakian mines which she has taken over. That she should have taken such early action might perhaps be understood on the ground that the son of the German Under-Secretary of State, von Weizsäcker, is attached to the Kaiser-Wilhelm-Institut in Berlin where some of the American work on uranium is now being repeated.

Yours very truly,
A. Einstein
(Albert Einstein)

圖 7.2 愛因斯坦寫給羅斯福總統的信，其中對原子彈的危險性提出警告。（感謝羅斯福圖書館提供照片）

心設計了一種和鈽類似的幻想原子彈原料 carolinium，它是一種儲藏了大量能量、製造和處理都非常危險的人造元素。鈽是一種人造元素，1945 年投在長崎的胖漢（Fat Man）原子彈的原料就是鈽。《解放世界》不是一本暢銷書，現今也絕版了，威爾斯承認該書是一本無心插柳的寫作，雖然他認為是一本好書，但也承認沒有其他人曾寫過類似作品，並且是一本失敗之作。

　　威爾斯對於爭論可是一點也不外行。在《解放世界》一書中，他把一些批評他早期對飛行器預測的人做了些指責。他詳述他兒子如何走過來並很嚴肅地告訴他：爸爸，我希望你不要再寫有關飛行的東西，別的孩子都在揍我。在威爾斯的眼中，他認為飛行的可行性是對的，致命原子彈可以讓沒有任何一人贏得核戰也是對的。雖然書賣得不好，威爾斯這本不暢銷小說卻造成強烈的衝擊：在《解放世界》中的想法對匈牙利流亡物理學家齊拉特造成深刻的印象。齊拉特曾見過逃離納粹的猶太朋友和物理同事，他對這種強大武器可能落入希特勒手中感到恐懼。本世紀最偉大物理學家之一的海森堡仍在納粹德國內工作，因此對齊拉特而言，納粹發展原子彈的可能性非常高。當齊拉特來到美國，他嘗試警告美國政府原子彈落入納粹德國的危險性，經過數月的挫折，嘗試引起美國官僚的注意並不成功，齊拉特想利用一些非傳統的方式。戰前的齊拉特曾發展一種新型冷凍庫的專利，這種冷凍庫是採用磁性壓縮機，當中的運轉部分或焊接不會破裂。德國公司 AEG 建造了一個成功的原型機，但最後決定不推入市場。這項產品的發明者其實有兩位，另一位就是愛因斯坦。在警告美國政府絕望之餘，他轉向正住在紐約長島的老朋友，齊拉特督促愛因斯坦寫信給羅斯福總統。愛因斯坦的著名信件是由齊拉特起草，當中用簡單的方式解釋核武的可怕破壞，也就是核武可以摧毀整個港口以及周遭區域，並乞求羅斯福立即實施一項計畫，在納粹德國之前發展出原子武器。這就是威爾斯的一本非暢銷書在這重大歷史事件中所扮

演的角色，對這故事來說還有一件諷刺的伏筆，雖然齊拉特對原子武器的發展扮演了重要的角色，在歐戰末期，德國戰敗之後，卻是堅決反對在日本投擲炸彈的科學家之一。

原子核的關鍵

今日的我們很早就學習原子核包含了質子和中子，但很難想像這在核物理早期所引起的混淆。

中子是一個中性的粒子，比質子重一點。每個元素的特性都是由原子序（atomic number）來決定，原子序就是原子核內質子的數目，也等於周圍運轉的電子數目，元素的化學特性是由這些電子決定。每個原子核內都有某些數目的中子和質子形成原子核。但是相同的元素也可以有其他罕見的形式，當中的原子核有不同數目的中子。例如氫元素，通常只有一個質子構成原子核，但是每十萬個氫原子大約有十五個重氫或稱為氘（deuterium）。氘有一個質子和一個中子，在核物理和星球演化扮演重要的角色，氘稱為氫的同位素，表示它和氫有相同的化學性質，只是在原子核的質量上不同。另一個例子是鈾，鈾最常見的同位素為 U238，原子核內有 238 個核子（92 個質子和 146 個中子）。投擲在廣島的原子彈則是用較少見的鈾同位素鈾 235，有 92 個質子，但只有 143 個中子。大自然出現的鈾不到 1% 是鈾 235 同位素。

由拉塞福和索迪在世紀交替之際發現的同位素之相關混淆，持續很長的一段時間。在查兌克 1932 年發現中子之後，才得以將不解的地方區分出來。在查兌克的發現之前，另一位科學家理解到愛因斯坦質能關係在原子核上的重要性，並顯示存放在原子核內的能量該如何釋放出來，這位科學家是劍橋的另一位物理學家阿斯頓，他對科學和運動都有相同的狂熱。除了滑雪和飆摩托車外，他也是拉塞福每週日的高爾夫球友。他出身化學家，而於 1910 年進入卡文迪西實驗室，和著名的湯姆生共同研究氖的同位素問題。阿斯頓使用稱為氣態擴散（gaseous diffusion）的同位素分離法來嘗試確認清

湯姆生對存在兩種氖的同位素之猜疑。這種技術是由德國科學家克魯斯（Klaus Clusius）發明，該儀器非常簡單，主要的設備是豎起一根長管，加上一條加熱的金屬線連到中間。當管子充滿了氣體，克魯斯證明了氣體分子的隨機運動和萬有引力可以將不同的同位素分離出來，頂部的氣體充滿了較輕的同位素，容納在底部的氣體大部分是較重的同位素。在日常生活的尺度來看，同位素質量的差異非常微小，只是一些多出來的中子，因此在明顯的分離出現之前，該步驟必須多次重複進行。在阿斯頓設法說服湯姆生相信他的結果之前，由於戰爭的干擾，阿斯頓離開實驗室，加入戰爭。在戰爭期間，他繼續思考這個問題，戰後他回到卡文迪西實驗室，阿斯頓知道如何設計更好的方法偵測質量的差異。他改進的部分包括在電場和磁場下，投射一道游離的原子，電場可以偏折帶電的粒子，磁場可以讓帶電粒子遵循一條曲線，產生曲率的大小取決於同位素的質量。阿斯頓可以讓不同之

圖 **7.3** 1930 年代中期的阿斯頓和查兌克。阿斯頓在伯明罕主修化學，在轉行成為物理學家之前，他曾在啤酒廠做過三年的化學家。從 1909 年開始，他就在劍橋工作，當湯姆生的助理，並在 1922 年獲得諾貝爾化學獎。（劍橋大學，卡文迪西實驗室提供）

圖 7.4 第三個質譜儀和設計人阿斯頓。球狀玻璃內裝有待檢測的物質原子。當中產生某一種離子，這個離子束會先被電場偏折，然後被線圈產生的磁場偏折，最後會產生一張照片，當中可以看到離子會根據自己的質量和電荷而呈現分離的現象。（劍橋大學，卡文迪西實驗室提供）

同位素產生不同的粒子束，這和原子核質量有關，並將粒子束打在一條底片上。他的技術原理很像光學的攝譜儀，光本身不同的顏色透過一個稜鏡產生一道彩虹。因此運用類比的方式，阿斯頓稱他的新設備為質譜儀。

利用這套新的質譜儀，阿斯頓可以在我們今日已知的281個天然同位素中分辨出212個。他也能夠解決湯姆生有關氖的老問題，他寫道：

氖毫無疑問有同位素20和22，兩種同位素出現的比例約9比1，因此它的原子量為20.2。

雖然成功，但阿斯頓仍感到困惑，他預期所有的原子核質量應該是氫原子質量的簡單整數倍。事實上，原子質量單位（atomic mass unit）就是把碳最常見的同位素定義成正好是12個原子質量單位。根據這個定義，氫原子的質量為1.008單位，為什麼不是剛好一個單位？為什麼氦的質量不是氫的四倍，也就是 4.032 單位，而只是 4.002 單位？為什麼氧只有 15.994 單位，不是氫質量的十六倍？阿斯頓知道謎樣的核

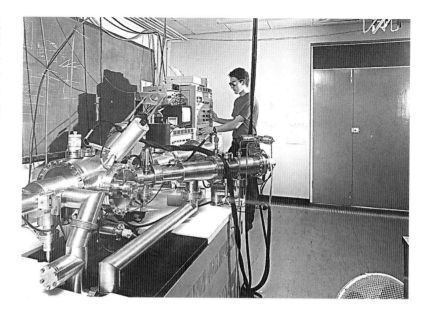

圖 **7.5** 在斯温席的威爾斯大學物理系的近代質譜儀。在照片中可以看到雷射光束將標靶擊碎,離子被加速到右邊的管子內,分子碎片的質量可以藉由測量在管子內飛行的時間分辨出來。

力必須將原子核束縛起來,這種核力比原子核內質子之間的電磁排斥力還要強很多。或許氫原子核必須丟棄某些質量才能讓束縛在一起的原子核呈現穩定的狀態,阿斯頓稱這個質量的差異為質量殘陷(mass defect),我們現在稱為核子束縛能(nuclear binding energy)。他認為質量轉變成束縛能會出現在所有的元素內,阿斯頓注意到一旦四個氫原子能夠轉變成一個氦原子核,就會有驚人的能量產生:

因此一杯水裡頭的氫轉變成氦應該會釋放出足夠的能量,讓瑪麗皇后號全速來回橫跨大西洋一次。

阿斯頓的實驗也顯示對核物理更進一步的洞悉,理論上,他的各種元素核束縛能圖表可以表示出有兩種釋放這種能量的方式。第一種是氫轉成氦的瑪麗皇后號的例子,這種過程就是現在的核融合(nuclear fusion),融合可以將兩個較輕的原子核合成一個較重的原子核,這種過程提供恆星和太陽的能量。融合反應可以在實驗室內較小的尺度下重新產生。拉塞福最後一位合夥人歐麗梵(Mark Oliphant)說了一

個有關拉塞福敏銳洞察力的故事。歐麗梵當時正和拉塞福共
同研究在第一座粒子加速器內的氖碰撞問題，在實驗室工作
一天之後，他們一起回家，並對當天得到的結果感到困惑。
到了午夜，歐麗梵被拉塞福的一通電話叫醒，他說：我知道
那些粒子是什麼了，他們是氦三，還在昏昏欲睡的歐麗梵回
答說：是的，先生，但是你為什麼認為他們是氦三？拉塞福
咕噥著說：理由，理由！因為我可以感覺到它就在我的水
裏。不消說，拉塞福是正確的。

　　阿斯頓的束縛能曲線也透露出釋放能量的第二種方法，
假如一個重原子核可以破碎成兩個較輕且較緊密的原子核，
它也有可能在束縛能內賺到一些淨能量，這種過程現在稱為
核分裂（nuclear fission），命名的方式是類比於生物學的細
胞分裂。核分裂是核子反應爐和原子彈產生能量的基本機
制，核融合反應則是用在威力更強的氫彈上，利用核融合反
應來當燃料的商業用反應爐仍有很長的一段路要走。早在
1936 年，阿斯頓談論到有關核研究的道德標準：

　　　　已經有很多像我們一樣的人鼓吹這類研究必須靠法律加以禁
　　止，理由是人類破壞的威力已經夠大了。果真如此，那毫無疑問，
　　更古早且類似猿人的老祖先應該反對烹調食物的革新，並指出使
　　用最新發現的火會有嚴重的危險。我個人認為次原子能量毫無疑
　　問是可用的，總有一天人類將會釋放並控制它的無限能力，我們
　　無法避免別人這樣做，只能希望他不要專門用它來炸掉隔壁鄰居。

　　對世界來說是很幸運的，一直到二次大戰前夕，才在柏
林發現了核分裂。
　　在 1920 年六月的一場皇家協會演講中，拉塞福推測可
能存在一種質量為 1 但沒有電荷的原子，他指出這種中性粒
子應該很容易就進入原子的結構內，他稱該中性粒子為中
子，中子可以當作探測原子核的有用工具。拉塞福的一位年
輕助理查兌克參加那場演講，剛開始對這個想法並沒有深刻

圖 7.6 查兌克（右手邊）和
凱匹扎，戰後，他來到劍橋
和拉塞福一起工作。在 1930
年代中，查兌克想要建造一
台迴旋加速器，將粒子加速
到高能量狀態，拉塞福反對
這種花費，於是查兌克轉到
利物浦，在那裡他建造了第
一台英國的迴旋加速器。
（美國物厘學會西格雷視覺
資料庫，波耳收藏）

的印象。查兌克出生在英格蘭的北方，靠近曼徹斯特，他原
先打算申請曼徹斯特大學念數學，在入學面試的時候，他排
錯隊伍，最後他改念物理。1913 年他離開曼徹斯特的拉塞福
研究團隊之後，申請到一份獎學金，允許他到柏林。剛好和
拉塞福共同研究的蓋革也回到柏林，因此特別向所有柏林著
名的科學家介紹這位年輕人，包括愛因斯坦。不幸的是他被
迫繼續留在柏林，在第一次世界大戰期間，他被拘留在德
國，被迫從柏林的實驗室換到一個靠近史班達（Spandau）的
堅固大樓。戰後他隨著拉塞福到劍橋，並在 1920 年代作了
很多失敗的實驗，想要尋找拉塞福提出的中性粒子。

發現中性粒子的重要線索是由德國物理學家伯特（Wal-
ther Bothe）和他的學生貝克（Herbert Becker）在 1930 年提
出的，他們用放射性元素釙所產生的阿爾法粒子撞擊鈹，並
發現一道很強的中性輻射線產生，他們認為這道輻射是高能
的伽瑪射線，但也注意到伽瑪射線的能量大於原先阿爾法粒
子的能量。能量守恆要求這個額外的能量一定來自某處，核
反應應該是能量最可能的來源。在巴黎，居里夫人的女兒艾
琳和她的丈夫決定用更強的釙來重複伯特的實驗，在他們第
一篇論文中確認這個來自鈹的神秘輻射線擁有入射的阿爾法
粒子能量的三倍。他們第二篇論文顯示這個中性輻射線能夠
將質子從含氫豐富的石蠟產生的質子中轟擊出來，艾琳和焦
里特推論來自鈹的輻射線是一般的伽瑪射線，也就是高能的
光子，他們看到伽瑪射線和石蠟內的氫原子撞擊後產生的質
子。雖然已知伽瑪射線可以散射電子，但似乎不該有能力強
烈地散射質子，因為質子比電子重兩千倍，為了說明艾琳和
焦里特對他們實驗的詮釋，伽瑪射線和質子的交互作用必須
是電子的三百多萬倍。毫無疑問，在劍橋的物理學家感到非
常震驚，當查兌克告知艾琳和焦里特的結果，拉塞福一反以
往謹慎的態度，斬釘截鐵地說：我不相信！

根據義大利物理學家西格雷（Emilio Segre）的說法，當
羅馬的一位年輕物理學家瑪焦拉納（Ettore Majorana）閱讀

圖 7.7 查兌克建造的儀器，當作中子源。阿爾法粒子從圓柱筒內的放射性物質發射出來，打到鈹標靶，然後產生中子，上方的管子是固定在一個空氣壓縮機上。（劍橋大學，卡文迪西實驗室提供）

到該篇法國論文，他說道：傻瓜！他們發現了中性質子而不自知。毫無疑問地，要提供質子存在的證據是一項非常辛勞的工作，查兌克接下了這項挑戰，打算要解開這個謎題，並在事後用務實的英式保守陳述口吻說道：這真是費勁的一刻。他持續在卡文迪西實驗室做他所有的行政工作，但花了十天的時間在該問題上，平均一天睡三個小時。查兌克可以證明強鈹射線不僅能夠將質子從石蠟中踢出來，還可以從氫、鋰、鈹、硼、碳、氮、氧和氬中踢出。仔細的能量和動量守恆檢驗證明謎樣的鈹輻射不可能是伽瑪射線。而在比較了反彈原子核的能量後，證明該中性輻射的質量必須和質子相當。在他向卡文迪西的科學家宣布他的結果之後，查兌克用以下一段話當作他報告的總結：現在我要躺在床上昏睡兩個禮拜。

查兌克在 1932 年發現中子，在原子核的探索上開啟了新的一頁，阿爾法粒子是一個帶正電荷的粒子，會受原子核的正電荷所排斥，但電中性的中子感受不到任何的電磁障礙。在闡明原子彈的核物理上扮演重要角色的德國物理學家貝特（Hans Bethe）曾說 1932 年以前是核物理的史前時代，1932 年之後才是核物理的時代，差別就在中子的發現。

核分裂的發現

第一次世界大戰期間，在戰時的潛水艇偵測工作之餘，拉塞福利用休息時間做實驗，幾乎獨自在曼徹斯特繼續他的核物理研究。他的同事馬士登在 1915 年前往紐西蘭，他和蓋革的阿爾法粒子散射實驗給了拉塞福發現原子核的線索。臨行之前，馬士登留了一個謎題給拉塞福，在他最後一個實驗中，馬士登讓來自放射性氡氣的阿爾法粒子撞擊容器內的氫原子，使用硫化鋅閃爍螢幕當作偵測器，加上一些金屬箔的吸收器，他能夠測量產生閃爍的粒子可以反彈多遠。氫原子反彈的距離比更重的氡原子多四倍，馬士登藉此能夠分辨出質子和阿爾法粒子。很訝異的，馬士登發現在將容器清乾淨之後，但還沒用氫填滿之前，照拉塞福的說法，他看到「一些很像來自氫的閃光」，這些光子從哪兒來？馬士登斷定這些是氫原子核，也就是質子，看似來自放射性物質，這是一個革命性的想法：當時只有阿爾法粒子、貝他粒子或伽瑪射線曾被偵測到是來自放射性的過程。

拉塞福有些懷疑，他決定用他慣用的思考方式找尋真相。拉塞福用了一系列的實驗追蹤神秘質子的來源，活像個名偵探福爾摩斯。在系統地消去其它的解釋，拉塞福留下一個特別但令人驚訝的解答，拉塞福發現容器內充滿的氧或二氧化碳會減少到達閃爍計數器的質子數目。當他嘗試將容器充滿一般的空氣，質子閃爍的數目增加一倍，這結果令他感到驚訝。空氣中有 80% 是氮，他懷疑氮氣就是元兇。為了確認這一點，他用了純氮重複實驗，如果實驗看到相同的加倍效應，就可以證實他的推論，這些結果建議氫應該來自於氮，而不是來自放射性的來源。在詳細檢查之後，拉塞福解決了最後的疑難。他將他的結果寫成一系列的論文，標題為《阿爾法粒子和輕原子的碰撞》，最後一篇的副標題為「氮氣中的一個異常效應」，內容包括：

我們必須推論氮原子在與高速阿爾法粒子碰撞的時候，受到強大作用力而破碎，釋放出來的氫原子成為氮原子的組成要素。

報紙更加直言不諱，頭版標題宣稱拉塞福已經分裂原子，拉塞福看到第一個人造核反應或稱質變（transmutation）。原子量 4 的阿爾法粒子撞上原子量 14 的氮原子核之後，將原子量 1 的氫原子核（拉塞福事後稱之為質子）轟出來，並反彈出一個原子量 17 的氧同位素，整個核反應可以寫成：

$$He^4 + N^{14} \leftarrow O^{17} + H^1$$

因為阿爾法粒子帶正電荷，會受到正電荷的氮原子核排斥，只有非常少量的阿爾法粒子能夠穿透原子核，造成核反應，拉塞福在他 1919 年論文中的結論有以下數言：

…假如實驗有更高能量的阿爾法粒子（或類似的發射物），我們可期望能夠將原子核結構分解成許多較輕的原子。

這項評論預言了建造更具威力的粒子加速器所造成核物理的進步。有了拉塞福的鼓勵，在劍橋卡文迪西實驗室的寇克勞夫（John Cockcroft）和華爾頓（Ernest Walton）就是第一個用人造加速質子產生核反應。拉塞福並不贊成花費昂貴的實驗，在真正劍橋的細繩和封蠟（string and sealing wax）傳統下，寇克勞夫和華爾頓的機器補綴著一些汽車的電池，部分零件來自汽油幫浦和油灰。來自美國南達科塔物理學家勞倫斯（Ernest Lawrence）考慮更大型的規模，向現今粒子加速器前進了第一步。和理論學家歐本海默合作，勞倫斯在加州柏克萊建立一個全世界最大的物理中心，他的迴旋加速器利用電場和磁場來加速帶電粒子，迴旋加速器得到他的學生力文斯通（Stanley Livingstone）的幫助，在 1930 年代早期完成（幫忙的程度仍受爭議）。現今實際運轉的最大型加速器是在日內瓦的歐洲粒子物理研究中心（CERN）和靠近

圖 7.8 勞倫斯（1901-1958），迴旋加速器的發明人，勞倫斯握有第一台加速器，迴旋加速器是第一台足以名為原子擊碎器的加速器，但一般大眾媒體喜歡用原子擊碎器這個名稱。（勞倫斯實驗室提供）

圖 **7.9** 勞倫斯和力文斯通在 1932 年一月完成 11 吋的迴旋加速器。兩個長得像是小鼓的線圈提供了磁場，可以保持質子在磁鐵間做圓周運動，質子在通過兩個 D 型真空室的時候，受到電波頻率的電場加速。這個儀器可以產生能量相當於放射性粒子的質子，更大型的機器也被成功地建造出來，當粒子加速到相對論性速度的時候，就會發生問題，這種機器無法運作。新的機器稱為同步加速器，例如 Bevatron（圖 6.18），這種機器會考慮到高速的相對論性質量會增加。（勞倫斯實驗室提供）

芝加哥的費米實驗室（FermiLab），這些加速器可以將粒子加速到愛因斯坦預測的相對論性質量都要考慮進去的程度，這些全天運轉的加速器見證了愛因斯坦對古典牛頓物理學的修正。

　　雖然歐洲正逐漸進入戰爭邊緣，而且許多國家面臨嚴重的經濟問題，1930 年代仍是核物理最興奮的一年。在中子和正子的發現上沒有拔得頭籌，焦里特和艾琳終於在 1934 年發現人造的放射線，並因此獲得諾貝爾獎。利用阿爾法粒子撞擊一個鋁片，他們發現了一種新的放射性同位素磷，這個發現加上用中子當作不受核子電荷障礙影響的新中性探測器，正可以打開通往核分裂之路，接著就是原子彈。居里夫人於 1934 年過世，但她在世的時候仍看到了她女兒的成就，焦里特寫道：

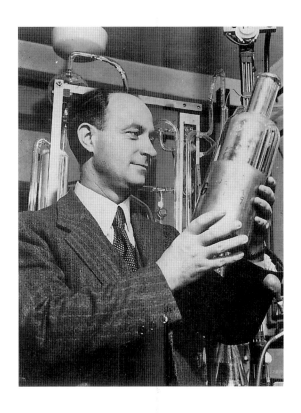

圖 **7.10** 義大利物理學家費米是近代最偉大的科學家之一，他也是少數同時對實驗物理和理論物理做出重大貢獻的科學家。費米的夫人是猶太人，他利用 1938 年獲得諾貝爾獎的機會從墨索里尼統治的義大利經由瑞典逃到美國。（布朗兄弟收藏）

　　居里夫人看到我們研究成功，當艾琳和我在一個小玻璃試管內，向她展示第一個人造放射性元素，我永遠無法忘記她所感受到的喜悅。我仍能看到她用手指拿住這個裝有放射性化合物的小試管（她的指頭先前已經被鐳所灼傷了），就好像它的放射性很微弱一樣。為了證實我們告訴她的話，她握著試管靠近一個蓋革繆勒計數器（Geiger-Muller counter），這樣她可以聽到計數器發出很多的卡嗒聲，這無疑是她一生最後的滿足。

　　在她過世之前，居里夫人設法將這項新發現的叙述放入她一本新版的有關放射線性的書籍。義大利物理學家費米承接了下一個挑戰，費米瞭解到中子能夠比帶電粒子更容易啟動核反應，因為中子不會受到原子核的正電荷排斥。他集合了一群羅馬的優秀年輕物理學家，他們開始系統地勘查週期表，他們的第一篇論文就是報導一種中子撞擊鋁片後，產生的新放射性元素。很快就接著第二篇論文，報導在鈉、鎂、

矽、磷、氯、鈦、釩、鉻、鐵、銅、鋅、砷、硒、溴、銀、銻、碲、碘、鋇和鑭（依照原子序增加的次序）當中發現人造誘發的放射線。在 1934 年春，他們達到已知最重的元素鈾，並找到來自新放射性元素的訊號，不同的放射性同位素可以用它們各自不同的半衰期來分辨，放射性元素的半衰期是指放射線衰變到原先一半所花的時間。在中子轟炸之後，通常很難將真正留下來的物質挑選出來，U238（原子序 92）是一個天然的放射性物質，沿著週期表向下經過十四個步驟之後，會衰變成鉛（Pb，原子序 82）。費米瞭解到將一個中子加到 U238，可以產生新的同位素 U239，這個同位素可以產生貝他衰變，這是一種等同於中子釋放一個電子，然後轉變成質子的過程。這種衰變會產生一種新的人造元素，內含 93 個質子。到了六月，對費米來說，他們已經進行足夠多的

圖 7.11 週期表

1	2											3	4	5	6	7	8
1 H Hydrogen 1.00794																1 H Hydrogen 1.00794	2 He Helium 4.00260
3 Li Lithium 6.941	4 Be Beryllium 9.01218											5 B Boron 10.81	6 C Carbon 12.011	7 N Nitrogen 14.0067	8 O Oxygen 15.9994	9 F Fluorine 18.998403	10 Ne Neon 20.179
11 Na Sodium 22.98977	12 Mg Magnesium 22.98977	*Transition series*										13 Al Aluminium 26.98154	14 Si Silicon 28.0855	15 P Phosphorus 30.97376	16 S Sulphur 32.06	17 Cl Chlorine 35.453	18 Ar Argon 39.948
19 K Potassium 39.0983	20 Ca Calcium 40.08	21 Sc Scardium 44.9559	22 Ti Titanium 47.88	23 V Vanadium 50.9415	24 Cr Chromium 51.996	25 Mn Manganese 54.9380	26 Fe Iron 55.847	27 Co Cobalt 58.9332	28 Ni Nickel 58.69	29 Cu Copper 63.546	30 Zn Zinc 65.38	31 Ga Gallium 69.72	32 Ge Germanium 72.59	33 As Arsenic 74.9216	34 Se Selenium 78.96	35 Br Bromine 79.904	36 Kr Krypton 83.80
37 Rb Rubidium 85.4678	38 Sr Strontium 87.62	39 Y Yttrium 88.9059	40 Zr Zirconium 91.22	41 Nb Niobium 92.9064	42 Mo Molybdenum 95.94	43 Tc Technetium (98)	44 Ru Ruthenium 101.07	45 Rh Rhodium 102.9055	46 Pd Palladium 106.42	47 Ag Silver 107.8682	48 Cd Cadmium 112.41	49 In Indium 114.82	50 Sn Tin 118.69	51 Sb Antimony 121.75	52 Te Tellenum 127.60	53 I Iodine 126.9045	54 Xe Xenon 131.29
55 Cs Caesium 132.9054	56 Ba Barium 137.33	57–71 Lathanide series (rare earth elements) ★	72 Hf Hafnium 178.49	73 Ta Tantalum 180.7479	74 W Tungsten 180.7479	75 Re Rhenium 186.207	76 Os Osmium 190.2	77 Ir Iridium 192.2	78 Pt Platinum 195.08	79 Au Gold 196.9665	80 Hg Mercury 200.59	81 Tl Thallium 204.383	82 Pb Lead 207.2	83 Bi Bismuth 208.9804	84 Po Polonium (209)	85 At Astatine (210)	86 Rn Radon (222)
87 Fr Francium (223)	88 Ra Radium 226.0254	89–103 Actinide series (radioactive rare earth elements) ☆	104 Unq Unnilquadium (261)	105 Unp Unnilpentium (262)	106 Unh Unnilhexium (263)	107 Uns Unnilseptium (262)		108 Une Unnilennium (266)									

Atomic number — 86
Symbol — Rn
Element name — Radon
Atomic weight (most stable isotope of radioactive elements in parentheses) — (222)

★	57 La Lanthanum 138.9055	58 Ce Cerium 140.12	59 Pr Praseodymium 140.9077	60 Nd Neodymium 144.24	61 Pm Promethium (145)	62 Sm Samarium 150.36	63 Eu Europium 151.96	64 Gd Gadolinium 157.25	65 Tb Terbium 158.9254	66 Dy Dysprosium 162.50	67 Ho Holmium 164.9304	68 Er Erbium 167.26	69 Tm Thulium 168.9342	70 Yb Ytterbium 173.04	71 Lu Lutetium 174.967
☆	89 Ac Actinium 227.0278	90 Th Thorium 232.0381	91 Pa Protactinium 231.0359	92 U Uranium 238.0289	93 Np Neptunium 237.0482	94 Pu Plutonium (244)	95 Am Americium (243)	96 Cm Curium (247)	97 Bk Berkelium (247)	98 Cf Californium (252)	99 Es Einsteinium (254)	100 Fm Fermium (257)	101 Md Mendelevium (258)	102 No Nobelium (259)	103 Lr Lawrencium (260)

檢查，並白紙黑字地建議這個元素的原子序可能大於 92，事實上，他們錯了。

　　1938 年，種族歧視和反猶太人主義傳遍義大利，費米的太太蘿拉是一位猶太人，因此費米夫婦決定盡快移居國外。波耳同情他們的處境，於是謹慎地打破常規，暗示費米可能會贏得該年的諾貝爾獎，這給了費米一個逃脫的機會，他們為了怕引起當局注意，無法將所有家當帶在身上，而諾貝爾獎金正好可以讓他們在美國重新生活。因此當費米聽到要他為數週前的諾貝爾獎演講加上一段補充說明的時候，他剛好到達了紐約。在柏林的威爾翰研究院工作的哈恩和史特拉斯曼也曾經嘗試利用化學的方法將鈾的中子撞擊所產生的混和產物解開來，在這些衰變產物中，他們已經辨識出鋇，這令他們感到極大的困惑和意外，並且很不情願地在論文的結論中寫道：

　　根據這些研究的結果，我們必須將先前蛻變方案中提到的物質更名，先前稱為鐳、錒和釷，改成鋇、鑭和鈰。身為一位角色接近物理學家的核化學家，我們勉強走了和以往核物理實驗相違背的一步。

　　由於德國的政治形勢惡化，哈恩的長期合作伙伴梅特納放棄在威爾翰研究院首席物理頭銜，飛往荷蘭。梅特納和哈恩曾花數年時間解決放射性衰變鏈的物理和化學謎題，因此很自然地，哈恩應該先寫信給她，尋求建議：

　　或許你可以建議一些異想天開的解釋，我們瞭解到它真的無法分裂成鋇…

　　當時是 1938 年的耶誕節，梅特納和她的外甥弗里施在瑞士過節，在他得到任何回音之前，哈恩已經確定鑭的存在，在週期表上，鑭是鋇的鄰居，原子序為 57。他寫給梅特

圖 7.12 梅特納（1878-1968）跟波茲曼和卜朗克學習物理，她後來對放射性有興趣，並和 Otto Hahn 在柏林工作了三十年。在 1930 年代末，對猶太新教徒而言，留在德國是非常危險的，雖然她對建立原子連鎖反應的可能性做出決定性的貢獻，她仍不願研究原子彈。（邱吉爾檔案中心，劍橋邱吉爾學院以及梅特納—葛瑞夫畫像）

納 第二封信中解釋他覺得必須快一點發表結果：「我們不能掩蓋這項結果，即使他們可能是不合理的。」他希望梅特納能提供一個可接受的解釋，當然她也辦到了。梅特納和弗里施知道他們並不是產生新的超鈾（trans-uranic）元素，而是看到鈾原子核正在進行核分裂，破裂成兩個較大的破片。弗里施回到哥本哈根，很快地進行了一項實驗，並有確切的證據。當他一回到哥本哈根，弗里施告訴波耳有關他們核分裂的想法：

> 我很難向他啟齒，他用手敲著額頭大聲叫嚷著，『唉呀！我們真是個大笨蛋！但這真是太妙了，這本來就應該是這樣才對！』

波耳在數天後前往美國，向新世界帶來核分裂發現的消息。

這個故事有兩個有趣的註解，說明了在物理學上運氣、幹勁和天分是如何組合在一起的。在 1935 年，德國化學家諾達克（Ida Noddack）寫了一篇名為《元素 93》的論文，她在論文當中特別提到在羅馬的費米團隊沒有證明出鈾原子核不能破裂成兩塊大碎片，這項建議和當時理論的想法不符而被忽略，羅馬團隊將這個想法當作他們關鍵假設之一：

> 我們可以很合理地假設活躍元素的原子序應該很接近被撞擊元素的原子序。

圖 **7.13** 弗里施（1904-1979），弗里施和梅特納是首先瞭解核分裂的人，他和佩爾斯寫了著名的弗里施—佩爾斯備忘錄，當中第一次表示原子彈的可行性，他們雖然寫下這份備忘錄，並交給英國政府，但英國政府最初還因為他們不是英國人，而拒絕和他們進一步討論原子彈的事宜。（感謝弗里施夫人提供）

很不幸地，諾達克並沒有繼續她的建議，進行相當簡單的實驗來證實她的想法。另一個警世的故事是來自劍橋卡文迪西實驗室的理論偏見所造成的不當影響。科學家用鈾重複費米的實驗，並看到分裂碎片造成的強烈脈衝，但卻認為這些脈衝是壞掉的偵測器所造成的。無論如何，我們可能應該慶幸這項核分裂的發現被拖延到第二次世界大戰。如果它早幾年發現，習慣上會自由地交換這項科學結果，這代表了核

分裂物理會在大戰方酣之際就被仔細探究。每個人都會知道要如何製成原子彈。似乎毫無疑問，希特勒不會有任何顧忌使用這種完美的武器，威爾斯的小說中有關歐洲被原子彈摧毀的恐怖情節可能會實現。

合金管和曼哈頓工程區域

不論是在緩和的反應爐，或劇烈的炸彈中，利用核反應產生能量的想法早在核分裂發現之前就已經想到了。1934 年的齊拉特離開他的祖國匈牙利流亡到倫敦，就曾為這個想法取得專利，他知道中子比帶電粒子更容易啟動核反應，更可能是一個連鎖反應，假如一個元素每次捕捉一個中子，就可以釋放出兩個或更多的中子，這些新產生的中子本身可以回過頭來起作用，產生更多的中子，這就是連鎖反應的基本特徵，一個由單一中子啟動滾雪球般的反應。1934 年齊拉特的專利描述如下：

> 在一個連鎖反應中，不帶電並且質量接近質子質量之粒子…，將扮演整個鏈鎖的媒介。

他也預測到，要發生反應需要元素達到臨界質量（這是事後的稱謂），因為可以有各種方式損失中子，為了維持連鎖反應需要臨界質量。其中一種損失中子的方式就是從表面逃離，因此齊拉特建議在連鎖反應元素周圍放一些便宜的重物質，例如鉛，將逃離的中子反彈到反應的核心，藉此降低臨界質量的大小。這個點子後來以填塞物（tamper）之名引進原子彈計畫，之所以稱為填塞物是要類比於傳統爆炸時，用黏土填塞有炸藥的洞孔。齊拉特對於超過臨界質量後會產生什麼後果可是一點也不含糊：「假如厚度大於一個臨界值…我可以製造出一個爆炸。」

雖然齊拉特和其他人曾經正確地瞭解到持續的核反應是可能的，但將這個想法付諸實行是需要知道更多核物理的知

識，精確地知道在一個進行的核分裂中，不同能量的有效中子是如何進行，以及額外中子產生的數量和時間都變得非常重要，在二次大戰中參與原子彈計畫的義大利諾貝爾獎得主西格雷回憶當時的狀況：

在一個具冒險性的事業中，例如建造一個原子彈，點子、希望、建議以及理論計算，這些東西和真實測量數據之間的差異是非常重要的，如果有一些無法預測的核子截面（cross section）和真實截面相差兩倍，所有的委員會、政治活動和一些計畫將從此化為烏有。

核物理學家所用的截面是要描述核反應發生的機率，對某一特定反應而言，它是用來測量標的核子呈現給入射粒子的等效面積。截面越大，反應機率越大。一個有關中子反應的關鍵結果是在核分裂之前由費米和羅馬團隊所發現的，發現的模式也說明了一些偉大的物理學家所擁有的神秘第六感。

位在洛沙拉摩斯的原子彈計畫中，歐本海默的首席理論學家貝特曾說過如果義大利沒有盛產大理石，中子物理的關鍵結果將不會被發現。費米團隊發現在他們的中子散射實驗中使用木頭桌子和大理石桌子所獲得的結果不同。這在只用

圖 **7.14** 德裔美國物理學家貝特（右手邊）和雷比（Isidor Rabi）。貝特首次提出星球內部一連串核反應的詳細過程，在他的理論中，四個氫原子經過一連串反應會轉換成一個氦原子，當中還牽涉到碳 12。碳循環相信是大質量星球內部重要的過程。（古德斯密特拍攝，感謝美國物理學會西格雷視覺資料庫提供）

木桌的卡文迪西實驗室就不太可能看到此差別。費米決定重做一次實驗，並將一塊鉛插在中子來源和目標物之間。在將鉛裁成適當形狀之後，還沒有把鉛放到定位的時候，費米心裡覺得有點勉強。也不知道什麼原因，最後他告訴自己：不！我不想把鉛塊放在這裡，我應該放一塊石蠟。結果產生的放射線顯著增加，顯著的程度讓團隊的一員西格雷剛開始覺得是某一個放射線計數器故障。有著義大利人的實在性格，這個發現並沒有促使費米就不回家吃中飯。但當費米返回時他已經有了一個解釋。由於阿爾法粒子和質子必須通過電場屏障進入原子核，在開始核反應的時候，速度越快，更能有效達到原子核。但費米瞭解到對電中性的中子而言，此情況並不相同。在中子到達目標原子核之前，將中子減慢速度可以讓中子有更多的時間靠近原子核，並增加核反應的可能性。在令他們困惑的實驗中，中子和木頭以及石墨內的氫原子碰撞後，減速的程度比和大理石內的鈣以及氧碰撞還強。

　　在核分裂的情形，選擇的物質是要將連鎖反應的各個階段產生的快速中子減速，這種物質稱爲緩和劑（moderator）。重原子核將中子減速的效率比輕原子差，中子幾乎和質子有相同的質量，水似乎應該是緩和劑的第一選擇。不幸地，水除了將中子減速，還會藉由核反應吸收一些中子，產生重水。重水仍有相同的化學符號 H_2O，但當中的氫是重氫，或稱爲氘。它是氫的同位素，原子核中有一個質子和一個中子。在自然界中，重水只佔一般水的很小部分。如果重氫在水中的比例增加，重水將是鈾反應爐內產生高速中子的有效緩和劑。除了重水外的另一項選擇是輕元素，這種輕元素有較小的截面可以吸收高速中子。同是歐洲流亡到美國工作的費米和齊拉特選擇使用碳當作全世界第一座自給自足核反應爐的緩和劑。第二次世界大戰中最成功的一次破壞行動就是摧毀德國在挪威維莫克（Vemork）工廠生產的重水原料。原先重水在戒護下打算運到德國，挪威反抗軍在英國情

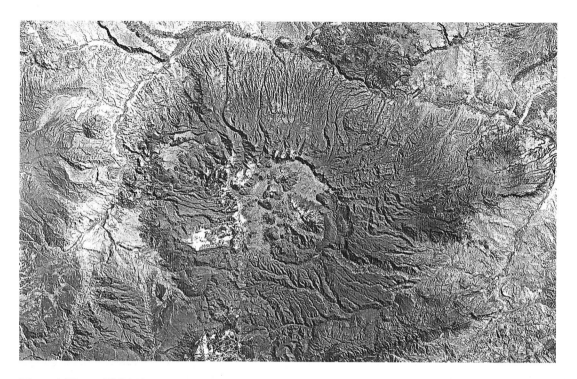

圖 7.15 新墨西哥州偏遠地區的大地衛星空照圖，該地區是葛福斯將軍和歐本海默決定建立美國原子彈計畫中心的地點，洛沙拉摩斯實驗室座落在勇氣（Rio Grande）頂和瓦勒火山口（Valles Caldera）群山之間，是一個直徑有 15 哩的死火山。

報單位的協助，決定將從工廠輸運重水到鐵路的渡輪擊沈，反抗軍將自製的定時炸彈安裝在渡輪上，破壞行動準確進行得就像個鐘錶。就在 1944 年二月二十日星期天的早上 10 點 45 分，炸彈引爆，二十六條性命就和渡輪一同沈沒。德國陸軍軍械署的戴伯納（Kurt Diebner）戰後回憶道：

> 德國在挪威生產重水的損失，是我國無法在戰爭結束前完成自給自足原子反應爐的主要原因。

如果主要目的是要建造一個原子彈，那麼建造核子反應爐為什麼重要？這個問題的答案在於同位素 U238 和鈾 235 之間極端不同的行為。鈾 235 分裂可以很容易和慢速中子一起發生，但天然鈾中的鈾 235 出現比例小於 1%，而從實用的觀點講，U238 是無法分裂。當 U238 和快速中子反應會發生什麼事？有很大的機率會捕捉中子，形成同位素 U239，然後產生衰變，釋放出一個電子，形成一個新的超鈾元素。

1940 年，來自普林斯頓的美國物理學家透那（Louis Turner）懷疑不僅是元素 93 可以用這種方式產生，並且可能產生貝他衰變，釋放一個電子變成元素 94，透那認為這個元素應該很容易分裂，就像鈾 235。在美國的齊拉特則力勸物理學家不要將核分裂研究的重要結果公開發表出來，避免幫助希特勒製造原子彈。在透那投遞論文到物理評論（Physical Review）期刊之後，他又重想了一下，並向齊拉特詢問有關發表論文的建議，雖然透那認為他的論文非常地離奇古怪，可能不會造成任何傷害，齊拉特可不這麼認為。結果透那直到 1946 年才發表他的論文。但齊拉特的想法是正確的，雖然他瞭解把鈾 235 從 U238 分離出來是非常困難，因為這些同位素的化學特性是完全相同，元素 94 應該是一種新的容易核

圖 7.16 建造在田納西州橡脊的 K-25 氣體擴散工廠，從鈾 238 分離出可分裂的鈾 235 整個工廠結構有半哩長。（馬丁瑪麗塔系統組織提供）

分裂元素，化學的分離相當容易。德國鈾俱樂部關鍵人物範懷茲扎克（Carl von Weizsacker）也有相同的想法。（鈾俱樂部是德國原子彈計畫的核心。）在 1940 年七月十七日發表的論文中，懷茲扎克最後總結：「…在連鎖反應的核子反應爐內的鈾受到中子的轟擊，應該產生一種新的元素，這種元素很容易被分離，可能可以用在原子彈內。」

曾是第一位承認鈾 235 在核分裂中扮演重要角色的波耳相信原子彈是不可能的，因為很難將鈾 235 從鈾 238 中分離出來，元素 94 的出現完全改變這個局面。整個戰爭過程中，在洛沙拉摩斯的元素 94 都被以代碼 49 所取代。直到戰爭結束的最後一篇有關核分裂的研究在 1940 年六月發表，該論文題目為《放射性元素 93》。在加州柏克萊工作的麥米蘭（Edwin McMillan）和愛貝森（Philip Abelson）煞費苦心地將中子捕獲產生的 U239 衰變成一種新的化學元素，這個化學元素也會衰變，麥米蘭也為這個新元素命名，稱之為錼（neptunium），原文當中的 Neptune 海王星是比天王星遠一點的行星。雖然麥米蘭猜想他也可以製造出元素 94，但他無法確定能否成功。年輕化學家錫柏格（Glenn Seaborg）繼續麥米蘭的研究，他的研究小組成員包括來自羅馬費米團隊的西格雷，1941 年二月錫柏格和他的小組辨識出元素 94，一個月後確認它可以和慢速中子進行核分裂，雖然元素 94 在 1942 年之前都未正式命名，錫柏格已經給了它一個名字，沿用天王星、海王星的順序，他打算稱它為鈽（plutonium），冥王星（Pluto）也是希臘的死神。

無視齊拉特的努力，美國原子彈計畫受到官僚體制和委員會的牽制而失去活力。或許是納粹統治的威脅對他們有切膚之痛，兩位在英國流亡的物理學家做了重要的下一步。1940 年三月，在伯明罕大學的弗里施向佩爾斯提了一個問題：假如有人給你一個純鈾 235，將會發生什麼事？佩爾斯發展了一個方程式可以計算臨界質量，因此他們將鈾 235 的資料放進該方程式，他們驚訝地發現臨界質量非常小：

圖 **7.17** 在洛沙拉摩斯的費曼，一位年輕聰明的小組組長，著名的保險櫃駭客：我曾打開一些保險櫃，裡頭裝有原子彈的完整機密資料。（感謝費曼的女兒提供）

我們估計臨界值大約只有一磅，通常推測自然的鈾卻是數噸。

　　事實上他們的數值有點低，因為他們對鈾 235 的截面做了些假設，但他們的結果是正確的，只需要數磅，而不是數噸。這種連鎖反應是否可能引發爆炸，或是失敗，連鎖反應必須進行地很快，否則正在分裂的原子所造成的壓力會將鈾原子遠遠推開，無法繼續連鎖反應。佩爾斯做了粗略的估算，假設快速中子也可以讓鈾 235 產生核分裂，他的計算顯示在壓力將鈾吹離之前，會有八十個連鎖鍊結形成，這表示一磅的鈾應該可以釋放出相當於數千噸炸彈的能量。他們對結果感到恐懼，數噸鈾的分離工作並不是一項可行的提議，但數磅鈾的分離是可行的。弗里施當時正在研究同位素分離的克魯斯法，他估計一座十萬個試管鍊的分離工廠可以在不算長的數週內製造出一磅近乎純淨的鈾 235，弗里施和佩爾

圖 7.18 一個連鎖反應的簡
圖，鈾 235 在左邊吸收了一
個中子，然後分裂，產生三
個中子，這些中子會讓其他
的鈾 235 更進一步分裂。

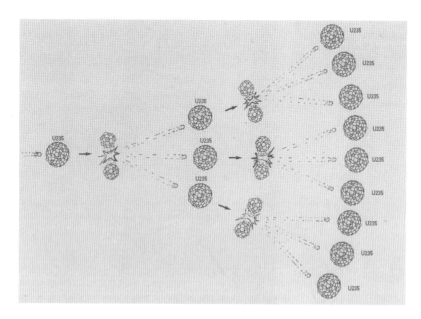

圖 7.19 佩爾斯夫婦。佩爾斯
和弗里施共同寫了著名的備
忘錄，清楚地表示快速核分
裂的鈾原子彈是可行的，雖
然根據他們的計算，說服了
英國政府在最新成立的
MAUD 委員會領導下，開始
了原子彈的計畫，但初期英
國政府將他們視為敵國僑民
而排除在外。佩爾斯和新加
入的德國難民法區（Klaus
Fuchs）在伯明罕研究從鈾
238 分離鈾 235 的問題，法
區也和佩爾斯一起在洛沙拉
摩斯做研究，當法區在 1950
年為俄國當間諜而被逮捕，
佩爾斯深感被背叛的感覺。
（感謝虎克威提供）

斯告訴他們自己：即使這個工廠的花費和一艘戰艦相同，也
值得擁有。

　　儘管一開始時有一些官僚的荒謬事情，英國政府仍感謝
弗里施和佩爾斯的努力，不過也告訴他們，作為一個前敵國
僑民政府是不能再告訴他們更多相關的訊息了。有關原子彈
的事，英國人是比美國人更快將它放到原子彈計畫內。在詢
問伯明罕物理系主任歐麗梵的建議之後，弗里施和佩爾斯將
他們的發現寫成兩部分的報告，這就是後來有名的弗里施—
佩爾斯備忘錄。他們不敢將這份報告交給秘書，佩爾斯親自
打這份報告。這份備忘錄是一份極具遠見的文件，而第二份
裡頭少有專業的術語，文字非常簡單、直接，即使是政治家
或軍方都不會將這個訊息丟到垃圾桶內。在文中指出這種爆
炸應該大到可以摧毀一個大城市中心之後，作者接著解釋這
種炸彈所造成的放射性污染。

　　佩爾斯和弗里施針對德國擁有原子彈的可能性，用嚴峻
的警告做為報告的結尾：

　　在最適當的環境下，要分離足夠的鈾只需要幾個月，一旦知

圖 **7.20** 法區是最著名的原子彈間諜之一，他傳送給俄國的訊息，大大縮減了俄國發展核子彈和原子彈的時間。法區生於 1911 年，出生地靠近德國的達姆斯塔特（Darmstadt），不像大部分的德國難民，他不是個猶太人，他是凱爾大學的共產黨員，大學期間曾遭納粹學生褐衫軍的毆打，並被拋到河中。在國會大廈（Reichstag）大火之後，納粹歸罪於共產黨員，法區便逃到瑞士，1933 年他抵達英國，成為莫特（Nevill Mott）在布里斯托的第一位博士生。佩爾斯徵召他到英國的原子彈計畫，並帶他到洛沙拉摩斯。從 1942 年到 1950 年，法區傳送了很多詳細的資訊，不僅是鈾和鈽原子彈，還有泰勒的氫彈計畫（Super）。法區和紐曼因（John von Neumann）還是極機密的創造力揭發（Disclosure of Invention）的作者，總結了所有氫融合炸彈的重要進展。戰後，法區回到英國，成為新成立的哈威爾（Harwell）原子能實驗室當中理論物理部門的負責人。一位美國的主管安排法區必須每個月的第一個星期六在摩林頓克力斯坦（Mornington Crescent）地下鐵出口和新的俄國間諜接頭，接頭的時候必須一手拿著繫好的五本書，另一手拿著兩本書。在美國方面，懷疑有安全漏洞，並將矛頭指向佩爾斯或法區，在一次截取倫敦和莫斯科往來的訊息當中，便指向了法區，他後來也承認犯行。

道這種原子彈落在德國人的手中時，再要生產為時已晚，因此這個問題是非常迫切的。

　　弗里施和佩爾斯的疑慮是正確的，在戰爭結束之後，證據顯示在 1939 年十二月，海森堡曾寫一份報告給德國戰爭部門，當中他總結說：比一般鈾 235 高比例的濃縮鈾是製造比現今威力最強的炸彈還要強好幾個數量級的唯一方法。對同盟國來說非常幸運，德國戰爭部門並沒有採用海森堡的報告。在擊敗德國之後，海森堡和其他德國核物理學家被軟禁在英國靠近劍橋的農家餐廳（Farm Hall），他們所有的會談都被秘密監控紀錄，包括他們對美國在廣島投下原子彈的 BBC 廣播新聞的反應，在他們錄音記錄中顯示出震驚和懷疑，他們一點也不知道鈾 235 的臨界質量能夠這麼少。物理學家和史學家之間激烈的爭辯在於海森堡是否蓄意誤導德國原子彈計畫，最少有佩爾斯拒絕贊同這項建議，並嚴肅地說：那些選擇和惡魔進餐的人，最好能保證有一根夠長的湯匙。戰爭結束後的一段時間，德國炸彈研究領導人之一的範懷茲扎克曾應邀在牛津大學做一個演講，當時是牛津大學理

論物理教授的佩爾斯曾被詢問是否參加範懷茲扎克的接待會，他回答說如果他必須和範懷茲扎克說話，他應該會很有禮貌地回應，但他寧願不被邀請去那一場接待會。

弗里施和佩爾斯將他們的報告給了歐麗梵，歐麗梵承諾將這份報告拿給適當的人，顯然他是成功了。1940 年六月一個稱爲 MAUD 委員會成立，牛津科學史教授葛文（Margaret Gowing）曾說 MAUD 是英國或其他國家所見到最成功的委員會之一。知道這個委員會存在的人認爲 MAUD 委員會是「鈾分解的軍事應用（Military Applications of Uranium Disin-tegration）」的字母縮寫。實際上這個委員會的名稱是有另一個不同的來源，當德國入侵的時候，梅特納當時正在哥本哈根，但她獲准回到斯德哥爾摩，在她離開之前，波耳要求她送一份電報給他在英格蘭的朋友，告知他一切安好，她如約完成，電報末尾寫著：請通知寇克勞夫並且鐳經已得取（PLEASE INFORM COCKCROFT AND MAUD RAY KENT），當寇克勞夫收到這份訊息，並認定「鐳經已得取」這個謎語一定是「鐳已經取得（RADYUM TAKEN）」的換音造詞法，這訊息證實了他最恐懼的一件事，德國人已經取得所有能夠拿到的鐳。眞相是非常乏味的，梅特納的訊息被斷章取義，蕾（Maud Ray）是波耳家族的資深女家庭教師，而她在 Kent 完整的地址在傳送中流失。1941 年暑假，MAUD委員會寫了最後一份報告，結論中陳述原子彈是可怕的，並概要說明製造原子彈需要哪些東西。MAUD 報告直接促成英國原子彈計畫的成立，計畫代碼爲合金管（Tube All-oys），這個原子彈計畫的代號被用在邱吉爾和羅斯福雙方合作的協商當中。

也就是 MAUD 報告引起美國人的嚴肅看待，代碼爲曼哈頓工程區域（Manhattan Engineering District）的美國原子彈計畫（通常稱爲曼哈頓計畫）在 1942 年成立，大家肯定知道計畫的成果。在廣島投擲的鈾 235 原子彈代碼爲小鬼（Little Boy），胖漢（Fat Man）是長崎投擲的鈽內爆炸彈的

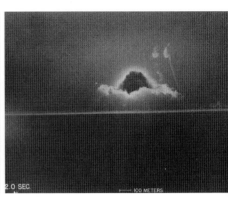

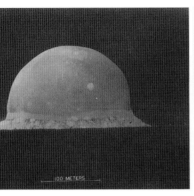

圖 7.21 第一次人造的原子爆炸：復活節日試爆前兩秒的連續照片，這次試爆地點在新墨西哥州南方，阿拉摩哥多（Alamogordo）西北六十哩左右，該區稱為死亡之旅（Journada del Muerto）。事後測量該次爆炸相當於一萬八千六百噸的黃色炸藥。（洛沙拉摩斯歷史博物館檔案庫）

代碼（見圖 7.26）。曼哈頓計畫以及歐本海默和葛福斯將軍領導的洛沙拉摩斯實驗室的故事經過五十年仍保有它的魅力，那段時間的最好紀錄全收錄在羅德（Richard Rhodes）的《原子彈的製造》一書中，整個故事就像個史詩般的小說，當中穿插了豐富的次要情節，從費米和齊拉特建造第一座核子反應爐的奮鬥歷程，到泰勒（Edward Teller）沈迷於氫融合炸彈的可能性，書中還有許多有關歐本海默、泰勒、貝特、費曼、佩爾斯和間諜法區（Klaus Fuchs）的個人複雜故事，這些名字只是書中出現的一部份。在洛沙拉摩斯發展的關係成為美國戰後科學蓬勃發展的基礎。

　　現在很容易把戰後美國全神貫注在共產黨間諜的事看成是很偏執。事實上，就像羅德在《黑太陽》一書中所透露的（黑太陽是他有關原子彈書籍的續集），法區和其他人所主導的大量蘇聯間諜活動供給俄國人有關曼哈頓計畫工作的詳細報導，史達林和貝利亞曾懷疑這些資料是要引誘他們大量削弱蘇聯寶貴的資源。在廣島之後沒多久，史達林授權貝利亞領導一個計畫，第一顆蘇聯原子彈喬一號（Joe-I）在 1949 年引爆，喬一號就是胖漢的直接翻版。

　　美國流亡物理學家中的獨行俠—愛因斯坦在原子彈的發

圖 7.22 歐本海默和葛福斯將軍在爆炸後視察試爆地點。一座測試高塔、數百呎的鋼樑、絞盤車和簡陋小屋都被蒸發，只留下一些扭曲的殘骸，原先的瀝青全被綠色玻璃態的沙漠砂粒所取代。（洛沙拉摩斯歷史博物館檔案庫）

展上沒有扮演絲毫活躍的角色，但他對質能等同的基本洞察力是原子彈成功的先決條件。愛因斯坦花了最精華的三十年追尋一個統一場理論，這個理論想要包含電磁力和萬有引力，很令人費解的是：愛因斯坦如此地完全不參與本章描述的核物理發展，以及有關強作用力和弱作用力的發現。

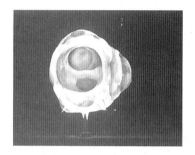

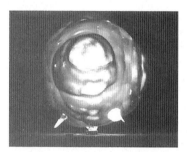

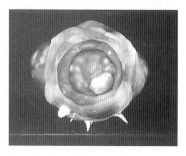

圖 **7.23** 1952 年 6 月 5 日核子測試的早期火球所拍攝的超現實連續快速照片，照片透露出很短時間內的爆炸過程，時間短到人類的眼睛都無法分辨。為了減少原子塵，整個一萬四千噸的裝置是放在一個三百呎的高塔上。向下延伸的尖刺是朝向下方鋼網的震波。（洛沙拉摩斯國家實驗室）

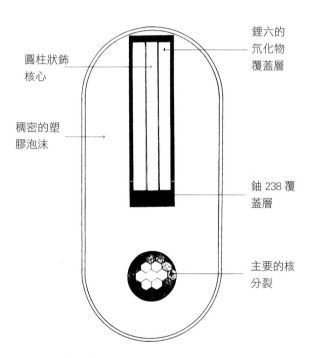

圓柱狀鈽核心

稠密的塑膠泡沫

鋰六的氘化物覆蓋層

鈾 238 覆蓋層

主要的核分裂

圖 **7.24** 氫彈泰勒—烏蘭（Ulam）架構的示意圖。洛沙拉摩斯實驗室四十週年紀念刊物上描述了一般的機制：第一個產生百萬噸爆炸的氫彈是以 X 射線為基礎，藉由第一個核子儀器壓縮和點燃另一個核子配件。只要有夠多的燃料，就可以製造任意大小的這類核融合武器。

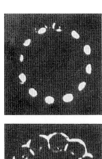

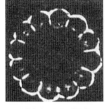

圖 7.25 五張連續的高速光學照片，當中顯示一個中空管受到周圍的爆炸而壓縮，當中明亮的區域對應到受到震波加熱的引爆氣體，在一個內爆炸彈中，圓球狀的核心受到震波壓縮，該震波由受到仔細安排的爆炸所產生的，爆炸的速度很快，足以引起一個爆炸性連鎖反應。（洛沙拉摩斯國家實驗室）

第8章　落入凡塵

1907 年…我瞭解到所有的自然現象都可以用狹義相對論的語言來討論，但萬有引力除外，我有強烈的欲望想要弄清楚隱藏在後面的原因…

愛因斯坦，京都演講，1922

光的重量

對於放棄光速不變原理這回事，同行們是如何看待？偉恩想藉由質疑萬有引力能量來幫助他自己，無論如何，這只是一種站不住腳的鴕鳥態度。

愛因斯坦寫給何普福的信，1912

1913 年卜朗克（Max Planck）訪問正在蘇黎世的愛因斯坦，主要目的是要說服愛因斯坦搬到柏林，在交談當中，愛因斯坦談論到他正在研究一個新的萬有引力理論，卜朗克的反應很直接，並關切地說：

身為你的老友，我必須建議你不要去碰這個問題，首先你不會成功的，即使成功，也沒有人會相信你。

卜朗克的話只對了一半，愛因斯坦成功了，世人也相信他的廣義相對論，但是大多數情形下，他的理論當中只有少部分是和主流物理有關。一直到愛因斯坦過世（1955 年）之後，1960 年代新的技術有所進步，這才對廣義相對論重拾興趣。一般來講，當某個人在自然界發現新的問題之後，通常是由許多科學家同時投入此問題進行研究，而使自然認知大幅進展的人，常常不是原來發現問題的那位。但這情況並不適用於廣義相對論，沒有愛因斯坦的靈感和堅持，理論物理

學家似乎要花更多年的時間才能達到我們現在對時空和萬有引力瞭解的程度。

　　狹義相對論來自於嘗試瞭解光的本質和解決電磁已知的問題，為什麼萬有引力難以和狹義相對論相互一致？讓我們看看電力和萬有引力之間相似和相異之處。萬有引力是我們最熟悉的作用力，它直接和感受到的重量有關，電力就沒那麼熟悉，雖然電力比較強。我們偶而才有機會看到電力顯現威力，例如在伴隨著暴風雨的閃電。甚者電力是存封在物體內，這些物體整體上是沒有電荷，也就是電中性的物體。如前一章所述，一個中性原子包含一個微小的正電原子核，它的電荷大小正好和周圍打轉的負電荷電子抵銷。有了電力，就會同性相斥，異性相吸，但是有了萬有引力，物體的每個部分都會受到其他部分的吸引，來自遠方大質量物體的萬有引力會變得很小，但不會完全消失。電力的情形就大不相同，法拉第（Michael Faraday）曾證明在金屬牢籠內，電力是如何被阻隔。這個法拉第牢籠被加到很高的電壓，乃至於金屬棒都可以產生閃光，在牢籠內，法拉第感受不到絲毫電力，即使在外頭已經搞得驚天動地。至今我們知道無法建造一個類似的萬有引力遮蔽牢籠。

　　我們在日常生活中感受到萬有引力，我們需要額外的能

圖 8.1 1929 年七月，卜朗克和愛因斯坦在柏林的照片。四年後，納粹得權，愛因斯坦逃離歐洲，並在美國度過他的餘生。（美國物理學會西格雷視覺資料庫）

圖 8.2 富蘭克林（1706-1790）沈迷於引人注目的危險實驗，為了證實閃電的電性，好幾個科學家嘗試類似的實驗而遭雷擊。富蘭克林是成功的印刷家和新聞記者，當他在四十歲左右開始對電感到有興趣。電荷無法產生或消失的概念就是來自於富蘭克林，但電荷有兩種形式，正電荷和負電荷。富蘭克林是 1776 年獨立宣言五位起草者之一，在他過世的時候，土卡特寫了富蘭克林的碑文：他從天堂奪取了閃電，也從國王那裡奪取了王位。（曼榭收藏）

量攀爬樓梯，我們玩球賽，但不能將球踢到外太空，部分原因來自地球加諸在我們和周遭事物的萬有引力。但是躲藏在電中性物體內的電力遠大於萬有引力，費曼在他三本著名的紅皮書—《費曼物理講義》的第二本中提到兩者之間強度的差異，費曼描述電力的強度如下：

假如你和某人相距一臂之遠，每人身上電子都比質子多百分之一，所產生的斥力卻強得令人難以置信。到底有多強？可舉起帝國大廈？錯！可舉起喜馬拉雅山？錯！之間的排斥力大到足以舉起相當於整個地球的重量！

將原子綁在一起的作用力，以及將分子綁在一起的化學力在本質上都是電力。就是這些作用力剛好被相同數目的相反電荷平衡，並賦予了物體的強度。由於這些電力的屏障效應，我們才能在地球表面上行走，並能正確地感受到萬有引力。

法拉第認為電力是存在電荷四周的空間中，這就是電場的概念，最後延伸出狹義相對論。電荷的移動無法立即產生電力的改變，這種電場的擾動必須以光速進行傳播，事實上這些擾動就是構成光線的電磁波。相反地，牛頓的萬有引力理論假設萬有引力可以在真空中瞬時傳遞，這種超距力（action at a distance）即使對牛頓來說也有些不自然，似乎也要假設萬有引力是一種場理論，就像電磁學一樣。在這種理論中，每個帶有質量的質點或物體應該會被萬有引力場所包圍，這些質量排列的改變應該會造成一個擾動，並在萬有引力場內傳播，就像一個重力波以光速前進。這種重力波可用某種方式產生，例如在軌道上的雙星相互運動，或者藉由一些更激烈的方式，例如超新星爆炸的方式產生。除了細節的差異，看起來很像是電磁學概念的直接推論，不幸地，當考慮光在萬有引力場內的行為，會出現有一個致命的難題。

到目前為止，在電力和萬有引力之間的類比中，質量扮

演著電荷的角色，是一個萬有引力場的來源。電荷是守恆的，在我們的理論中，電荷無法產生或湮滅。在放射性被發現之前，一般相信質量也是守恆的，也就是說質量是無法產生或湮滅。在核物理中使用愛因斯坦質能關係式的時候，能量守恆看起來就變成一項基本定律，愛因斯坦表示質量可以轉變成能量。我們現在必須問這樣的問題：萬有引力場的來源是什麼？是質量還是能量？愛因斯坦可能認為萬有引力是一種可以作用在所有能量的作用力，而不單作用在能量的某

圖**8.3** 藝術家艾雪（M.C. Escher）所繪的相對論，在無重力狀態，上和下的概念是沒有意義的。（荷蘭高登藝術版權所有）

一種形式－質量。這種前提會推論出具有能量形式的光線也可以感受到萬有引力。對於將光視為粒子流的理論來說，這種推論並不意外，但對於近代量子理論將光視為粒子波來說，這就並不那麼顯而易見。假如光可以被萬有引力加速，將光速視為定值的狹義相對論就更不知道要如何處理。

假如光可以受到萬有引力影響，一個邏輯上直接推論的結果就是黑洞存在的可能性，這個物體早在 1793 年就被英國業餘天文學家密契爾（Reverend John Michell）提出，當時並不稱為黑洞。數年之後，偉大的法國科學家兼數學家拉普拉斯（Pierre Simon Laplace）也有相同的想法。密契爾和拉普拉斯都推論一個巨大質量的物體所發出來的光應該無法逃離該物體，就像從地球上拋投一顆石頭，光子應該會逐漸減速，然後掉回表面。密契爾計算出一顆和太陽密度相同的恆星需要太陽直徑的五百倍才能讓光無法逃離，雖然詳細的計算是錯誤的，但是兩個人的基本想法是正確的。

愛因斯坦建議萬有引力可以對任何形式的能量產生作

圖 8.4 拉普拉斯伯爵（1749-1827）在獲得貝尼克遜（Benedictione）學院的教育之後，是被期望進入教堂，但他帶著一封介紹信跑到巴黎找科學家達倫貝爾（Jean d'Alembert），此人帶領他進入科學的天地。他的第一個科學職位就是協助另一位著名的法國科學家拉瓦節。拉普拉斯後來進入政治界，曾擔任部長和參議員，另外還有他在天文學、力學和機率理論的重要研究。拉普拉斯最為人知的就是他的五本巨著—《天體力學》，該書經常出現這樣的字句，「這是非常明顯的」，這句話肯定會激怒一些讀起來並不明顯的讀者。拿破崙曾說：你曾寫下這本有關世界系統的巨著，但從未提到這個宇宙的創始者是誰。有人說拉普拉斯如是回答：陛下，我不需要這種假設。（曼榭收藏）

圖 **8.5** 太空人愛德林 (Edwin Aldrin) 在月球上攜帶著笨重的裝備。由於重力很小，才使得他有辦法這樣做，而且還可跳來跳去。（美國航空太空總署提供）

用，並不針對質量，這表示當光線通過一個大質量物體（如太陽）的時候，將會受到萬有引力的影響而偏折，這似乎和狹義相對論不一致，因為狹義相對論認為光速是自然界的一個常數。萬有引力是無法被遮蔽的，它在宇宙的各個角落都會出現，當考慮萬有引力的時候，是否該放棄狹義相對論？或者應該修改萬有引力定律，讓光不受影響，但移動緩慢的物體則仍像原來的方式保有重量？1912 年左右芬蘭物理學家諾德斯壯（Gunnar Nordstrom）曾提出這種理論，其它的物理學家也嘗試發展一個沒有狹義相對論的萬有引力理論，其中的亞伯罕甚至主張相對論是將物理帶到死胡同，因為

　　如果我們無法把萬有引力包括進來，那麼這樣的一個理論絕對不可能引導我們到一個完整的世界圖像。這對神智清明的觀察者來說是很明白的。

　　愛因斯坦並不太在乎這些攻擊，只是私下評論亞伯罕的理論像一個少了三條腿的名種馬。

　　狹義相對論該如何和萬有引力和平相處？1907 年愛因斯坦有了「我一生中最快樂的見解」（the happiest thought of my life），這個想法使得他將狹義相對論和萬有引力結合在一起，但這距離他的廣義相對論還有一段很長的路，廣義相對論的完成是八年以後的事，但這個洞察力讓愛因斯坦朝著正確方向邁開了第一步。為了體會愛因斯坦快樂的見解，我們必須回憶一下伽利略、牛頓，和他們對質量和加速度的信念。

落到地表：伽利略和厄缶

　　萬有引力場只是一個相對的存在…因為對一個從屋頂自由落下的觀察者而言，並沒有萬有引力存在。

愛因斯坦，摩根手稿，1921

　　1969 年，全世界數百萬人注視著阿姆斯壯（Neil Arm-strong）成為第一位踏上月球表面的人，在低萬有引力的月球上，阿姆斯壯和另一位太空人愛德林（Buzz Aldrin）雖然穿著笨重的太空裝，但仍能不費力地在月球表面上跳躍。月球的質量只有地球的八十分之一，萬有引力相對地比較小，但月球表面比較接近萬有引力的中心，這就又補回了一些。月球的半徑大約是地球的四分之一，根據萬有引力的平方反比定律（一個物體受到的萬有引力是和距離平方成反比，距離是指物體到引力的中心），由於距離的關係相較於地球所造成的萬有引力是增加的，表面的拉力將會增加十六倍。質量和距離的淨效應表示：在月球表面，太空人將會感受到的重量是地球上的五分之一，這是牛頓萬有引力的標準預測。

　　對我們來說，此處更關心的是阿波羅 15 號太空人史考特（David Scott）所要做的實驗，他要在月球上重複伽利略的著名實驗，同時丟下鐵鎚和羽毛。電視機前面的觀眾可以看到羽毛和鐵鎚以完全相同的速率落下，並在同一時間到達月球表面。若是在地球上，史考特的實驗應該會有不同的結果：鐵鎚會落得比羽毛快，因為空氣阻力對羽毛的減速遠大於鐵鎚，鐵鎚落在地上很久之後，羽毛才會緩慢地飄到地上。在地球上的其他事情會更加混淆這個現象，例如煙灰粒子看起來是向上漂浮，而不是向下掉落。亞里斯多德所建構的古希臘物理系統中，就將這些日常觀察事物整合成一個複雜的架構。在這個系統中，萬有引力是物體擁有重量的一種特性，當沒有支撐的時候，該物體就會落下，並朝向宇宙的中心，也就是地球的中心。另一方面，火掌握了多變，很自然地會向上移動。在地球以外，一般相信天是一個正圓球，恆星和行星是在一個圓形軌道上運行。亞里斯多德相信較重的物體擁有較多的萬有引力，落下的速度比較輕的物體快，他對接下來幾個世紀的影響，讓人很難挑戰他的看法。在萬有引力的情形，伽利略可能不是第一位駁斥較重物體落得較快的觀念，但他肯定是最有名的一位。

圖 8.6 李歐尼（Ottavio Leoni）在 1642 年所畫的伽利略（1564-1642）畫像。畫這幅畫的時候，伽利略已經六十歲，並因為他在天文學上使用望遠鏡而馳名，當時他正陷入與教廷的爭論當中，他曾寫下兩本巨著—《Two chief world systems》和《Discourses concerning two new sciences》，這兩本書包含了他對物理學的大部分貢獻，並讓他成為所有時代的最偉大科學家之一。伽利略始終未婚，但在他和威尼斯女孩倩芭（Marina Gamba）同居的時候，曾擁有三個小孩。（巴黎羅浮宮博物館提供）

　　伽利略在比薩斜塔上丟下不同物體的傳奇故事是伽利略傳記作者維瓦尼（Vivani）的傑作。這些實驗的主要目的是要證明所有的物體在萬有引力的拉扯之下，都是以相同的速率落下，並和物體的重量無關。伽利略一定做過許多實驗，但著名的比薩斜塔實驗，歷史上是否真有其事是頗令人懷疑的。他也曾提出一個著名的想像實驗，這比愛因斯坦二十世紀的想像實驗更早。假想一棟建築正在著火，一個大人帶著一個受傷的小孩從屋頂向下跳，地上有消防隊員伸展開的一張救生網。假如每個物體掉落的速率和他們的體重有關，這個小孩將會降落地比較慢，大人必須緊抓著小孩，以免落下的時候，小孩會向上離開，這表示大人和小孩是以某一速率共同向下掉落，此速率的大小是在兩者之間。另一方面由於大人和小孩加起來比原先單一一個人還要重，根據亞里斯多德的說法，會比單一一個人掉落還要快，這個矛盾的說法顯示有問題發生。伽利略斷定即使大人不小心放開小孩，兩個人都會以相同的速率掉落，因此兩個人相互看起來是靜止

圖 8.7 比薩斜塔，據說伽利略曾在斜塔上向下丟擲兩個石球，顯示所有的物體都無視他們的重量，會以相同的速率落下。

圖 **8.8** 阿波羅十五號太空人史考特（David Scott）正處理一項伽利略實驗月球版，史考特在相同的位置向下丟一根鐵鎚和一根羽毛，記錄影片顯示它們都已完全相同的速率落下。（美國航太總署提供）

的。

　　雖然有這個想像實驗，但伽利略並沒有提出完整的萬有引力理論，這個榮耀是留給 1642 年誕生的牛頓（Isaac Newton），也是伽利略過世的那一年。牛頓萬有引力理論的一項結果是和愛因斯坦光線偏折的預測有關：就是牛頓的人造衛星概念，牛頓在三百年前經由下述理由得到此一靈感。假想從相同高度同時丟下一顆石頭和發射一顆加農砲彈，加農砲彈是水平發射，但在萬有引力的作用下，掉到地表的時間會跟垂直丟下的石頭相同，假如我們忽略空氣阻力的效應，並假想讓加農炮更具威力，砲彈發射得更遠，最後砲彈會達到某種速度，使得砲彈掉落下來的距離正好被地球的彎曲所抵銷，這時加農砲彈作軌道運行，就像月亮一樣，月球比加農砲彈離地球更遠，以致於朝向地球掉落比任一砲彈還慢，如果萬有引力作用在能量的情形就像作用在質量上一樣，光線掉落的情形就會和剛才提到的加農砲彈一樣，這可能就是讓愛因斯坦想知道相對論該如何引進萬有引力。

　　1907 年，也就是伽利略發表他最著名的研究《關於托勒密和哥白尼兩大世界體系的對話》之後的 270 年，愛因斯坦坐在伯恩專利局辦公室的椅子上苦思這些問題，然後便有了一生最快樂的見解，他描述此一想法如下：

圖 **8.9** 亞里斯多德的宇宙系統。這是一個地心系統,月球以下是一個火球,天堂是在星球以外。

　　對一個從屋頂上自由落下的觀察者而言,至少有一瞬間,在他的周遭是沒有萬有引力場存在。的確如此,假如此觀察者拋下一些物體,對他而言,這些物體是處在靜止的狀態或者是均勻運動的狀態…因此觀察者有權力解釋他正處在靜止的狀態。

　　這情形最少持續到他撞到地面為止。愛因斯坦所瞭解的是在一個自由落下的失重狀態,萬有引力是徹底消失,現今最安全的自由掉落是在軌道運行的太空實驗室,就像加農砲彈一樣,實驗室自由落向地球的距離正好趕上它的軌道,同樣地,處在自由落下實驗室內的一個觀察者,他應該看到光走直線:在地球上的觀察者看到實驗室和光線是落下相同的距離,在這樣的一個實驗室中,觀察者應該可以檢查沒有萬有引力下的一些物理定律和狹義相對論。

　　就像萬有引力可以被自由掉落所湮滅,一個人造萬有引力可以靠加速度來產生。當火箭從發射台升空,太空人會感到特別重,受到所謂的 G 力壓到座位上。同樣地,假如一架飛機突然開始下降,你會覺得被拉離座位。在第一個例子中,萬有引力的一些效應被加速度加強,在第二個例子中,

則是被抵銷。在特定的觀念下，萬有引力和加速度是等同的，這就是愛因斯坦對牛頓等價原理的新解釋，對牛頓來說，等價原理是一個顯著的事實，物體的質量決定受力後的反應，看起來是直接和物體的重量成正比，決定物體該如何對萬有引力做出反應。慣性（inertia）是掌管加速度。就是這個一致性保證所有的物體在一個萬有引力場內有相同的掉落速率，無視物體質量的多寡。牛頓不滿意接受此未獲實驗檢驗的一致性，他設計了一對相同的單擺，單擺長達 11 尺的末端有一個木製盒子，其中一個盒子內裝滿木頭，另一個盒子則裝有相同重量的金子，假如牛頓的慣性質量和萬有引力重量等效是正確的，單擺擺動週期應該只和懸掛盒子的擺長有關，當以相同的方式擺動，單擺對會保持一致，無視盒子內是何種物質，牛頓斷定物質的質量和重量在千分之一的準確度下是相同的。

　　在愛因斯坦提出他的等價原理後五年，他得知一些十九世紀末的實驗，這些實驗都很顯著地改進了牛頓的準確度。

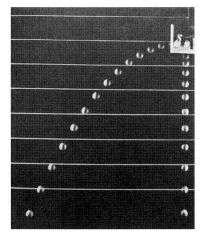

圖 **8.11** 一個頻閃觀測儀的照片，當中是一顆球剛開始水平拋射和另一顆球垂直落下，兩顆球同時釋放，並以相同的速率落下，從一個和其中一顆球同時落下的觀點，另一顆球看起來是以均勻運動的方式遠離他。

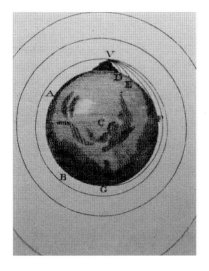

圖 **8.10** 牛頓的想像實驗，用以解釋高速移動的加農砲彈的軌道運動，以類似的方式，月球可以視為在地球四周掉落。這個圖片取字牛頓的世界系統論文，這是一本較為流行且較少數學解釋牛頓有關萬有引力的概念，是在 1680 年代完成，直到他死後才被發行。

匈牙利物理學家厄缶（Roland von Eotvos）發展一種稱為扭擺（torsion balance）的儀器，這是由一對相同質量的物體所組成，這兩個物體綁在一根棍子的兩端，而棍子是用細繩懸掛著，每個物體都會受到萬有引力和來自地球自轉的慣性力。假如萬有引力質量和慣性質量不同，棍子就會繞著垂直軸旋轉，直到扭曲細線的回復力矩將它停止。扭曲程度最好的測量方式就是將整個儀器，包括細線和支撐物，轉動 180 度，這時棍子將會以相反的方向扭曲，假如萬有引力質量和慣性質量是相同的，棍子將不會轉動。厄缶 使用這套儀器可以證明它們是等同的，之間的差異不超過十億分之一。

在 1960 年代，普林斯頓大學迪奇（Robert Dicke）領導的研究團隊進一步改進厄缶的結果數十年後，和莫斯科大學布拉金斯基（Vladimir Braginsky）為首的蘇聯團隊合作，又做了更進一步的改進，現在的準確度大約在一千億分之一。實驗顯示分子、中子及電子也和灰塵粒子及其他物體的結果一致，雖然準確度不高，但結果也。夠明顯了。有趣的是現在的技術已經改進到可以直接檢測兩個掉落的物體，並且它們掉落的準確度，已經可以和一百年前厄缶的間接實驗相互比較。有一種說法認為萬有引力還有一個額外的短程分力，

圖 8.12 在 1972 年的一次 Skylab 模擬訓練中所製造的一顆自由漂浮的水球。（美國航太總署提供）

圖 **8.13** 一幅愛因斯坦等效原理的插圖，取自加莫夫所寫的《湯普金夢遊記（Mr Tompkins in Wonderland）》一書。對太空船內的人來說，是無法區分是火箭的加速度，還是受到周圍物體的萬有引力吸引，原始的圖片說明是這樣的：地板最後會追上蘋果，並敲擊到蘋果。（感謝加莫夫太太提供）

這個短程分力對大尺度的萬有引力天文現象並沒有影響，是這種說法促成了新一代的實驗。更仔細的實驗已經在 1986 年到 1990 年間進行，但現在似乎排除了這種額外短程分力的存在。

萬有引力、時間和紅移

　　萬有引力可能是我們最熟悉的作用力，當爬山或爬樓梯的時候，我們可以真實地感受到它。我們甚至不再對太空人漂浮在太空實驗室的圖片感到驚奇，從水滴到香水瓶，任何在軌道運行的實驗室裡頭發生的事物似乎都會漂浮，這些物體在地球上都會以相同的加速度墜落，在太空實驗室中的萬有引力看起來是被徹底破壞。事實上，這只是近乎正確的。假想少量的灰塵揮灑在太空船內，和離地球較遠的灰塵比較起來，靠近地球的灰塵比較會被拉近地球，而太空船是一個

固體，它掉落地球的速率是兩者的中間值。在太空船內，靠近地球的灰塵會朝實驗室靠近地球的一邊墜落，相反地，在太空船離地球較遠的灰塵看起來會飄起來，最後都落在實驗室的另一邊。地球本身會以軌道運行的方式繞行太陽，類似的效應也會發生在空氣和水上，這就是太陽潮汐的來源。月球繞行地球的結果也會以相同的方式產生更強的月球潮汐。在我們自由落下實驗室的萬有引力淨效果被稱爲潮汐力（tidal force），實驗室越小，潮汐力也越弱，我們也越接近無重力狀態。要完整描述潮汐力的大小就需要一個完整的萬有引力理論，在我們描述愛因斯坦萬有引力理論之前，我們先根據等效原理來做一些預測。

　　我們曾談到萬有引力造成光線的偏折，從歷史的觀點來看，這是愛因斯坦新理論的第一個重要檢驗。雖然等效原理可以預測光線的偏折，但只有完整的廣義相對論可以預測偏折的大小。圖 8.15 顯示一架帶有雷射光並且正在加速的火箭，火箭如果沒有加速，光將會以直線前進，如果火箭向上加速，可以看到光線偏折，根據等效原理，光一定是被萬有引力場所偏折。1911 年，愛因斯坦首次嘗試計算受太陽影響的偏折量。事實上愛因斯坦得到的答案和 1803 年較不爲人知的巴伐利亞天文學家索德納（Johann Georg van Soldner）

圖 8.14 一個金氏啤酒廣告。

圖 **8.15** 光線在加速火箭中的運動暗示光受萬有引力而偏折，雖然是對的，這個效應只解釋了星光受到太陽而偏折的部分原因。（感謝加莫夫太太提供）

所得到的一樣，他是將光當作一連串的粒子，然後用牛頓萬有引力理論計算出來，愛因斯坦當時並不知道有這回事。當時計算的效應很小，1913 年愛因斯坦寫信給美國天文學家海爾（George Hale），詢問是否可能檢驗這項預測，而不需要等待日蝕出現，海爾回答說日蝕是必要的，這樣才能在看到恆星靠近太陽，然後從來自這些恆星的偏折光才可以顯示出恆星偏離正常位置的視位移（apparent displacement）。德國天文學家費尼福林區（Erwin Finley-Freundlich）規劃一組探險隊前往俄國觀測發生在 1914 年的日蝕，以檢驗愛因斯坦的預測。對愛因斯坦來說是蠻幸運的，第一次世界大戰阻擾了這次觀測，為什麼呢？因為在 1915 年愛因斯坦才完成他的廣義相對論，也重新計算一次，他發現偏折量是原先計算

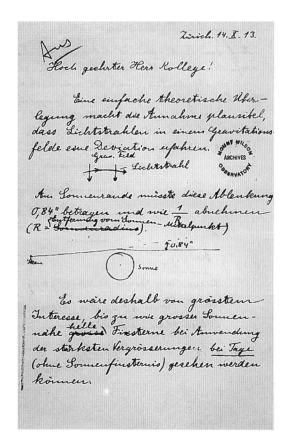

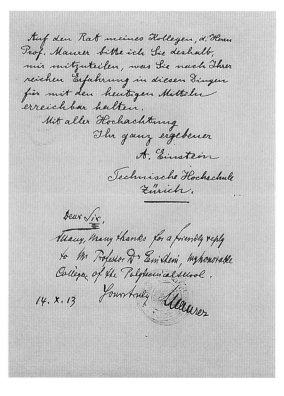

圖 **8.16** 一封愛因斯坦寫給海爾的信件拷貝，這是有關偵測星光受到太陽萬有引力而偏折的可能性。（加州聖馬利諾杭廷頓圖書館授權重製）

的兩倍。

　　等效原理最重要的實驗結果有萬有引力紅移和萬有引力場減緩時間的流逝。愛因斯坦想出一個想像實驗來說明這項效應。假想兩個齒輪分別放在地球上的一座高塔的頂端和底端，然後一連續皮帶垂直連接運轉（圖 8.17），在這個理想實驗中，我們忽略了摩擦力，並假設皮帶是由一種特殊物質做成的，這種物質的原子可以根據實驗所需，放射或吸收某特定頻率的光線，我們特別設計只讓皮帶一側的原子處在原子的激發態，這些原子比非激發態原子有更多的能量，因此質量較大，也較重。一側原子較重的不平衡造成皮帶開始轉動，激發態原子所在的一側向下移動，當激發態原子到達底部，它們會以光的形式釋放多餘的能量，產生的光會被系統內的鏡子導引到皮帶的頂端，當非激發態原子到達頂端，它

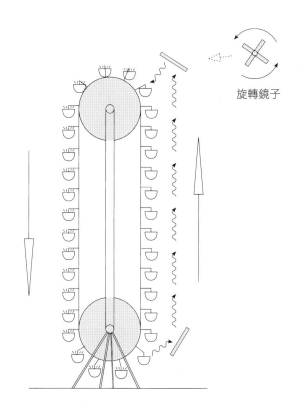

圖 **8.17** 一個想像實驗解釋萬有引力紅移的存在，光從高塔底部的原子藉由鏡子轉換到頂部的原子，如果沒有萬有引力紅移，我們應該可以製造出一台永動機，這個紅移可能被旋轉鏡子產生的都卜勒位移所抵銷。

旋轉鏡子

們就可以吸收光的能量，變成激發態，接著開始向下移動。我們似乎產生一個永動機器（perpetual motion machine），可以不斷地運轉，我們也可以從中獲得有用的功。這種機器一定是不可能的，問題不是出在我們假設的理想狀態，而是我們忽略的一個關鍵想法，也就是作的功必須是用來抵抗萬有引力，以提升光線從高塔底端走到頂端的能量，損失的能量造成光的紅移，光的頻率會偏向紅光，這就是萬有引力紅移。

我們可以在高塔頂端加上一面旋轉鏡子，讓我們的理想儀器起作用。這面鏡子就像一個可移動光源，根據都卜勒效應，這可以改變光的觀測頻率。旋轉的速度可以調整，使得都卜勒位移給予反射光的能量正好是光從底部走到頂部所損失的能量，旋轉的鏡子抵抗入射光壓而作功，並給予光一個補充的藍移能量。最理想的狀況下，從轉動皮帶獲得的能量

足以驅動旋轉的鏡子，但不足以作出有用的功。

　　愛因斯坦認定光在萬有引力場中移動會有紅移的現象，這項結論對幾乎任一萬有引力的相對理論而言是正確的，這個萬有引力紅移也推論出時間會被萬有引力場拖慢，在一個原子鐘內，時間的測量是靠微波振動的頻率，當從高塔頂部察看，在底部的原子鐘看起來走得比頂部慢，相同地，從高塔頂部落下的光可以獲得能量，產生藍移，而在底部的觀察者將會發覺高塔頂部的時鐘走得較快。雙方的觀察者都認爲在較大萬有引力場的時間走得較慢。我們在第一章討論的全

中子星上的生命

　　超新星爆炸之後，一般相信會留下一顆中子星或一個黑洞。對一顆質量和太陽相當的恆星殘骸，產生的中子星直徑只有十哩（約十六公里），預測中子星的密度比水大一百兆倍以上，和原子核相當。福沃德（Robert L. Forward）寫了一本《龍蛋》科幻小說，該書是和住在中子星表面的高度文明有關。雖然這是一個有趣的想法，但在中子星上生活幾乎是兩度空間的，因爲萬有引力場的強度限制最高的山到只有數英吋高，因此可幻想的空間有限。假如我們拋棄這個惱人的限制，進入這個幻想的世界，我們可以想像強大的萬有引力場所造成的一些驚人的效應。假設我們在中子星上的生命型態在塔狀辦公大廈內工作，如果在一樓的光是紅光，然後朝上看，我們應該可以看到上一樓層的光會逐漸移到光譜的藍端。若在頂樓工作，辦公人員的生活似乎正常，除了和地表比起來萬有引力較小。來自較低樓層直射的光應

該會被偏折，在強大萬有引力拉扯下，折返星球表面。就像牛頓的加農砲彈，偏折的程度逐漸變小，直到高樓層辦公人員的視線可以繞星球一周，看到辦公大樓另一側的窗戶。當辦公人員在頂樓完成一天的工作，他們發現地面只過了半天，持續在高樓層的辦公人員活得比地面工作人員短，雖然他們一生所完成的工作量是相同的，這個萬有引力效應等同於狹義相對論著名的孿生子謬誤。〔福沃德的《龍蛋》（1981）〕

球定位系統必須修正這個效應，而它是人造衛星的飛行速度所造成時間變慢的相反方向。紅移的極端例子就是黑洞造成的時間延遲，任何物體墜落黑洞，當通過事件視界，就無法逃離黑洞的萬有引力。對一個外部的觀察者，當墜落黑洞的物體所發出的光接近事件視界，紅移的效應越加明顯，墜入黑洞的物體所攜帶的時鐘看起來越走越慢，當物體到達事件視界，光的紅移效應會變得無止盡，時間會停下來，物體應該會消失不見。

　　我們該如何觀測到愛因斯坦預測的紅移？在他原始論文中，愛因斯坦建議這個萬有引力紅移應該可以從來自恆星的星光中觀測到。實際上這種觀測非常困難，考慮從太陽表面原子所發射的光，這些原子是處在非常劇烈的運動，這些劇烈運動來自氣體的上升和下降運動，這會同時造成紅移和藍移。在 1971 年，斯尼得（Joseph Snider）從太陽光譜中找到愛因斯坦所預測的萬有引力紅移，資料的準確度在 5%以內。另外還有測量來自白矮星的紅移。白矮星是一顆不再燃燒的

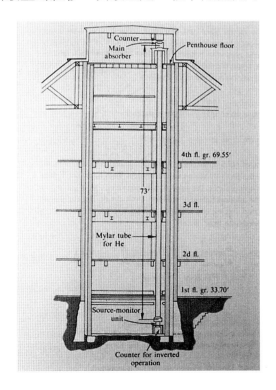

圖 8.18 在哈佛物理塔內的儀器擺設圖，該塔用來測量愛因斯坦的萬有引力紅移。非常高能的伽瑪射線在一個充滿氦的管子向塔頂運動。

星球所剩下的殘骸，經過崩塌形成的稠密星球，質量和太陽差不多，但體積和地球相當。這些星球表面的強萬有引力，造成預測的紅移比太陽大一百倍。不幸地，必須很準確地知道白矮星的質量和半徑，以便準確地預測紅移量，結果這種白矮星無法提供愛因斯坦萬有引力紅移有用的檢測。很意外地，最準確的愛因斯坦紅移檢驗可能來自地球上的實驗。

萬有引力紅移在地球上的檢驗幾乎是愛因斯坦想像實驗的翻版，這是和測量從高塔底部傳到頂部的光有關。實際使用的高塔是哈佛大學物理大樓的傑弗遜塔，由傍德（Robert V. Pound）和小雷布卡（Glen A. Rebka, Jr.）主導實驗，在高 74 呎（將近 23 公尺）的高塔實驗當中，最具挑戰的是預測的頻率偏移非常小，大約只有一千兆分之二。問題出在當激發態原子發出光，為了維持動量守恆，原子必須朝相反方向彈走，這個反彈會造成都卜勒位移，將光的頻率變寬，以致於任何測量此一預測紅移的檢驗都不可得。

唯有德國物理學家穆斯堡爾（Rudolf Ludwig Mossbauer）發現的現象，才可以讓傍德－雷布卡實驗得以成功。在 1955 年到 1957 年間，穆斯堡爾正在海德堡馬克斯卜朗克研究所進行他醫學研究的博士學位。他發現如果光子是從束縛在晶體內的放射性核所發出的話，那他就幾乎可以完全消除反彈的都卜勒效應。穆斯堡爾原先使用銥的同位素，但放射性鐵原子核也有類似的效應。放射性鈷 57 的原子核可以捕捉一個電子，變成一個鐵 57 的放射性原子。這種同位素鐵非常不穩定，很快就放出一個特定頻率的 γ 射線光子。當一個鐵原子核衰變，或吸收這樣一個光子，它必須反彈以確保動量守恆。穆斯堡爾發現假如這樣一個原子核箝入特定型態的晶體內，周遭原子的作用力可以將討厭的反彈動量轉移到整個晶體，而不是單一的鐵原子。如此一來都卜勒位移幾乎移除。穆斯堡爾因為此一發現，在傍德和雷布卡著名實驗的後一年獲得 1961 年的諾貝爾獎。

傍德和雷布卡把鐵 57 的 γ 射線源放在傑弗遜塔底部的一

圖 8.19 穆斯堡爾在 1958 年還是個研究生時做了一項實驗發現，因而在 1961 年為他贏得諾貝爾獎。他的實驗顯示束縛在晶體內的放射性原子核，它的激發態經過伽瑪衰變會消除大部分的反衝都卜勒效應，光子會被處在基態的另一個靜止原子核吸收。（感謝穆斯堡爾教授提供）

圖 **8.20** 左邊是雷布卡和在高塔底部的伽瑪射線源。右邊的照片是傍德在塔頂，以及吸收器、計數器和相關儀器。（感謝傍德提供）

個可用水壓移動的平台上，鐵 57 吸收源放在頂部，只吸收原來頻率的 γ 射線。為了測量紅移效應，當放射源發出 γ 射線的時候，傍德和雷布卡就緩慢地將平台升高，這會產生微小的都卜勒位移，朝向光譜的藍端，這會和萬有引力紅移抵銷。因此藉由測量可以產生最大吸收量的都卜勒位移來決定紅移，當中要求的速度大約每小時二公釐。為了移除可能的誤差，發射源改放在底部，吸收源放在底部，然後實驗重作一次，傍德和雷布卡的論文名為《光子的視重量》，並在 1960 年發表在物理評論通訊（Physical Review Letters）四月一日版，他們的資料證實了萬有引力紅移，準確度在 10%以內，後來傍德和斯尼得進行了該實驗的改良版，並且和愛因

斯坦的預測吻合，準確度在 1%。

　　本章中，我們描述了愛因斯坦首次嘗試說明一個前後一致的萬有引力理論，他最快樂的見解導引出等效原理，並在厄缶和迪奇實驗，以及傑弗遜塔萬有引力紅移測量所證實。在 1907 年的見解和 1915 年揭露的廣義相對論過程之間，愛因斯坦對世界的想法留下一個轉變，這就是我們現在必須將注意力轉過去的彎曲時空的世界。

第9章

被扭曲的空間

沒有人可以抓住這個新理論之後，還能逃脫它的魔力。

愛因斯坦，引自帕易

幾何和萬有引力

救救我啊！馬歇爾，否則我將會發狂！

愛因斯坦，引自福爾

　　十九世紀發現的非歐幾何（non-Euclidean geometry）不但令人感到意外，也使人匪夷所思。鮑爾耶（Janos Bolyai）是這個新幾何先驅者之一，也是一位匈牙利軍官，他用以下的一段話表達他的喜悅：

　　我對自己這樣精彩的發現而迷失在驚愕中，我所創造的是一個全新的世界。

　　歐氏幾何就是我們在學校所學的幾何學，它有著我們熟悉的點、直線、圓、橢圓和三角形，尤其當我們談到三角形，都相信三個內角加起來等於 180 度，另外還相信二條平行線是不會相互交錯。這種歐氏幾何是一個平面幾何，專業的說法為平坦空間（flat space）。相對地，非歐幾何則是描述一個彎曲空間（curved space），這些名詞代表什麼意義？

　　想像地球表面的幾何就可以得到一些彎曲空間的觀念。地球近乎一個圓球，在地表上可以很容易就畫出一個三角形，這個三角形的內角和超過 180 度（圖 9.1）。同樣地，地球的經線在赤道附近是相互平行，但卻在兩極收斂並交錯而過。整個表面並不遵從歐氏規則，這種熟悉的例子就是一個非歐幾何，為什麼我們對這種幾何如此陌生？假如我們本

圖 **9.1** 地球表面的一個三角形，三個內角加起來大於 180 度。

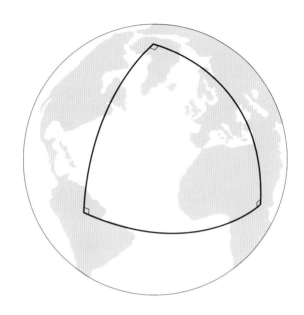

身受限在地球表面的一個小範圍內，例如這本書的大小，這時地球的曲率非常小，小到可以恢復到熟悉的歐氏幾何。在大部分的情形，我們很難認清自己是居住在一個球面上。

這個新幾何和物理有啥關連？偉大的法國數學家彭加勒（Henri Poincare）曾寫道：

某個幾何並不比其它幾何更加真實，它只會較其它幾何方便使用，目前歐氏幾何是最為方便的。

愛因斯坦則認為：非歐幾何是他萬有引力理論的基礎。他的等價原理（equivalence pinciple）解決了一個萬有引力的問題，但又跑出另一個問題。我們見識到一個自由落下的小區域空間是如何地失重，狹義相對論和其它的物理定律在這小區域內都可以正確地使用，問題是該如何將這些自由落下的小區域串接起來。這就像在地球表面上的每一個小區域都可以看成平坦的歐氏空間，當我們將這些小區域連接起來，卻發現這個空間是彎曲的。對地球表面上的小區域來看，一張平面地圖不會出現問題，但是當我們擴展這個區域，地圖

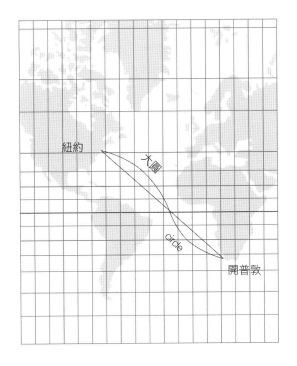

圖 9.2 任何用平面來表示球面的嘗試都會造成距離和大小的變形。在這個常見的地球麥卡托式投影地圖當中，所有平行赤道的線都假設和赤道相同的圓周長，這就會存有不可避免的東西延伸。為了顯示固定的羅盤方向在地圖上成一直線，麥卡托引進了南北延伸用來補償，這樣才可以使得在每一點上沿著經線的比例會和相對應的平行線有相同的比例。雖然這樣可以使小區域的形狀可以相當準確地表示出來，但越靠近南北極，大區域就會有可觀的變形。例如南美的面積大約是格陵蘭島的十倍，但在麥卡托式投影地圖中，格陵蘭島看起來比較大。麥卡托式投影地圖之所以有用，是因為它可以讓領航員在畫一條等羅盤方位線的時候，仍能保持一條直線。但只有沿著赤道南北或沿著赤道東西的羅盤方位線會是大圓的一部份，並且對應最短距離的路徑。此圖顯示出開普敦和紐約之間的羅盤方位線和大圓路線。大圓路線雖然較短，但在這種投影地圖上看起來像是一條較長的彎曲路徑。

上就會出現扭曲的現象。舉例來說，在赤道附近區域的大小可以在地圖上正確地顯示，但在極區附近就會有很大的扭曲。這些自由落下的區域要如何黏貼在一起以產生一個重力理論？假如這些區域的大小一直增加，重力潮汐力就會產生，我們所要的就是一些可以描述大區域內重力效應的方法，愛因斯坦的方法就是彎曲的時空。

愛因斯坦在將他的想法轉成一個成熟的理論當中遇到許多嚴重的困難，他用以下幾句話描述當時的處境：

假如所有的加速系統都是等價的，歐氏幾何就無法在這些系統中成立。丟棄幾何但又要保留物理定律的作法，就像捨棄語言來描述思想。我們必須在表示思想之前，先找尋到語言。此時我們必須先找尋什麼東西？這個問題對我來說一直都是無解，直到1912 年我忽然瞭解到高斯的表面理論（theory of surface）是解決此一謎題的關鍵，我領悟到幾何基礎有其物理上的重要意涵。當我從布拉格回到蘇黎世，我的數學家好友葛羅斯門（Grossmann）

圖 9.3 葛羅斯門（Marcel Grossmann，1878-1936）在愛因斯坦一生的幾個關鍵時刻幫助了他。在學生時期，他借給愛因斯坦蹺課時的筆記。畢業後，他幫愛因斯坦在專利局獲得第一份工作。在狹義相對論成功之後，他指導愛因斯坦度過彎曲空間的數學難題，幫助他發展廣義相對論。1955 年愛因斯坦寫道：至少在我一生當中，我必須要對葛羅斯門致謝一次，所以我鼓足了勇氣寫下以下這些話…（自傳速寫）

正好在蘇黎世。從他那裡，我第一次學到有關里希（Ricci）的理論，之後是黎曼的理論，因此我問我的朋友，黎曼幾何是否可以解決我的問題。

在蘇黎世期間，愛因斯坦在寫給同事的信中提到：

我現在完全埋首在萬有引力的問題當中，藉由當地數學家朋友的幫助，希望克服所有的困難。無論如何，有一件事可以確定的，就是我這輩子從未如此困擾過。對數學的崇敬深植我心，由於我的魯鈍，在這之前，我都將這些精巧的觀點全視為無用。相較於這個問題，相對論的原始問題就像是小孩子的遊戲。

為了領略愛因斯坦對重力的全新想法，我們必須先談談非歐幾何。

非歐幾何起源自歐氏幾何的一個難題。大約在西元前 300 年，亞歷山大市的歐幾里德寫了一套書，稱為《原本》（Elements），這套書共有十三本，系統地介紹幾何學。這個奇怪的名字來自柏拉圖的信念，這信念是有關希臘元素（土、火、空氣和水）和規則固體（立方體、四面體、八面體和二

圖 9.4 艾雪的圖片畫廊，賦予了一個非歐幾何的可能暗示。（荷蘭高登藝術版權所有）

圖 9.5 艾雪的圓周極限三描繪出羅巴契夫斯基幾何,每條魚必須想成有相同的尺寸。羅巴契夫斯基幾何隱含無數個空間,因此根據彭加勒的說法,這種表示中,靠近邊界的地方,魚看起來很擁擠。(荷蘭高登藝術版權所有)

十面體)之間的關係(第五個規則物體十二面體被定爲以太)。二千多年以來,歐幾里德定下來的幾何學方法成爲教授幾何學的基礎,也許這是許多世代學子心中之痛。歐氏幾何奠基在五個不證自明的公設(postulates 或 axiom)之上,不過第五個公設(或稱爲平行公設,parallel postulate)並不那麼自明。有許多等效的方式可以描述第五個公設,但平行這個字眼並沒有出現在原始文件當中。在英國數學家普萊菲(John Playfair)之後,這個公設的標準形式被稱爲普萊菲公設。在這個標準形式當中,第五公設的陳述如下:給定一條直線和一個不在此線上的點,只有一條直線可以通過該點,又不和第一條直線相交,此時這條直線是和第一條直線互相平行。經過這麼多年,數學家開始思考這條公設並不是顯而易見的,有些則懷疑它的正確性。

在十八世紀末,偉大的德國哲學家兼科學家康德(Immanuel Kant）宣稱歐氏幾何是真實的，並獨立於一般的日常經驗。雖然有這項令人生畏的主張，1817 年的高斯（Karl Friedrich Gauss）仍寫道：

我對歐氏幾何的必要性是無法論證的說法感到愈加信服…我們必須將幾何當成經驗性的力學，而不是算術性的純邏輯。

換句話說，高斯認為空間的真實幾何必須決定於經驗，而不是被當成公設。高斯是一位著名的數學家、天文學家和物理學家，但他也是一位精通土地測量的工程師。1820 年他被他的新贊助者—大英聯合國和漢諾威王國的國王喬治四世—要求測量漢諾威王國土地，有報導指出他曾評論測量恆星和教堂高塔的位置是相同的，二者都是同一個幾何學的應用。高斯的確做過測量邊長超過一百公里的三角形內角的實驗，雖然他沒有找到和歐氏幾何明顯的差異，高斯仍繼續研究這個問題，保持他這個異端的存疑。他在 1824 年的一封信中寫道：

我的確一次又一次開玩笑地表示我對歐氏幾何可能有錯的渴望。

圖 9.6 羅巴契夫斯基（1792-1856）出生於俄國的卡桑（Kasan），父母親很貧窮。1800 年他的母親送他上當地的高中，1805 年該所高中成為新成立的卡桑大學的核心。在經過卡桑一段混亂的時期之後，1826 年羅巴契夫斯基被選為該所大學的校長。除了新設備和建築物的常規管理外，羅巴契夫斯基也要負責 1830 年爆發的霍亂疫情。一本解釋羅巴契夫斯基新幾何的小書 1840 年在德國發行，高斯也得到一本，高斯還為了閱讀羅巴契夫斯基早期論文而學習俄文。

非歐幾何大約同時由三個人獨立發現，分別是德國人高斯，匈牙利人鮑爾耶和俄國人羅巴契夫斯基（Nicolai Ivanovich Lobachevsky）。1823 年羅巴契夫斯基突發靈感認為可能有一個新的幾何不需要建構在第五公設之上，他先在 1826 年宣稱他的新幾何，並在 1829 年發表，在羅巴契夫斯基的幾何當中，三角形內角和小於 180 度。高斯也發現一個非歐幾何的例子，但畏於「愚鈍者的喧擾」而沒有發表出來。「愚鈍者的喧擾」原意是指古希臘某地區人特別愚笨。當高斯在 1840 年獲知羅巴契夫斯基的研究，便暗助讓這個俄國人能被選上哥廷根學院，兩年後羅巴契夫斯基真的雀屏

中選進入該學院。

老鮑爾耶是高斯的匈牙利朋友，他花了大半輩子嘗試證明歐氏的第五公設。當他知道他的兒子鮑爾耶也想步上他的後塵，便寫信勸阻：

> 看在上帝的份上，我懇求你放棄這個念頭，對它的恐懼並不亞於感官的熱情，因為它會花掉你所有的時間，並且剝奪你的健康、心靈的平靜和生命的喜悅。

如此強烈字眼仍無法說服鮑爾耶放棄他追尋非歐幾何的初戀。1829 年，鮑爾耶將他的結論寫給父親，然後他的父親寫信給高斯，請教高斯對他兒子非正統想法的意見。高斯回信說道，他無法讚揚鮑爾耶的研究，因為這可能變成自我吹噓，他早在數年前就有類似的想法。老鮑爾耶在 1831 年將他兒子的研究發表在他著作的一篇附錄當中。非歐幾何的議題一直沒有受到重視，直到高斯死後的 1855 年，高斯相關議題被發表後，情況才有改觀。

圖 **9.7** 高斯（1777-1855）是最偉大的數學家之一，他是個天才兒童，擁有優異的心算能力。十四歲的時候，布朗士威克（Brunswick）公爵贊助了他，為他擔負學費。高斯長大後成為哥廷根天文台的台長，在較少的干擾下進行他的學術研究。高斯就像牛頓一樣，有點像是個隱士，除非他的結果非常完備，他不太願意發表任何東西。除了謝絕發表他在非歐幾何的研究，他也不願發表在複數和牛頓力學方面的開創性研究。（倫敦 AKG 照片數藏）

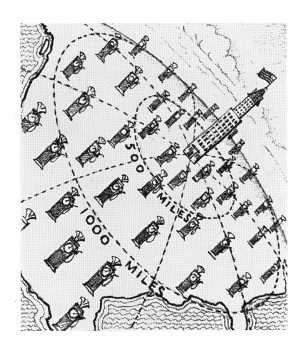

圖 **9.8** 來自《湯普金夢遊記》的示意圖，當中嘗試表現出一個從肯薩斯城所測量全美加油站的均勻分布圖。在彎曲的地球表面上，相對於平坦地球表面，加油站的數量隨著遠離肯薩斯而增加得更慢。加油站的擁有者殼先生認為在肯薩斯市附近的加油站較為密集，這種想法是錯誤的。教授嚴肅地說：他忘了地球表面不是一個平面，而是一個圓球，球面上固定半徑的面積隨著半徑增加而增加的程度比平面上的面積緩慢。（感謝加莫夫太太提供）

圖 9.9 黎曼（1826-1866）得到肺結核而在四十歲過世之前，曾做出許多重要的數學發現。對於黎曼，愛因斯坦曾感動地寫下這樣的碑文：但物理學家仍離這種思考方式還很遠，對他們來說，空間是靜止的，是堅硬的，均勻的，不易受到改變或座標的影響。只有孤獨和不諒解的黎曼透過他的才華才能在上世紀中贏得它的地位，進入一個新的空間概念，這種空間被剝奪了它的堅硬，它參與物理事件的能力也被認定是可能的。

　　下一個重要過程是由黎曼（Bernhard Riemann）完成，黎曼將非歐幾何從數學被遺忘的邊緣解救回來，並將此一議題帶進主流。當年輕的黎曼學習當作一位神職人員的時候，他已經開始懷疑其他的歐氏公設，那就是一條直線可以沿著兩端無限延伸。黎曼說服他的父親允許他轉移跑道，到哥廷根向高斯學習數學。黎曼提議直線可以有限的長度，但無止境。這是可以看出來的，假如我們察看地球的赤道線，並把它當作一條直線，這條直線的觀念仍和直線的定義一致，也就是兩點之間最近的距離。赤道線並沒有比較特殊，球面上任兩點之間的直線都是大圓的一部份，而大圓的定義如下，通過大圓可以將圓球切割成兩個相同的半圓。一條直線的廣義概念稱為測地線（geodesic）—地球的切割線。測地線是長度最短的路徑，在一給定的表面上，測地線被定義成一直線。在黎曼的全新幾何當中，沒有所謂的平行線，並且三角形內角總和大於 180 度。現在稱一個擁有這些特性的幾何為黎曼幾何（Riemannian geometry）或橢圓幾何。數學家至今正式承認有二種非歐幾何，另一個幾何就是先前提到的羅巴契夫斯基幾何，或稱雙曲線幾何。在羅巴契夫斯基幾何中，三角形內角總和小於 180 度，並且通過一點且平行任一給定直線的直線不只一條。

　　1853 年，高斯已是七十六歲高齡，他的明星弟子黎曼被要求對哥廷根的全體人員作一次公開演講，用來確認他的講師資格。想要成為講師的人需要對該次演講提出三個題目，通常正式演講的題目是在前兩個題目當中擇一，因此黎曼沒有充分準備第三個題目—幾何學的基礎。但對高斯來說，非常期望聆聽他最優秀的學生講演他終及大半生努力研究的課題，於是他打破傳統，選擇了第三個題目。經過多次延期，黎曼終於在 1854 年六月宣布他的演講題目：架構在幾何學基礎的假說。演講結束之後，據說高斯的反應非常熱烈。黎曼在他的演講內容中，將高斯的二維曲面結果擴展到任意維數的空間，這些空間並不能很簡單地從視覺上看出來。在歐

氏幾何中，任兩點的距離計算是藉由畢達哥拉斯定律，從兩點的卡氏座標（Cartesian coordinates）計算出來，也就是它們的 x 和 y 值。現在看看我們如何計算球面上兩點之間的距離，在球上某一點的位置可以用經度和緯度來表示，即使球上兩點非常靠近，它們之間的距離計算用的複雜公式不僅只是兩點經度和緯度的差異，計算複雜的原因在於經度一度的差異所對應的距離差異是取決於你在球面上的位置。在地球赤道上的經度一度差異相當於 110 公里（60 海哩），當我們順著緯度向南或向北移動，這個距離將會逐漸縮短，而在兩極的地方變成零。黎曼發現在任一表面上的距離可以用廣義的畢達哥拉斯定律計算出來，這會牽涉到一些新的量，稱爲表面的度規（metric）。黎曼將這種幾何擴展到二維以上的維度，和曲率會隨地點而異的表面，這正是愛因斯坦建構重力新理論所需的數學工具。

　　愛因斯坦將等價原理和彎曲時空連接起來。等價原理預測萬有引力會將時間變慢，換句話說，在傑佛遜塔底部的單位時間的變化是和頂部不同，這和地球的單位經度差異類似。愛因斯坦從中獲得的靈感就是在萬有引力的影響下，時空的幾何是彎曲的。

廣義相對論

　　…愉快的成就似乎是理所當然的事，任一優秀的學生不會遇到太大的問題就可以掌握它。但長年在黑暗中焦慮地搜尋，加上強烈的渴望，以及自信滿滿和筋疲力盡的相互交替，最後終於曙光乍現，只有經歷過這些過程的人才能夠深刻體會。

愛因斯坦，《廣義相對論的起源紀錄》，1934

　　什麼是廣義相對論？它是一個萬有引力理論，愛因斯坦假設萬有引力的效應不僅可以用彎曲的時空描述，並且進一步得到彎曲時空和物質分佈之間的關係。在萬有引力出現的地方，藉由度規的描述，時空的幾何是彎曲的。在此有兩個

問題需要解決，⑴給定一個物質的分布，什麼是時空的度規？接著⑵給定一個度規，物質又如何移動？經過八年的奮鬥，愛因斯坦得到廣義相對論的場方程式（見下方框），它將時空的曲率和質能密度關連起來。這些場方程式對我們來說太過複雜，無法詳細寫出來，但方程式的內容可以簡略描述如下：

時空的曲率是和 G 乘上能量以及動量密度成正比

當中的 G 是牛頓萬有引力常數（gravitational constant）。場方程式決定曲率，於是等價原理告訴我們物質將如何反應：自由落體是沿著表面的測地線落下。

愛因斯坦場方程式

在每一點上需要十個物理量才能明確說明能量和動量的分布，我們該如何說明時空的曲率？詳細的數學太過複雜，我們再次感到抱歉，我們必須說結果證明，在每一點上需要十個物理量來明確說明時空的曲率，也就是愛因斯坦的曲率。現在來看關鍵性的觀察。能量和動量的守恆在十個能量和動量分量上，賦予了四個限制，當能量和動量可以和重力場相互交換的時候，會讓事情更加複雜，愛因斯坦注意到在能量和動量分量上的限制和愛因斯坦曲率分量的四個限制有完全相同的形式，這是由於座標系統的微小變化會產生度規的變化，但曲率必須和這種座標改變無關。愛因斯坦認定這個能量—動量密度和時空曲率必須互成比例，愛因斯坦選了最簡單的合理方程式，並保證對緩慢運動和

小質量物體的牛頓理論會有相同的預測結果。

愛因斯坦的場方程式可以寫成這樣的形式

$$E_{\mu\nu} = \frac{8\pi G T_{\mu\nu}}{c^4}$$

當中的 μ 和 ν 下標代表時空四個可能的座標方向，$E_{\mu\nu}$ 和 $T_{\mu\nu}$ 稱為張量，張量是廣義的向量，$E_{\mu\nu}$ 和 $T_{\mu\nu}$ 都有 $4 \times 4 = 16$ 個分量。事實上，由於它們是對稱張量，所以只有十個分量是相互獨立的。方程式左邊的張量 $E_{\mu\nu}$ 稱為愛因斯坦曲率張量，它是和更廣義的黎曼曲率張量有關，黎曼曲率張量可以量化一條測地線偏離鄰近測地線的速率，能量—動量張量 $T_{\mu\nu}$ 就像一個重力源，方程式中的比例常數就是牛頓萬有引力常數 G 和光速 c。

　　在牛頓的萬有引力中，引力場是由物質在空間的分布所決定，也就是物質密度決定引力場。在空間的任一點上，物質密度只有單一一個數值，在愛因斯坦的萬有引力中，事情變得更加複雜，第一、受力的物體是在運動，這會產生一個動量的分布，根據狹義相對論，對一個移動的觀察者而言，能量和動量是混在一起的，就像時空一樣。質量就是能量，而能量和動量又像伙伴，所以廣義相對論對空間中每一點需要知道的是不只是物質密度就不那麼令人驚訝了。這個情況很像電磁學的狀況，在電磁學中，電流（運動的電荷）可以產生磁場。在萬有引力中，萬有引力場是由動量流所產生，也就是運動中的物質，詳細的分析太過複雜，無法在此詳述。的確很複雜，愛因斯坦的理論要求在每個點上有十個量來描述在萬有引力場內運動的物質。

　　動量相關的效應並不會出現在牛頓的萬有引力理論，因此我們必須保證新的萬有引力理論仍能重現牛頓學說。除了物質密度外，另外九個描述物質運動的測量值都和速度與光速的相對大小有關。在這種尺度中，太陽系內的行星運動速度都遠小於光速，地球的速度只有光速的萬分之一，因此在大多數實際用途上，我們都可以放心地使用牛頓的萬有引力理論。

　　任何一個好的科學理論都必須有可供實驗檢驗的預測，愛因斯坦是一位優秀的物理學家，因此也很瞭解此一要求。在他早期物理方面的好友荷蘭物理學家洛倫茲（Henrik Antoon Lorentz）建議之下，愛因斯坦在 1916 年三月寫下更清晰且更一致性的廣義相對論解釋，他在這篇論文結尾當中用很短的章節斷言有三個廣義相對論的實驗檢驗：紅移、彎曲的光線和水星異常的軌道。在當時觀測水星是唯一一個可以證實他的理論實驗，我們現在知道紅移的檢驗僅和等價原理有關，而不會和物質與愛因斯坦場方程式內的曲率之間的特殊關係有關。事實上，萬有引力的紅移是最後一個被證實的愛因斯坦預測，也就是 1960 年的傍德－雷布卡實驗。

圖9.10希伯特（1862-1943）被公認為最偉大的數學家之一，他是希伯特空間的發明人，這是一種類似歐氏空間的無限維度空間，構成量子力學的數學基礎。在 1900 年巴黎舉行的國際數學家會議當中，他提出了二十三個未解的數學問題。他也首次提出一個大綱，將數學放置在一個無可質疑的堅固基礎上。在 1928 年博洛尼亞（Bologna）的數學會議上，希伯特將他的大綱去蕪存菁地變成三個基本問題：數學是否完備？數學是否一致？數學是否可決定的？在 1930 年，哥德爾（Kurt Godel）證明出算術必然是不完備，而推翻希伯特的大綱：一定存有一種主張既不能證明，也不能反證。另一位偉大的數學家馮諾曼在閱讀哥德爾論文的時候，也正針對希伯特大綱做出一系列演講：他刪除了剩下的課程，改成和哥德爾研究有關的演講。杜林（Alan Turing）對希伯特大綱做出最後的一擊，他用一個簡單機械模型顯示在數學上，總有真正未解的問題。據說希伯特曾評論：物理對物理學家來說太過艱澀。他的基碑上有這樣的一段話：我們必須知道，我們也將會知道。（慕尼黑德意志博物館提供）

有個和發現廣義相對論場方程式相關的故事值得一提，這並不為大眾所知。幾乎在愛因斯坦發現的同時，德國偉大的數學家希伯特（David Hilbert）也發表了相同的方程式，愛因斯坦在 1915 年訪問哥廷根，並給了六堂的演講，每堂講演的時間為二小時，主題是廣義相對論，愛因斯坦寫道：

我很高興能夠成功地完全說服了希伯特和克萊因。

這是在愛因斯坦在同年十月和十一月最後突破之前的事。在十一月，愛因斯坦和希伯特透過信件來往，對愛因斯坦早期論文的一些問題作討論。經過最後的努力，愛因斯坦終於能夠在十一月二十五日將萬有引力場方程式的最後版本展示給普魯士學院，而在五天之前，希伯特將含有相同場方程式的論文投到在哥廷根的期刊。有一段時間，兩位科學家之間有一些摩擦，愛因斯坦可能認為希伯特無意識地剽竊他的想法，愛因斯坦於是寫信給希伯特，承諾將不愉快的情緒放到一邊，如此一來，愛因斯坦和希伯特才能度過他們之間的黑暗期，繼續他們之間的友誼。希伯特對愛因斯坦最後的評論中，就忠實地概述了這個處境：

在哥廷根街上的每個男孩都比愛因斯坦瞭解四維幾何，但是無論如何，愛因斯坦的確完成這項成就，而不是我們這群數學家。

讓我們現在瞧瞧愛因斯坦另外兩項檢驗的實驗證據，也就是彎曲的光線和水星的軌道。我們接著考慮愛因斯坦沒有想到的第四項廣義相對論檢驗—光的時間延遲。我們從彎曲光線的效應開始，這效應讓愛因斯坦享有全球的名聲。

空間中的海市蜃樓

親愛的母親，今天有令人愉悅的消息，洛倫茲傳來電報告知，英國的探險隊已經證實太陽造成星光的偏折。

愛因斯坦，給母親的明信片，9月27日，1919

在第八章裡頭，我們看到愛因斯坦如何瞭解到他的等價原理應該會造成光線的彎曲。他在1911年提出的第一個預測是和星光從太陽旁邊經過會造成的偏折有關，這預測的時間是在廣義相對論完成之前。這樣算出來的偏移量（小於1秒弧，一度可分成3600秒弧）結果和把光視成是一連串的粒子，然後用牛頓的萬有引力理論去計算是一樣的。一百年前的德國天文學家索德納就得到這個結果，愛因斯坦並不知道前人的發現。這項事實曾被納粹物理學家用來羞辱「猶太人的科學」，這包括二位諾貝爾獎得主勒納德（Philipp Lenard）和史塔克（Johannes Stark）。但是在1915年十一月，愛因斯坦重新修正他的預測，他利用新的廣義相對論發現修正的偏折量正好是原先的兩倍。

在愛因斯坦的理論中，兩倍的原因來自空間以及時空都是彎曲的。國數學家卡坦（Elie Cartan）證明牛頓的萬有引力等同於空間是平坦的，但時空則是彎曲的。我們可以從許多方式來看這個源自於愛因斯坦理論的說法。一種解釋這個效應的方式是愛因斯坦廣義相對論預測運動本身（動量）會導致額外的貢獻，就像能量一樣，這必須列入考慮。對光線來說，使用適當的單位會讓能量和動量數值一樣，這項論點建議廣義相對論應該預測偏折量是牛頓定律預測的兩倍。另一個更直觀的方式就是認清這個額外的偏折試圖將太陽附近

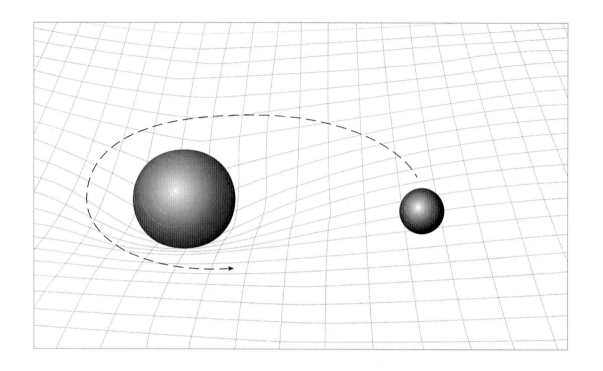

圖 **9.11** 愛丁頓用一個重球使得所在位置的橡皮薄片變形來表示大質量物體扭曲空間，一個較小的球在這個表面上滾動，將會感受到薄片的曲率，就像有一種吸引力在這兩個物體之間作用。

的彎曲空間顯現出來。在太陽周圍彎曲空間的一塊二維區塊可以視為一塊彈性表面，當中有一顆重球當作太陽被置放其中（見圖 9.11），光線沿著表面的測地線，也就是最短的路徑，愛因斯坦的初步計算給出相對於局部直線的偏折量。從這種圖像可以說服自己相信太陽附近的空間曲率可以增加牛頓定律預測直線的彎曲程度，關鍵問題就在於增加彎曲的多寡。愛因斯坦的廣義相對論場方程式的答案顯示額外偏折的量剛好等於他早先的預測值，這個預測值檢驗了愛因斯坦的理論，因為其他的萬有引力理論預測了不同的曲率和相對應的偏折程度，布恩斯－迪奇（Brans-Dicke）萬有引力理論就是另一個不同於愛因斯坦的理論，該理論針對光線偏折提出另一個不同的預測，我們在後頭可以看到布恩斯－迪奇理論雖然在 1960 和 1970 年代曾經挑戰過愛因斯坦的理論，但現在已不認為是廣義相對論的對手。

　　光線的微小偏折是如何測量？只有在日全蝕的時候，才能觀測通過太陽邊緣的光線。德國天文學家費尼福林區（Fin-

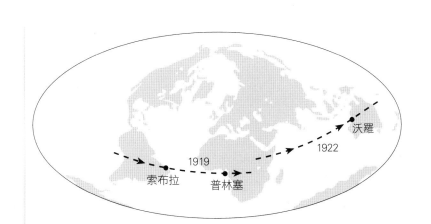

圖 **9.12** 顯示在 1919 年和 1922年的日蝕軌跡的地圖，觀測地點也被標示出來。

圖 **9.13** 在巴西北部索布拉（Sobral）研究日蝕的光學儀器。

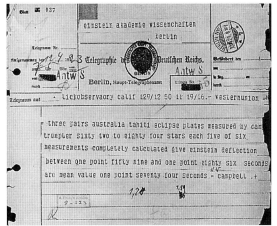

圖 **9.14** 寄給愛因斯坦的電報，證實 1922 年日蝕測量的結果。（得到以色列耶路撒冷希伯來大學的猶太國立大學圖書館愛因斯坦檔案室授權）

ley-freundlich）嘗試派遣一支探險隊檢驗愛因斯坦先前的理論（錯誤的那個理論），但因第一次世界大戰而作罷。1915年十一月，當愛因斯坦完成他的廣義相對論和修正過偏折預測的時候，歐洲也正處於戰爭時刻。雖然德國和英國科學家在戰時沒有直接的通聯，荷蘭物理學家德西特（Willem de Sitter）仍將愛因斯坦的論文轉寄給劍橋的愛丁頓（Arthur Eddington）。愛丁頓很快就認知到愛因斯坦理論的影響力和重要性，他隨即計畫一支探險隊進行光線偏折的觀測。最佳

圖 **9.15** 1919 年十二月十四日發表的 Berliner Illustrirte Zeitung 雜誌封面，在世界歷史中的一幅偉大的新畫像：愛因斯坦，他的研究意味著對大自然的觀念有完全的修正，等同於哥白尼、克卜勒和牛頓的真知灼見。

機會是在 1919 年五月二十九日的日蝕，屆時太陽應該會在畢宿星團的一大堆亮星前面通過。在向英國政府申請許可和支援的時候，戰爭是否結束仍是未知數，愛丁頓是一位貴格會信徒，身為虔誠的反對者，他可以免於服役。兵役部嘗試廢除他的免服兵役，但經過三次的聽證會，和來自皇家天文學家戴森（Frank Dyson）的特別請求，愛丁頓被允許參加該次探險。

通常日全蝕的位置觀測都落到偏遠的地點，這次也不例外。愛丁頓自己帶領一夥人到西非海岸外的普林塞小島，另一夥人在克魯姆林（Andrew Crommelin）領導下，前往巴西北部的索布拉。另一個日蝕和地面觀測天文學的問題就是最好的計畫也會被天氣給阻擾。在日蝕的當天，愛丁頓非常擔心巨大暴風雨的到來，幸運地，在日全蝕的前五分鐘，天空非常地晴朗，愛丁頓可以拍到一些照片，只有兩張底片有確實的恆星影像。觀測到的恆星位置還得和其他時間拍攝相同區域的照片相互比較。愛丁頓就有之前觀測到的這些結果。愛丁頓比較兩組觀測結果發現偏折的程度和愛因斯坦的預測一致，他後來說道：這是我一生最快樂的時刻！

在索布拉的探險隊更加幸運，令愛丁頓可以做下結論：

普林塞底片的證據只剛好可以將半偏折的可能性去除（也就是愛因斯坦在 1911 年沒有彎曲空間的結果）索布拉底片則是斬釘截鐵地將它排除。

日蝕探險隊的結果在 1919 年十一月六日的一場皇家天文協會爆滿的會議上提出，在會議當中，席伯斯坦（Ludwick Silberstein）起立，指著牆上牛頓的畫像說道：

我們應該將結果歸功於這位偉大的人物，繼續小心地修正或潤飾他的萬有引力定律。

但新聞界仍狂熱地將愛因斯坦視為新戰後時代的象徵，紐約時報當時如此報導：

　　　光線全在天空中傾倒：學科學的人或多或少都為日蝕觀測的結果感到興奮。

　　不像一般的科學家突然變成全世界媒體關注的焦點，愛因斯坦能夠做到破除因襲的形象。他的研究生涯從不引注目的地方開始，現在他正挑戰牛頓和歐幾里德所建立的真理。伴隨著愛因斯坦的愉悅態度，他願意和媒體談論各方面的話題，從科學到宗教和政治，我們可以輕易看出他為什麼變成一個公眾形象。假如他是活在我們這個時代，他一定可以提供一些值得懷念的名句。例如愛因斯坦經常被看到不斷地清理他的煙斗，當有人問他是否為了尋求吸煙的樂趣而吸煙，還是享受清理並填充煙斗的過程，他如是答覆：

圖 9.16 隸屬於加州理工學院歐文斯谷（Owens Valley）天文台的兩座電波望遠鏡，用來進行類星體無線電波受到太陽而偏折的開創性測量。兩座望遠鏡相隔超過一公里，前景碟狀天線的直徑有一百三十呎，背景天線直徑有九十呎。（加州理工學院歐文斯谷天文台提供）

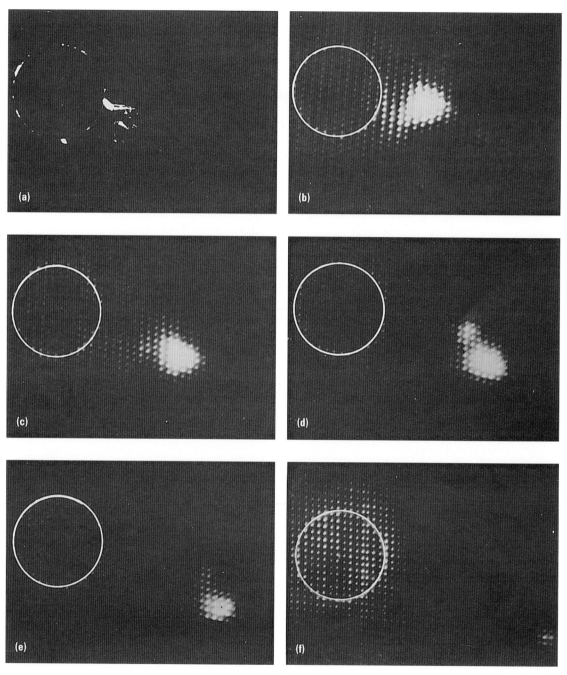

圖 9.17 日珥閃焰噴發的光學影像（a），噴發後的一連串電波影像（b）-（f）。這些圖片顯示一團電漿雲從太陽噴發，以每秒數百公里的速度向外前進，當電漿脈衝到達地球附近，地球磁暴和極光會在巨大閃焰產生後一或二天發生。（CSIRO 電波物理局提供）

圖 **9.18** 來自歐洲太空總署的 ERS-1 衛星雷達影像，顯示水波正通過直布羅陀海峽，波長約兩公里，出現在右邊，水波延伸進入地中海，這是由來自海峽狹窄缺口的繞射所造成，所有的波都是以這種方式表現，就是這個事實，限制了望遠鏡和顯微鏡的解析度。（歐洲太空總署版權所有 1992）

　　我的目的只是要抽煙，但事情總是會遭遇不順。生活也像是在抽煙，時有不順，尤其是婚姻。

　　雖然愛丁頓的日蝕觀測分析支持愛因斯坦的預測，但仍受限於 10% 到 20% 的準確度。在 1973 年之前有許多日蝕的探險隊，雖然在技術上有可觀的進步，但在準確度上仍只有些微的增加，到了 1973 年，這種可見光的測量被其他更精準的技術所取代。

　　無線電波就像光線一樣，只是馬克士威方程式所預測電磁波頻譜的一部份。廣義相對論預測無線電波將會受到萬有引力質量所偏折，就像光波一樣。回想過去，令人驚訝的是物理學家和天文學家在 1931 年以前對電波天文學並不太重視，而在 1931 年，貝爾電話實驗室的詹斯基（Karl Jansky）才首先認定電波噪音來自於我們銀河系的中央。直到 1942 年

圖 **9.19** 類星體 3C 273 的光
譜顯示四條明亮的發射譜線
來自於氫，箭頭標示出紅移
的部分：都卜勒位移的量顯
示類星體是以 15% 的光速遠
離我們。（一萬埃相當於百
萬分之一公尺）

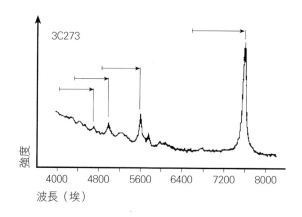

英國年輕科學家史坦利（James Stanley Hey）瞭解到英國早
期警報雷達系統的干擾並不是來自納粹德國，而是來自太陽
電波干擾，這才發現了來自太陽的電波噪音，這項發現很快
就歸類成軍方戰時的機密。或許我們對於電波天文學的興趣
缺缺，主要原因在於波長和望遠鏡解析能力之間的關連性。
為了瞭解這一點，現在考慮從不同角度欣賞油畫時，我們可
以看到什麼結果。從遠距離來看，我們無法察覺單獨的畫筆
手法和畫布上的詳細結構。當我們更靠近這幅油畫，我們開
始可以辨別出這些特徵，也可以辨識出畫筆手法尺度的細節
部分。藉由靜止站立，從遠處透過望遠鏡觀看畫像，也可以
得到相同的結果。對藝術品來說，這種觀看的方式過於荒
謬，但對於宇宙的天體而言，我們也只能做到這樣的觀測。
因此望遠鏡的鑑別率對我們能夠觀測的詳細程度是非常重要
的，在理想的狀況下，鑑別率取決於兩件事：主透鏡或主鏡
的大小，以及來自我們想要觀測物體的輻射波長。鏡片尺寸
增加一倍，望遠鏡的鑑別率增加一倍，波長增加一倍會產生
反效果，會造成鑑別率減半。根據這個原因，可見光的波長
比無線電波短很多，可以想見電波望遠鏡在鑑別率方面很
差，較少用於精準的測量，但是在現代天文學中，電波天文
學為什麼會有解析非常好的測量？

　　答案在於使用電波干涉儀，它是由兩座電波望遠鏡所組
成，位置相離數公里之遠，這個距離稱為基線（baseline）。

兩座望遠鏡同時收到來自同一電波源的電波，但取決於電波源的方向，訊號經過較遠的行程到達其中的一座望遠鏡。當兩個訊號被結合起來，行徑距離的差異會顯示出一般波動的干涉效應，很類似著名的邁克生和莫雷的光實驗。只要在方向上有些微的變化，兩個波就能從破壞性干涉變成建設性干涉，這種電波干涉儀可以產生很高的鑑別率。金堆（Goldstack）干涉儀就是結合加州砂金石（Goldstone）的望遠鏡和麻州的乾草堆（Haystack）望遠鏡，產生大約三千九百公里的基線。使用全世界各地電波望遠鏡的洲際干涉儀也被運用，這種方式可以達到小於千分之一秒弧的鑑別率，這相當於能夠分辨出八千公里外的兩隻相隔二十五毫米的螢火蟲。由於愛因斯坦預言光的偏折可以大於一秒弧，我們就可以用這種電波干涉儀很精準地測量偏折效應。問題是我們需要一個很明顯的電波源，不是來自星系的電波，這種電波源的大小約有一度左右。很幸運地，在 1960 年代發現的類星體（quasi-stellar objects）可以提供我們所要的電波源，它們是電波發射體，看起來像一顆恆星，有非常小的角大小（angular size）。

　　在 1969 年十月之後的數天當中，在歐文斯山谷和加州砂金石的電波天文學家一直等待兩顆亮類星體 3C 273 和 3C 279 通過太陽，在十月八日，類星體 3C 279 從太陽後頭通過，和 3C 273 相距只有四度，兩組電波天文學家利用兩顆類星體之間的角度，測量電波的萬有引力彎曲。在 1969 年，兩組得到的結果都符合廣義相對論，準確度在 10% 以內。這並不比日蝕的測量結果好，但不像日蝕過很久才會發生一次，這種實驗可以在每年的十月重複觀測。1975 年，觀測 3C 273 和 3C 279，加上另外三顆類星體，電波天文學家可以改進廣義相對論的檢測精準度到 1%。

尋找羅神（Vulcan）

> 從痛苦中的最後解放終於完成，最令我愉悅的是水星近日點
> 和預測吻合。

愛因斯坦，信，1915

　　牛頓萬有引力理論最重要的成就在於解釋行星的運行，克卜勒（Johannes Kepler）在兩本書中寫下天體力學的基礎，分別為1609年出版的《新天文學》（Astronomia Nova）和1619年出版《宇宙和諧論》（Harmonice Mundi）。在這些書中，克卜勒不僅採取了基本且異端的哥白尼觀點，認為地球繞行太陽，並且進一步破壞行星以正圓且一致的軌道概念。由於丹麥天文學家第谷（Tycho Brahe）精確的行星觀測，迫使克卜勒放棄亞里斯多德的正圓軌道，克卜勒對火星軌道有八分弧的差異感到憂心：

圖**9.20**克卜勒（1571-1630）是哥白尼太陽中心天文學的首倡者之一，他的行星三大運動定律是科學史上的里程碑，為牛頓萬有引力理論奠下基石。克卜勒曾寫過一本科幻書籍《夢遊記》（Somnium），是和夢想到月球旅遊有關。他的母親因為是個女巫而被起訴，克卜勒在審判中為母親辯護。克卜勒剛開始是以出版星象日曆起家：最後成為佛倫斯坦（Walenstein）將軍的專屬星象家。（倫敦 AKG 照片收藏）

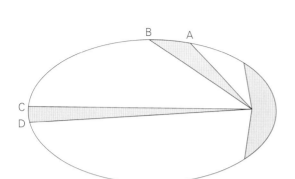

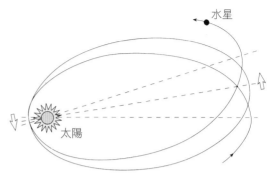

圖 9.21 克卜勒第二定律陳述一條來太陽和任一行星的直線，在相同時間內掃過相同的面積。在圖中，行星從 A 點走到 B 點所用的時間和 C 點走到 D 點相同。

圖 9.22 在水星這個例子中，行星橢圓形軌道的緩慢旋轉，近日點是最靠近太陽的一點，這個近日點會緩慢移動，稱為近日點歲差。（不是按真實比例）

　　…如果我相信我們可以忽略這八分弧，那麼我的假設破洞就補起來了。但當它不該被忽略，這八分弧會對天文學的完整再造指出一條明路：它們會變成這項工作大部分的建構材料。

　　不像托勒密和哥白尼一樣，克卜勒的麻煩來自他持有的資料太過於正確了，因為不正確資料可用來迎合他的偏愛。經過一連串的奮鬥，克卜勒逐漸獲得結果，就是行星軌道是橢圓形，太陽並不在行星軌道的中心位置，而是在橢圓的一個焦點上。不像哥白尼和牛頓，克卜勒仔細寫下得到這項結果之前所有思考過程的反覆掙扎，他總結說：

　　在我幾乎發狂之前，我思索和尋找一個理由，為什麼行星偏愛一個橢圓形軌道…唉呀！我真像一隻呆頭鵝。

　　如他自己所述的，在克卜勒的傑作中，他揚棄了大量的歷史包袱，這些包袱阻礙天文學將近一千年的進步。有了他的三項定律，克卜勒設定好場景，留給牛頓創造天體力學的領域。克卜勒第一定律描述行星是在橢圓軌道上運行，他的第二定律和第三定律則是近代物理學的基礎里程碑，近代物理的主要特色就是準確，用數學的語言描述一些可檢驗的陳

述。第二定律說明太陽和行星的連線在相同的時間內會掃過相同的面積，第三定律則說行星軌道週期的平方正比於軌道半主軸的立方。最後一個定律是行星週期和它距離之間的關係，這提供了牛頓萬有引力定律的最後一個線索。在克卜勒的著作當中，他對「太陽裡頭有一種作用力可以移動行星」這段話重複很多次。剩下的就有待牛頓對此作用力作較具體的瞭解。我們現在看看比火星軌道的克卜勒八分弧更小的不一致性：愛因斯坦關心的是四十三秒弧和水星的軌道。

　　牛頓萬有引力理論最大的成就之一就是成功地預測海王星，英國的亞當斯（John Couch Adams）和法國的勒威耶（Urbain Jean Joseph Le Verrier）各自獨立分析了天王星的軌道。為了完成這項分析，不僅要考慮太陽的萬有引力，還要考慮其他行星對天王星軌道的影響，當所有行星的萬有引力都考慮進去，天王星的軌道仍有一些不吻合。亞當斯和勒威耶都建議在天王星外還有一顆仍未被發現的行星。在 1846 年九月二十三日和二十四日的晚上，柏林天文台發現海王星。在 1859 年，勒威耶是當時巴黎天文台的台長，他嘗試重複這項發現，他仔細分析水星的運動並發現一個差異，假如吾人只考慮來自太陽的萬有引力，水星的軌道應該會固定在太空中，將其他行星造成的小擾動考慮進去後，水星的軌道方向就不再固定，會緩慢地轉動，請看圖 9.22。水星的近日點是軌道上最靠近太陽的一點，有了這些擾動，從近日點劃到太陽的連線會轉動，稱為歲差（precesses），以致於軌道會勾畫出花的圖樣。水星的軌道每一百年會旋轉 574 秒弧，勒威耶計算來自其他行星對歲差的貢獻，算出最靠近的金星貢獻最大，有 277 秒弧，木星的質量比金星大四百倍，對歲差的貢獻僅次於金星，有 153 秒弧。地球貢獻 90 秒弧，火星和剩下的行星貢獻 10 秒弧，從分析中無法解釋剩下 43 秒弧。比照發現海王星的成功案例，期待有新的行星（稱為羅神）可以解釋這個差異。預估新的行星會比水星更靠近太陽，因此名之為羅神—羅馬的火神，羅神的任務包括鍛造朱

比特的霹靂雷電。曾有人尋找羅神，但沒有成功，水星近日點的歲差一直是天文學的重要問題，直到愛因斯坦用他新的萬有引力理論，才解釋了那消失的 43 秒弧。

在廣義相對論中，吾人可以辨識出三個不同的效應對水星近日點歲差有所貢獻，這並不在牛頓引力理論中。第一、萬有引力和速度有關，當一顆行星朝向太陽移動，它會被加速，在愛因斯坦的萬有引力中，與速度有關的作用力造成行星環繞太陽時會比純粹的牛頓萬有引力作用下來得遠。第二個效應就是空間的曲率，在太陽周圍彎曲空間內的距離會和平坦空間不同，因此軌道不會以牛頓的方式完全地連接起來。第三個效應就是萬有引力會對所有的能量起作用，包括本身萬有引力場的能量，這是非線性理論的特徵。雖然我們把這三個效應講得好似它們都是獨立的，但實際上它們並不是真的可以被分得那麼清楚。雖然有這種模稜兩可的情形，

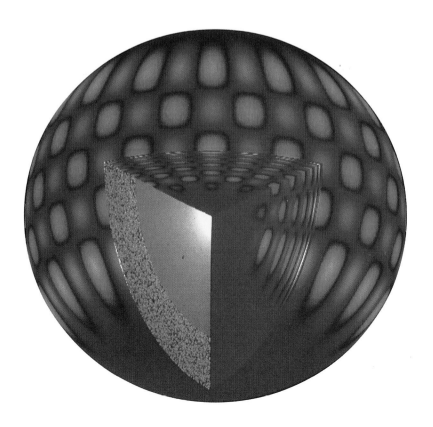

圖 **9.23** 太陽許多複雜震盪圖案之一，紅色區域表示退行，藍色區域表示靠近。（美國國家可見光天文台提供）

廣義相對論預測這個移動的最後結果並不是模稜兩可的：每
一百年幾乎剛好就是 43 秒弧。當愛因斯坦瞭解到這項結果
是他理論的必然推論，不需要任何特定的假設，他感到興奮
異常，帕易（Abraham Pais）寫道：

> 我相信這項發現顯然是愛因斯坦科學生涯中，或許是他一生
> 中最強的情感經驗。大自然終於向他傳話了。

1960 年代，由於使用新的電腦和雷達資料，證實了廣義
相對論對近日點的預測。不僅是水星的近日點，包括金星、
地球和 1566 號小行星（Icarus）。1960 年代還帶來了另一項
發展，對這個廣義相對論的古典檢驗投以懷疑的眼光。這對
愛因斯坦的挑戰始於 1960 年，當時的迪奇（Robert Dicke）
和他在普林斯頓的研究生布恩斯（Carl Brans）提出另一種萬
有引力理論，這個理論結合了和愛因斯坦相同的等價原理，
但它的預測結果和彎曲的時空不同。結果這個被稱為布恩斯
－迪奇理論所預測的水星歲差比愛因斯坦的預測值小。為了
解釋這個差異性，迪奇和高登堡（H. Mark Goldenberg）開始
進行一系列的測量看看太陽的外型是否像一個正圓球。假如
太陽在兩極的地方有一點扁平，這個扁平將會對行星軌道的
近日點歲差造成進一步的貢獻。當迪奇和高登堡在 1966 年
首次報告他們的觀測結果，他們斷定太陽的扁平程度大到足
以對水星近日點每一百年有三秒弧移動的貢獻。他們的結果
吹起了爭辯的風暴，雖然大多數的天文學家現在相信太陽的
扁平程度比原先迪奇和高登堡所提的小很多，但這類的爭辯
還沒有完全解決。

有關太陽表面所引發的一項值得注意的結果就是太陽震
盪的發現。1976 年，希爾（Henry Hill）和他的同事在亞利
桑納州土桑附近的一個聖大卡塔利納（Santa Catalina）太陽
觀測站發現太陽有持續性的震盪，太陽表面有規則性的變
形，週期從數分鐘到數小時。這項太陽物理新的不確定性讓

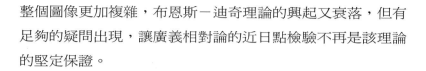

整個圖像更加複雜，布恩斯－迪奇理論的興起又衰落，但有足夠的疑問出現，讓廣義相對論的近日點檢驗不再是該理論的堅定保證。

廣義相對論和光的速度

　　1964 年，美國物理學家沙普利（Irwin Shapiro）提出廣義相對論的第四個檢驗，他當時正在麻省理工學院進行一項利用雷達測距（radar ranging）新技術，來改進行星距離的測量，這項研究牽涉到雷達訊號來回時間的測量。1961 年這項技術曾用來測量金星和地球之間的最短距離，雷達回波非常微弱，但仍偵測的到，當結合了光速，就可以從時間量出距離，準確度約一百公里。這項雷達測量使用之前，行星際間的距離測量不確定性有數萬公里，沙普利打算用雷達測距來檢驗廣義相對論。假如雷達訊號的行經路線接近太陽，則會有萬有引力時間變慢（gravitational time dilation）效應和等效原理所造成的延遲現象，就像水星近日點一樣，空間的曲率也會有額外的貢獻。不過光行徑的偏折造成的時間延遲則是可以忽略的。

　　這個預測的效應會有多大？是否可以測量出來？當地球和另一顆行星在太陽的兩側，並且成一直線的時候，也就是上合（superior conjunction），所預期的效應最大，針對火星的計算產生的預測來回時間的延遲為二億五千萬分之一秒，或稱 250 微秒。在這個時間當中，光行走了七十五公里，若是單程的火星到地球的話，差異只有原先的一半，將近四十公里。假如可以測量這個時間延遲達到這樣的準確度，我們似乎面臨一項選擇，要不是火星在上合的時候比平常遠了四十公里，然後才又慢慢前行回到原軌道，就是我們必須從時間延遲的結果斷定運行的軌道和原先一樣，只是光走得慢一些。根據光速在每個自由落體的小區域內都是相同的事實，光又如何會顯得比較慢呢？事實上這並不成問題，因為我們必須沿著光行徑比較這個區域的一連串事件來決定所花的時

圖 **9.24** 沙普利於 1955 年在哈佛獲得博士學位，並在附近的麻省理工學院繼續研究用雷達測量行星的實驗。在參加 1961 年的一次演講中，他對一項陳述感到困惑，根據廣義相對論，光速不是常數，在檢視廣義相對論的方程式之後，沙普利將方程式運用到雷達測距，並發現廣義相對論的第四個檢驗。（感謝哈佛史密松天文物理中心提供）

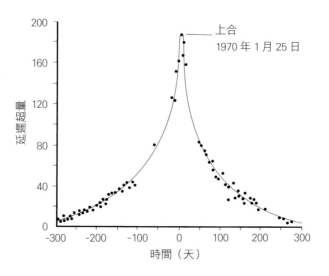

圖 **9.25** 來自金星雷達回波的時間延遲超量圖，時間延遲的最大值（標示成上合），發生在金星、太陽和地球在同一直線上的時候，金星在太陽較遠的一端，所以來回的雷達最靠近太陽。

上合
1970 年 1 月 25 日

延遲超量

時間（天）

間。當光行徑靠近太陽的時候，觀測者唯一能說的就是光來回一趟需要較長的時間。如果需要的話，我們可以說光變慢了，但是唯一能測量的物理量只有時間的延遲。沙普利在 1961 年和 1962 年首次計算他的時間延遲，結果結論是雷達天線的功率不足，雷達訊號行經如此遙遠的距離，無法產生可測量的回波。

這個狀況在 1964 年有了變化，因爲乾草堆雷達的完成，使理論上 250 微秒變成是可以偵測的，這提供了雷達測距的準確度達數十微秒。在沙普利發表了預測時間延遲的論文之後，乾草堆雷達的功率增加了五倍，在 1966 和 1967 年，針對水星和金星進行測量，結果支持廣義相對論，不確定性大約 20%，在 1970 年末，測量的準確度已經改進，結果和沙普利的預測吻合，不確定性在 5%以內。要得到更好的結果是非常困難的，因爲行星雷達測量的不確定性是和行星表面的高山和山谷有關。

在加州噴射推進實驗室的科學家瞭解到可以用太空探測船來取代行星的時間延遲測量。在水手六號和七號完成火星研究任務之後，太空船在 1970 年到達和接近上合的時候，前後共完成數百次測距的測量，這些時間延遲的測量和廣義相對論的預測一致，不確定性在 3%以內。更準確的時間延

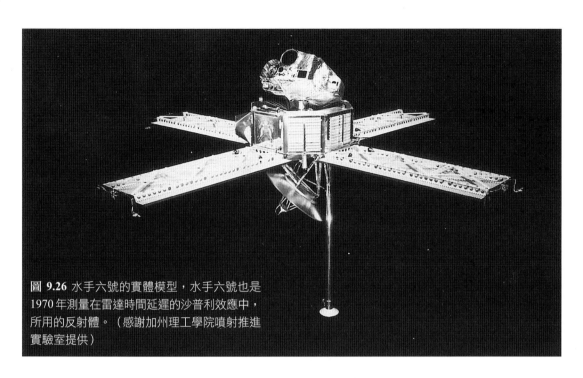

圖 9.26 水手六號的實體模型，水手六號也是
1970 年測量在雷達時間延遲的沙普利效應中，
所用的反射體。（感謝加州理工學院噴射推進
實驗室提供）

圖 9.27 維京人二號所拍攝的火星烏托邦
平原景觀。（感謝加州理工學院噴射推
進實驗室提供）

電波天文學簡史

在十九世紀末和二十世紀初，電波仍是個新穎的事物，故人們狂熱地追尋著新的實驗和應用。許多科學家嘗試偵測來自太空和太陽的電波，他們無法成功有兩個原因。第一、他們想要偵測的長波輻射被高層大氣導電層反射，所以不會到達地表。第二、雖然太陽的確會產生電波，它和其他大多數的星球一樣，是一個相當微弱的電波源。因此直到

圖一：詹斯基（1905-1950）和他的天線，他用這座天線證明銀河系是一個亮電波源，他的發現是在 1931 年，但天文學家不太注意這項發現。（感謝美國國家電波天文台提供）

第二次世界大戰，才首次偵測到來自太陽的電波，並且只是一個戰時的意外發現。在1942 年二月二十六日和二十八日之間，英國早期預警雷達系統被干擾了。剛開始是歸咎於德國的不友善動作，但一位在戰時雷達研究計畫工作的年輕平民科學家史坦利瞭解這個干擾是來自於太陽，另外他還正確地提出這來自太陽的不尋常電波噪音是和同時發生的大型太陽閃焰有關。這項發現的消息在戰爭期間因為軍事安全的原因而被封鎖。

宇宙電波訊號在稍早前由電波工程師詹斯基發現，詹斯基當時在紐澤西州的貝爾電話實驗室工作，他被指派去追蹤大西洋間電波電話接收的干擾原因。在 1931 年尾，他建造一座非常短波的可操控電波天線，有三個電波噪音源變得非常明顯：當地的大雷雨、更遠的大雷雨和一個每天變化的持續嘶嘶聲。起初詹斯基認為這第三個噪音源應該是太陽，但他逐漸知道，當他的天線指向天空固定方向，就會

圖二：羅伯站在1937年自建的電波望遠鏡前，這座全世界第一座電波望遠鏡建在他家後院。（感謝美國國家電波天文台提供）

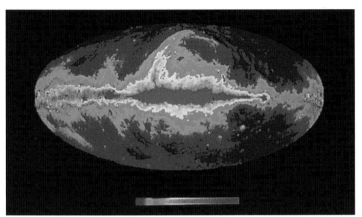

圖三：電波天空的彩色圖，波長為七十三公分，紅色代表較亮的區域，黑色代表幾乎沒有電波的區域。銀河面橫跨中心的帶狀區域，顯示在星系中心的方向，射手座中央區域是非常強的電波源。（德國卜郎克電波天文中心的哈斯姆等人拍攝，貝克使用來自艾佛爾斯堡，周德爾堤和帕洛斯的觀測資料，在萊因區博物館的計算中心製作彩色電波圖）

圖四：史坦利曾是 1940 年到 1952 年英國陸軍作戰研究小組的工作人員，然後他成為梅爾文（Malvern）的皇家雷達機構的研究科學家，最後成為首席科學官員。他除了發現來自太陽的電波噪音，1946 年他和他的同事找到第一個已知河外電波源天鵝座 A。

發生最強的訊號，這個方向就是我們銀河的中心。很意外地，詹斯基的發現被所有的專業天文學家所忽略，而由另一位電波工程師羅伯（Grote Reber）接了下一棒。

　　1937 年，羅伯建了一個可操控的九米碗形電波反射面，在反射面的焦點上有一個天線，這是全世界第一座電波望遠鏡，座落在伊利諾的羅伯家後院中。羅伯製作了第一幅全天電波圖，除了靠近銀河中心的人馬座活動峰值外，他還在仙后座、天鵝座和金牛座發現較小的電波發射峰值。仙后座的電波源是和數百年前爆炸的恆星殘骸有關，金牛座的電波源在蟹狀星雲的中心，也有類似的現象，西元 1054 年，中國天文學家在該處觀測到一顆新星突然閃爍，我們現在稱這種事件為超新星，超新星非常地亮，白晝可見，並可維持數週。超新星殘骸現在知道是電波天空中最亮的天體之一。我們以後將看到，天鵝座的電波源會更加有趣。羅伯的研究為電波天文學的新領域奠定基礎，直到戰爭末期，羅伯是全世界唯一的電波天文學家。

　　戰後，一些雷達的先驅者轉到電波天文學，羅福（Bernard Lovell）在曼徹斯特大學落腳，萊爾（Martin Ryle）建立了劍橋大學電波天文小組。1946 年史坦利和他的同事使用舊型的陸軍雷達設備發現第一個河外電波源天鵝座 A，這是改進羅伯電波圖的結果。電波噪音來自天鵝座附近區域，電波變化得

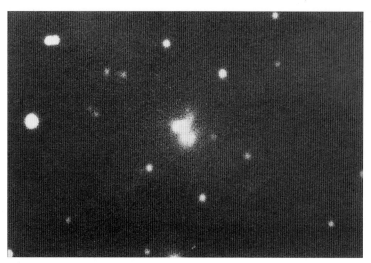

圖五：天鵝座 A 電波星系的可見光影像，從天鵝座 A 所發出的電波能量大約和可見光相當，是仙女座星系產生電波能量的一百萬倍。並且天鵝座 A 的電波能量集中在兩個巨大的電波瓣，之間相隔五千萬光年，分別位在中央星系的兩側。類似仙女座的正常星系發出的電波發射大多集中在星系的光學影像區域。（加州理工學院帕洛瑪天文台提供）

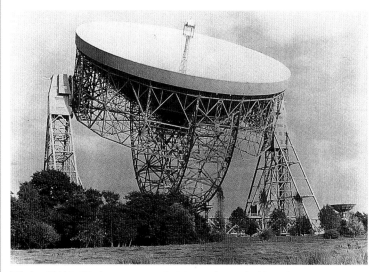

圖五：周德爾堤（Jodrell Bank）兩百五十呎可操控電波望遠鏡在 1957 年完成，比俄國發射第一個人造衛星（史波尼克一號）早一點。當裝上雷達發射器之後，周德爾堤變成唯一能夠偵測來自乘載火箭的微弱反射訊號的儀器，來自史波尼克本身的電波訊號是很容易收到，周德爾堤和它的主管羅福因此而成名。（曼徹斯特大學提供）

很快，不像來自銀河系其他區域的發射。1954 年獲得天鵝座 A 更準確的位置，巴德和明可夫斯基使用帕洛瑪兩百英吋光學望遠鏡以可見光的方式辨識出天鵝座A，他們所看到的天體離我們的距離超過十億光年，看起來是兩個相互碰撞的星系，天鵝座 A 是第一個新型態強電波發射源，現稱為電波星系。

在 1950 和 1960 年代，電波天文學最主要的工作之一就是將天空中的電波源位置列出來，劍橋的電波天文學家編撰了許多這樣的列表，1959 年他們發表了第三個列表，稱為第三號劍橋表（the 3rd Cambridge Catalogue），包含了471個電波源，有些電波源和銀河系內的天體有關，例如和蟹狀星雲有關的電波源。1960 年，桑迪吉（Allan Sandage）在電波源 3C 48（第三號劍橋表的第四十八個電波源）的位置發現

一顆恆星，這是非常奇怪，一般認為普通的恆星產生微弱的電波噪音。其次它的光譜也很奇怪，當中有許多譜線是無法辨識出來。

在此同時，澳洲國家天文台的哈澤（Cyril Hazard）和他的同事們利用月球幫他們獲得電波星系的準確位置。月球會在天空掩出一個盤面，當月球移動，有新的恆星被掩住，其他的則重新出現，這稱為月掩（lunar occultation）。藉由仔細測量電波星系發生月掩時，亮度減弱的時間，這個星系的位置就可以準確地算出。1962 年，3C 273 有三次的月掩，算出位置的準確度甚至可以在該處標示出可見光的對應天體。哈澤發現這個電波源有兩個分量，光學照片顯示類似恆星的天體會有噴射流，3C 273 的光譜令人困擾，有許多謎樣的特性和 3C 48 有關。

這個謎題在 1963 年由天文學家施密特解開，他發現 3C 273 的譜線是很正常的譜線，只不過有很大的紅移，他認為 3C 273 必須以百分之十五的光速遠離我們（見圖 9.19）。3C 48 的光譜很快地以類似的方法瞭解，它遠離我們的速度高達百分之三十三的光速。假如這些天體是一般宇宙膨脹所造成，他們必須是非常地遙遠，並且是非常強的電波源。因為它們密集地像顆恆星，因此稱之為類星體。

遲測量則可以結合行星和太空船的技術得到。1976 年的維京人號的火星任務，兩艘太空船登陸火星表面，並送回嘆為觀止的火星表面照片，這些太空船為時間延遲實驗提供了一個理想的電波固定發射源。歷經一年得到的測距資料，經過仔細的分析，並在 1978 年公布分析結果，結果是和沙普利的預測一致，不確定性在 0.1%以內。

◉附加資料

現在廣義相對論通過的檢驗比愛丁頓第一次日蝕實驗更加詳細。在近代技術的檢視下，更加強了我們對愛因斯坦理論的信念。儘管還有來自太陽扁平測量造成的不確定性，但布恩斯－迪奇理論仍不能算是強勁的對手。迪奇和布恩斯增加一個新的場來修改愛因斯坦的理論，相較於愛因斯坦原先的萬有引力場，這個新場的重要性可以用一個可調整參數來描述。1960 年代初期，在當時既有的準確度下，這個新的理

論和所有的廣義相對論檢驗一致，布恩斯－迪奇理論的沒落就是物理應該如何進步的一個例證。這段完整的故事都生動地記錄在威爾（Clifford Will）的《愛因斯坦正確嗎？》書中，大致上，整個故事如下所述：

1967 年，大學教授諾威特（Kenneth Nordtvedt）正在蒙大拿的波茲門工作，他發現布恩斯－迪奇理論的一個新預測。諾威特證明出布恩斯－迪奇理論的等效原理應用取決於物體的大小是否屬於實驗室裡的尺寸大小（例如在厄缶實驗裡的小鋁球和小白金球），還是像月亮或行星般的尺寸大小。對於小物體而言，萬有引力的能量可以忽略，但是月亮和行星的萬有引力能量是很顯著的。在愛因斯坦理論中，大小物體的加速度原是相同的，但在布恩斯－迪奇理論中，萬有引力能量有點以不同於其他能量的速率下滑，以致於一般的等效原理在自我束縛的強萬有引力物體上失效。諾威特發現他能用月亮軌道精確的測量來檢驗兩個理論。在 1975 年，兩組科學家分別分析了月地的雷射測距資料，結果顯示沒有布恩斯－迪奇理論預測的諾威特效應。諷刺地，參與分析資料的另一位物理學家就是迪奇。

第10章　大霹靂、黑洞和統一場

懷疑論者將會如是說：大有可能！這組方程式從邏輯的觀點
來看是合理的，但這並不表示它和大自然有任何關連。親愛
的懷疑論者，你的說法是正確的，單靠經驗的考慮是可以決
定真實。

愛因斯坦，對統一場論的評議，1950

膨脹的宇宙

愛因斯坦和他的妻子艾爾莎正在威爾遜山上參觀天文台，有
人向他們解釋這座巨大的望遠鏡可用來決定宇宙的結構，艾爾莎
回道：唉呀！我先生都是在舊信封的背面做這檔事。

取自人類發現星系，1930

在廣義相對論驚人的成功之後，愛因斯坦開始思考他的
理論如何運用在整個宇宙上。1917 年他寫了一篇論文，開啟
了另一個物理的新疆界─相對論宇宙學（relativistic cosmo-
logy），他在給朋友芮菲斯特（Paul Ehrehfest）的一封信內
寫道：

我已經…又搞了些有關重力理論的東西，這東西簡直快把我
逼瘋了！

雖然愛因斯坦大膽提出第一個宇宙的數學模型，但在某
種意義下，他也在此一關鍵時刻喪失了膽量。從他自己的場
方程式中可以很自然地得到一個答案，愛因斯坦卻選擇修改
重力以及引進一個新的排斥力，捨棄了預測哈柏的新發現─
一個膨脹的宇宙。愛因斯坦在他的重力場方程式中多加了一
項，稱之為宇宙學項（cosmological term）。後來和加莫夫

圖 **10.1** 愛因斯坦和他的首任妻子密內娃以及兒子漢斯（Hans Albert）在 1904 年伯恩的照片。（得到以色列耶路撒冷希伯來大學的猶太國立大學圖書館愛因斯坦檔案室授權）

（George Gamow）的談話中，愛因斯坦提到他所引進的宇宙學項是他最大的錯誤（biggest blunder）。1917 年，愛因斯坦正在寫論文—廣義相對論的宇宙學考量（Cosmological considerations on the general theory of relativity），當時正逢大戰，他所在的柏林缺乏食物，並且有病在身，而他和他第一任妻子密內娃（Mileva）的婚姻出現問題。他是透過堂妹艾爾莎（Elsa）的照顧才恢復健康，之後他就娶了艾爾莎。雖然日復一日出現的困境，我們還是覺得懷疑自己理論眞的很不像是愛因斯坦的作風。愛因斯坦不情願正視他的理論結果，其主要原因是當時（1917 年）的天文環境。當時天文學對於超過我們銀河系之外是否有其它天體都不清楚，並且認爲整個宇宙是一個非常靜態的空間。

愛因斯坦發表他的穩定解之後沒多久，曾經將愛因斯坦廣義相對論論文寄給愛丁頓的荷蘭物理學家德西特對愛因斯坦修改過的場方程式進行研究，也得到另一個完全不同的

圖 **10.2** 在威爾遜山上的虎克一百吋望遠鏡，這個儀器在綿延山徑上的搬運工作是非常困難和危險，載運望遠鏡筒的卡車差點滑落峭壁邊緣。威爾遜山最偉大的觀測者之一修梅遜（Milton Humason）為了擔任牽引火車駕駛員，支援望遠鏡建造而一度成為學校的退學生。（感謝華盛頓卡內基研究所的天文台提供）

解。另一個重要貢獻則是來自於一位出色的俄國人傅里德曼（Alexander Alexandrovitch Friedmann）。傅里德曼原先是一位數學家，後來沈迷於氣象學和飛行的問題。在第一次大戰期間，他在俄國空軍服役，幫忙發展導航設備。在俄國大革命之後，傅里德曼成為大學教授，並開始研究愛因斯坦的場方程式。傅里德曼將愛因斯坦的宇宙學項捨去，得到一個充滿物質且不斷膨脹的宇宙解。1922 年，傅里德曼將他的研究計畫和論文寄給德國研究期刊，當這篇論文發表的時候，後頭還附了愛因斯坦的評論：

> 我對這篇將宇宙視為非靜態的論文所得到的結果感到懷疑⋯

短短一年內，愛因斯坦就承認傅里德曼的結果在數學層面上是正確的，但他仍相信這結果和觀測的靜態宇宙無關。傅里德曼所導出來的解分成二類：一個是宇宙將會永遠膨脹，另一個則是物質的密度夠大，有足夠的重力吸引力抵抗

膨脹，終究會造成宇宙的塌縮（collapse）。很不幸地，傅里德曼以年僅三十七歲卒於 1925 年，當時他理論的重要性並未受到重視。當時大多數物理學家對這樣的宇宙學理論非常不以為然，這可以引用英國著名物理學家湯姆生（J.J.Thomson）的說法加以證實，在他的回憶錄當中寫道：

　　我們有愛因斯坦的空間、德西特的空間、膨脹的宇宙、收縮的宇宙、震盪的宇宙和謎樣的宇宙。事實上純數學家只要寫下一個方程式就可以製造一個宇宙。假如他是個人主義者，他還可以擁有自己的宇宙。

　　今日，傅里德曼的膨脹宇宙模型構成了近代宇宙學的基礎，為了瞭解原因，我們得要偏離一下主題，回顧一下最近觀測宇宙學的一些基本原理。

　　本世紀初期，在山頂上建造天文台是一個新穎的點子。當時的威爾遜山（Mount Wilson）似乎是一個放置望遠鏡的理想位址，威爾遜山遠眺加州巴莎迪那市（Pasadena）和洛杉磯盆地，遠離都市的光害。現今洛杉磯已經變成大都市，對可見光天文學而言，威爾遜山在夜間深受都市的煙霧和亮光之害。1909 年的狀況是全然不同，一個 60 吋鏡片的望遠鏡就可以正常操作。八年後，著名的 100 吋虎克（Hooker）反射望遠鏡也建在附近。多年以來，虎克望遠鏡一直是全世界最大的望遠鏡，哈柏就是靠這架望遠鏡平息了有關星雲本質的爭論。這個爭論肇因於十八世紀中葉觀測的一些昏暗星雲狀物體，即使到了 1920 年代，有一組科學家相信我們的銀河系就是整個宇宙，那些星雲只是我們銀河系內的小單元，另一組則辯稱星雲是許多恆星構成的巨大螺旋體，它的位置是在銀河系之外。1920 年，瑞典天文學家路恩馬克（Knut Lundmark）在他的博士論文當中檢視了星雲的問題，他最後的結論認為證據偏向於河外星系的解釋，但仍有許多討論的空間，也就是說需要確切的檢測。

　　1923 年，哈柏利用威爾遜山上的 100 吋望遠鏡拍攝到螺旋狀仙女座星雲（spiral Andromeda nebula）。藉由大型望遠鏡提供的高鑑別率，他能夠看到螺旋臂的外圍區域是由一大群恆星所組成。從一些恆星的亮度可以對恆星距離作些估計。比較明確的證據則來自於仙女座和其它螺旋星雲內的造父變星（Cepheid variable star），造父變星也是哈柏的重要發現之一。造父變星的命名來自於第一顆被發現的造父座δ星，造父變星的亮度有規律性循環變化，變化週期從一天到一百天不等。1908 年，在哈佛大學天文台（Harvard College Observatory）工作的勒維特（Henrietta Leavitt）注意到造父變星震盪週期和它的光度（或亮度）有關，這層關係可以讓天文學家估計造父變星的距離。藉由此法，哈柏從仙女座星雲內的造父變星推算出該星雲離我們約一百萬光年，並不在銀河系內。現在我們已經稱仙女座星系，取代原來的星雲。哈柏原先估計的距離已經遭到修改，1950 年代，天文學家巴

圖 10.3 (a)仙女座星系。(b)在圖(a)中白色小方塊內的星場，標示出來的星球就是造父變星，可用來設定宇宙的距離尺度。（(a)圖感謝天文台提供(b)圖感謝加州理工帕洛瑪天文台提供）

圖 10.4 勒維特（1868-1921）
原先是位業餘的天文學家，
她志願成為哈佛天文台的助
理，在 1902 年成為固定的
職員。1908 年，當她正在研
究麥哲倫星雲內的星球時，
她注意到造父變星的週期隨
亮度增加。（哈佛大學天文
台提供）

德（Walter Baade）認為仙女座星系的距離比哈柏估計的還
遠。即便在今日，距離的決定仍是宇宙學最不確定部分之
一。

透露出宇宙本質的下一個重要步驟仍是由哈柏所完成。
1912 年，羅威爾天文台的史利佛（Vesto Slipher）拍攝到仙
女座星系光譜的照片，拍攝的準確度足以讓他測量到譜線的
都卜勒位移（Doppler shift）。他進而推算出仙女座星系以將
近每秒三百公里的速度接近我們。1925 年，史利佛收集了四
十一個星系的都卜勒位移測量資料，結果顯示大多數星系是
遠離我們。然後在 1929 年，哈柏瞭解到星系遠離我們的速
度是隨著星系的距離而比例增加，這個關係式就是現在有名
的哈柏定律（Hubble's law）：

$$v = H \times d$$

當中的 v 是星系的速度，d 是星系的距離。比例常數 H
稱為哈柏常數（Hubble constant）。

哈柏的同事胡瑪森（Milton Humason）使用威爾遜山上
的虎克望遠鏡，將紅移的觀測延伸到星系遠離速度高達光速
的 15%。哈柏的觀測對愛因斯坦影響很大。1930 年愛因斯坦
旅遊到威爾遜山，並遇到哈柏，當時他才相信哈柏的膨脹宇
宙。1931 年愛因斯坦在一篇論文中正式放棄宇宙學項，並且
引述哈柏的發現，說這也是廣義相對論無須額外的修改就可
以解釋的宇宙。

到了 1930 年，哈柏的觀測努力已經清楚地說明宇宙正
在膨脹，但是傅里德曼所算出來的解仍被遺忘在文獻當中。
因此在 1930 年初的皇家天文協會會議當中，愛丁頓和德西
特認為場方程式還沒有找到適當的解。愛丁頓寫道：

　　一個費解的問題就是為什麼只有二個解，我猜想問題出在人
們都在找尋靜態解。

當愛丁頓以前的學生，也是一位比利時神父，勒梅特

圖 **10.5** 美國天文學家史利佛
（1879-1969）大約在 1912
年羅威爾天文台的照片。
（羅威爾天文台提供）

圖 **10.6**（a）從少於二十個孤立星系的資料所推導出的
哈柏退行速度和距離的關係，黑色實心和空心圓以及實
線和虛線所對應的是同一筆資料的不同處理方式。（一
秒差距=3.26 光年）（b）哈柏定律的近代資料圖，當中
劃有觀測遙遠星系的紅移（代替速度）對上視星等（代
替距離）。在圖形左下方的小方塊表示哈柏原始資料的
部分。事實上在哈柏發現後七十五年，雖然哈柏定律依
然正確，但圖當中的直線斜率，也就是哈柏常數的準確
數值仍備受爭議。（（a）圖取自哈柏的《星雲王國》
一書（b）圖取自西爾克（Silk ）《大霹靂》一書）

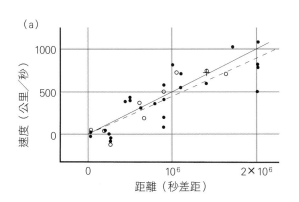

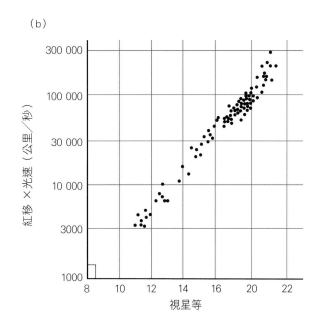

圖 10.7 愛因斯坦正在威爾遜
山上觀測，叨著煙斗的就是
哈柏。（獲得加州聖馬利諾
杭廷頓圖書館授權重製）

（Georges Lemaitre）讀到這個評論，他就寫信給他的老闆，並指出他已經在 1927 年就發表過一個非靜態解。愛丁頓對勒梅特的論文給予很高的評價，並公開提到這個勒梅特的傑出解答。勒梅特不像傅里德曼，他可以將他的解聯想到最新發現的膨脹宇宙：星系之所以會向外飛奔，因為時空的本身結構是正在向外延伸。

　　宇宙膨脹是如何造成？如果我們將宇宙膨脹的影片倒帶會得到什麼結果？身為耶穌信徒的勒梅特實在很不可能是第一位推測宇宙是以非聖經的方式創生。1931 年，勒梅特推測宇宙是從一個太古原子開始，這個太古原子包含宇宙所有的質量，經過爆炸產生現在看到的宇宙膨脹現象，我們現在的宇宙其實是一場絢爛快速煙火的殘餘煙灰。這就是宇宙的大霹靂理論。諷刺地，這個引人注意的名字是由英國天文學家

圖 **10.8** 1930 年代早期的比利時宇宙學家勒梅特（右）（1894-1966）和愛因斯坦。勒梅特在魯汶（Louvain）大學主修工程學，但被第一次世界大戰打斷，到軍中服役，戰後他轉行研究數學和物理，在完成學位之後，勒梅特進入神學院，並在 1923 年被任命為羅馬天主教的神父。他得到比利時政府的獎學金，使得他能到劍橋跟隨愛丁頓研究，他也曾待過麻省理工學院和哈佛大學天文台。他在 1927 年發表膨脹宇宙的解答，1931 年他首次推測太古原子的爆炸可當作這個膨脹的來源。（布朗兄弟提供）

霍耶（Fred Hoyle）在一個 BBC 廣播節目中所杜撰出來的，這個廣播節目主要是要介紹另一個對手理論—宇宙穩態模型（steady state model）。大霹靂理論的內涵是由俄國出生的物理學家加莫夫所提出的。加莫夫受教於傅里德曼，他仔細思索如何在大霹靂的太古火球之後發生核反應來產生我們周遭元素。加莫夫在美國喬治華盛頓大學和一位研究生奧佛（Ralph Alpher）共同完成關鍵的研究。加莫夫和奧佛的結果發表在 1948 年四月一日的物理評論期刊，該篇論文的作者還包括加莫夫的朋友，也是後來諾貝爾獎得主貝特（Hans Bethe）。（作者列名中加入貝特，讓加莫夫可以就三位作者名字的前三個字母做一個希臘字母的俏皮話—alpha α、beta β、gamma γ）。加莫夫在投到期刊的論文上，將貝特列為缺席，物理評論的編輯注意到這個不尋常的作者列名，便將論文寄給貝特評論。很幸運地，貝特好心地接受這個玩笑，並檢查論文中的整個計算，最後將論文作者列名中的缺席二字

▶ 圖 10.9 右邊是加莫夫
（1904-1968）和庫克洛
夫 John Cockroft（1897-
1967）大約在 1930 年的
照片。加莫夫生於奧德薩
市，在莫斯科跟隨傅里德
曼學習。在一段時間的西
歐旅遊研究之後，於 1931
年被任命為列寧格勒科學
研究院的研究院長。兩年
後，加莫夫利用參加 Sol-
vay 會議的機會，逃到西
方國家，最後落腳到美
國。加莫夫有時被稱為大
霹靂宇宙學之父，但他也
在物理的許多領域有傑出
的貢獻，他也在 DNA 基
因解碼上扮演重要角色。
加莫夫寫了許多科普書
籍，包括著名的湯普金系
列。（劍橋大學，卡文迪
西實驗室）

▼圖 10.11 潘佳斯（右手邊）和威爾森站在發現微波
背景輻射的角形電波望遠鏡旁。（貝爾實驗室提
供）

▲圖 10.10 1945 年，迪奇（右邊）正在檢測他的輻射計，這是用來設定任一全天輻射的上限強度。說來奇怪，
加莫夫的大霹靂原始文章出現在和迪奇論文同一版的物理評論期刊上。在 1960 年代初期，迪奇和他在普林
斯頓大學的同事瞭解到應該存有微波背景輻射，作為大霹靂的餘暉。在他們完成對這輻射的研究之前，靠
近新澤西州荷姆德（Holmdel）的貝爾電話實驗室的兩位工程師潘佳斯和威爾森意外發現這個輻射，但不知
道它的重要性。在 1960 年代，迪奇在重視廣義相對論上扮演重要的角色，迪奇和他的學生布恩斯提出另一
種和愛因斯坦廣義相對論相抗衡並可接受檢測之理論。布恩斯－迪奇理論激發出許多的實驗，但現在普遍
承認，這和大自然無關。（感謝普林斯頓大學的迪奇提供）

塗掉，並建議這篇論文可以刊登。1948年，加莫夫的同事奧佛和赫曼（Robert Herman）寫了一篇論文，建議假如宇宙一開始是個大火球（fireball），估計的溫度高達數百萬度，則這個火球的餘暉應該以低能量電磁輻射海的方式存在。1965年紐澤西州貝爾電話實驗室的潘佳斯（Arno Penzias）和威爾森（Robert Wilson）發現微波背景輻射的故事本身就可以寫成一本書，在潘佳斯和威爾森正在進行他們實驗的同時，迪奇和皮伯斯（James Peebles）也獨自發現到大霹靂理論預估的輻射餘暉。加莫夫對一篇陳述潘佳斯和威爾森的 3K 微波背景輻射重要性的論文感到不快，因為迪奇並沒有提到加莫夫的研究，也沒有提到他的同事奧佛和赫曼。加莫夫甚至在給潘佳斯的信中不爽地寫道：

因此你看到這個世界並不是由萬能的迪奇所開啟的。

不過大霹靂理論在當時仍有一些問題：根據哈柏原先對

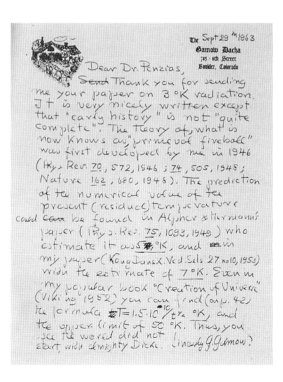

圖 10.12 深感不快的加莫夫寫給潘佳斯的一封信指出：在他的《宇宙誕生》一書中提到大霹靂曾預測微波背景輻射的討論，這封信的日期填錯了兩年。（感謝加莫夫太太提供）

宇宙年齡的估計，地球比宇宙本身還年老！除了這個問題外，加上美學的考量，邦迪（Herman Bondi）、高德（Thomas Gold）和霍耶（Fred Hoyle）為了膨脹宇宙推導出另一種機制，這機制牽涉到物質的連續產生，以維持宇宙能夠不斷地膨脹。但是微波背景輻射的發現，加上其它證據的更深入檢驗，現階段已經放棄宇宙的穩態理論。1967 年，宇宙學家塞雅瑪（Dennis Sciama）寫道：

圖 10.13 宇宙背景探測船（COBE）在 1989 年發射，它發現了宇宙背景輻射的波瀾。（美國航太總署加達太空飛行中心提供）

　　…穩態理論的失敗真是一大憾事，穩態理論極具美感。為了一些無法解釋的理由，宇宙的造物者竟把它給忽略了。事實上宇宙真是造得很笨拙。

最近宇宙背景探測船（Cosmic Background Explorer satellite，COBE）所得到的微波背景輻射資料成爲頭條大新聞，在此重大發現之後，我們瞭解到對大霹靂理論而言，看起來非常均勻的背景輻射需要非常短的時間來形成星系，這會造成麻煩，而COBE資料顯示出背景輻射內的漣漪可以減緩上述的難題。

黑洞及其它

在近代天文學當中最爲人知的觀念可能是黑洞，黑洞是一個質量非常大的物體，質量大到連光都無法逃脫黑洞的吸引。黑洞觀念萌芽於十八世紀的密契爾和拉普拉斯，而在1967年紐約的一場天文物理會議當中，惠勒（John Wheeler）杜撰出黑洞這個名詞之後，這物體才抓住公眾的目光。黑洞構成恆星演化中最激烈的結局，它是一顆塌縮恆星的殘骸，而殘骸的重力場是如此地強大，乃至於它的周遭是由一個光都無法逃離的時空所包圍。黑洞和愛因斯坦廣義相對論的糾纏啓始於德國天文學家史瓦西（Karl Schwarzschild）。在1916年的一月和二月，愛因斯坦代替史瓦西到普魯士研究院報告了史瓦西的二篇論文，當時史瓦西正在服役。第一篇論文包含一個靜態質點的廣義相對方程式解，也就是有名的史瓦西解。雖然愛因斯坦和史瓦西將點質量當成非眞實的理想狀態，該解仍舊能夠包含一個黑洞的精髓。該點質量是被一個連光都無法逃離的時空所包圍，這個時空區域的邊界稱爲史瓦西半徑，或事件視界（event horizon）。史瓦西死於1916年五月十一日，他是因病死於俄國前線。

圖 10.14 史瓦西在德國哥廷根穿學院禮服的照片。當他在第一次世界大戰的俄國前線服役的時候，寫下廣義相對論的經典研究，他的兒子馬丁也是優異的天文學家。（貝伊拍攝，感謝美國物理學會西格雷視覺資料庫提供）

黑洞對遠離史瓦西半徑的彎曲時空的重力影響和相同質量恆星所造成的影響是完全相同的。光在遠處經過一個黑洞會有些微的偏折，當光靠近黑洞，光行徑的偏折更加明顯。在某一特定臨界距離的時候，光線會被黑洞捕捉，以圓形軌道繞行黑洞，在這個光子球層（photon sphere）內的區域稱爲事件視界，光子球層的半徑就是臨界距離。當光或任何物

圖 **10.15** 最近的行星狀星雲是位在四百光年寶瓶座內的 Helix 星雲，當紅巨星向外拋射它的外殼時，便形成了行星狀星雲。這些物質仍持續發光，因為星球的熱核心持續降溫，並產生輻射。核心的星球最後會變成白矮星。（英澳天文台，馬林拍攝）

體走進事件視界就無法逃離黑洞，在通過事件視界之後，就無法和外頭世界通訊。直到現在，一切的理論看起來就像是科幻小說，黑洞是否為一可觀測的真實物體，還是數學上的理想狀態呢？

為了瞭解一個類似黑洞的物體是如何形成，我們需要重新檢視星球演化的最新認知。一個類似太陽的恆星是靠內部核融合反應產生向外壓力來免於重力塌縮（萬有引力會讓恆星朝向中心塌縮）。在星球生命的末期，核融合反應所需的核燃料已經消耗殆盡，星球在重力的吸引之下，開始向中心收縮。恆星最後的宿命只靠本身質量所控制，一顆普通質量的恆星（例如太陽）會將外殼部分溢出，形成所謂的行星狀星雲（planetary nebula），剩下殘餘的核心將會收縮成白矮星（white dwarf）。白矮星的質量和太陽相當，但是體積和地球類似，因此白矮星的密度比地球上的一般物質稠密一百

圖 **10.17** 爆炸前（左手邊）和爆炸後的超新星 1987a，這個超新星發生在銀河系的一個伴星系，肉眼可見。雖然有很多的能量釋放在可見光譜，但大部分的能量是以微中子形式釋放出來，在地球上的微中子偵測實驗能夠偵測超新星事件。（英澳天文台，馬林拍攝）

圖 **10.16** 茲威奇（1898-1970）是瑞士天文學家，他大部分的研究時間是在巴莎迪那市的加州理工學院。他是第一位提出超新星爆炸會產生中子星。茲威奇編撰了六大本的星系和星系團表，並表示大部分的星系都是星系團的成員。（感謝加州理工學院提供）

萬倍，主要是由漫遊電子海的原子核所組成，這些被擠壓的電子所產生的抵抗力可免於萬有引力進一步的塌縮。質量比太陽大的恆星會有更壯觀的結局。印度裔天文物理學家錢卓（Subrahmanyan Chandrasekhar）證實一旦恆星質量大過 1.4 個太陽質量（稱為錢卓極限（Chandrasekhar limit）），電子被壓縮的阻力不足以對抗重力，接著電子就會併入一個質子內，以弱核反應的方式形成中子，核心塌縮的最後階段非常快且激烈，結果造成壯觀的星球爆炸。1934 年巴德和茲威奇（Fritz Zwicky）稱此星球爆炸為超新星（supernova）爆炸。星球大部分的物質被拋射到外太空，巴德和茲威奇認為爆炸後留下來的稱之為中子星（neutron star）。中子星的質量如果是太陽的二倍，則所佔體積的半徑只有十哩。1967 年脈衝星的發現，經過理論的辨識，認定為旋轉的中子星，這是邁向接受更加詭異的黑洞的重要一步。

　　黑洞的近代理論始於 1939 年歐本海默和史尼德（Hartland Snyder）所寫的論文《持續的萬有引力收縮（On continued gravitational contraction）》，他們的論文表示一旦恆星

圖 10.18 劍橋物理學家霍金，霍金是《時間簡史》的作者，該書可能是至今賣得最好的科普書籍。（感謝霍金教授提供）

的塌縮核心有足夠的質量，中子的壓力將不足以抵抗中子星的進一步塌縮，他們寫道：

這恆星將會關閉對這處觀察者的任何形式的通訊，只留下自己的重力場。

計算當中的一個重要特色來自於廣義相對論，也就是當恆星壓縮地越厲害，本身的壓力會參與重力收縮，加速重力塌縮。雖然這項結果非常明確，但大多數的物理學家，包括愛因斯坦本人都懷疑史瓦西奇異點，也就不太重視他們的結果。

黑洞的議題在 1960 年代被重新提起，主要是因為來自紐西蘭數學家的最新理論結果和類星體的發現所引起。1963年克而（Roy Kerr）發現愛因斯坦場方程式的一個全新解，現在認為該解是旋轉黑洞的解，史瓦西解則是不旋轉黑洞的特例。只有這些解嗎？經過多年的研究，這個問題終於被以色列（Werner Israel）、卡特（Brandon Carter）和霍金（Stephen Hawking）的理論解決，這個理論被打趣地稱之為「黑洞是無毛的」（black holes have no hair）。總的來說，這告訴了我們不論如何地費心去想要為黑洞增色（「植髮」），我們為塌縮的核心加進去的任何物質到最後所呈現出來的，只有黑洞的質量和旋轉的角動量是有意義的。1960年代，霍金、潘若斯（Roger Penrose）和一些研究人員也證實了一些有關黑洞的重要理論，他們最後的結果發現只要萬有引力理論和愛因斯坦質能等價理論正確，黑洞就是不可避免的產物。所以接下來人們便可以討論黑洞物理學定律。

黑洞最新研究當中的一項重要工作來自於 1972 年霍金所證明的一個定理，這定理指明黑洞事件視界的區域不會縮小。在此同時，普林斯頓的研究生貝肯斯坦（Jacob Bekenstein）正和惠勒討論物理，他們正在討論當惠勒將一杯冷茶和一杯熱茶混和後，整個系統熵增加的問題，亦即是整個系

統變得更加無序、或缺乏訊息。就像平常一樣，惠勒評論
道：

　　雅各，我犯罪的後果將會遺臭萬年。但如果有一個黑洞從旁
邊經過，而我把這兩個茶杯丟進去，就可以將我剛犯的罪行在全
世界上湮滅掉。這真令人驚訝！

　　數個月之後，貝肯斯坦回應以下的陳述：

　　當你將這些茶杯丟進黑洞，你並不會毀損到熵。黑洞已經有
熵，你只會增加黑洞的熵。

　　貝肯斯坦已經注意到霍金在黑洞領域的結果可以聯想到
熱力學第二定律，也就是說熵值絕不會減少。當一個物體被
黑洞捕捉，黑洞的質量和熵都會增加，貝肯斯坦將熵值的增
加和黑洞區域的增加關連起來。最初霍金懷疑他的理論在這
方面的應用，但在 1974 年已經成為貝肯斯坦熱力學的狂熱
支持者。將量子力學靈巧地應用在黑洞周圍的時空，他認為
大質量黑洞的溫度較低，而小質量黑洞的溫度較高。霍金也
建議在大霹靂當中，這些小質量迷你黑洞已經形成，並且應
該在劇烈的爆炸中逐漸蒸發。這個有關廣義相對論的奇異點
結構的理論分析，在數學上是非常優美的，但是否有任何實

圖 10.19 藝術家所表現的天
鵝座 X1，這是一個 X 射線
雙星系統，當中一個巨大變
形的星球正流失質量到另一
個繞行的黑洞，吸積物質在
掉入事件視界之前會繞著黑
洞旋轉，形成一個吸積盤。
（格里費斯天文台提供）

驗證據顯示黑洞的存在？

　　顯而易見的，所有黑洞的觀測證據都是間接的，因此黑洞的議題是備受爭議。第一個問題就是如何分辨黑洞和中子星。中子星可以讓它周圍的時空產生可觀的扭曲，物質掉落中子星或黑洞，都會被加速到接近光速的速度。因此我們預期中子星和黑洞都是強 X 射線源，X 射線是非常高能的光子，是藉由帶電物質掉進中子星或黑洞時所形成的。要找黑洞就從 X 射線巡天開始，但是我們該如何分辨來自黑洞和中子星的 X 射線？當中的關鍵參數就是涉及物體的質量。一個質量超過太陽三倍的塌縮天體不可能是一個中子星，因為進一步的塌縮會造成不穩定，但我們又如何測量該天體的質量？雙 X 射線源可以回答這個問題。銀河系內的恆星約有半數是處在雙星系統內，二顆恆星相互繞行，在視雙星系統中，軌道上的每顆恆星的運動狀態可以從星光的都卜勒位移辨識出來，這種視雙星系統的週期從數小時到數百年不等。天文學家可以從軌道週期推測恆星質量的資訊。但有些時候只有一顆伴星是可見的，此時如果當中一顆恆星的質量已知，另一顆伴星的質量可以從軌道週期推算得知。我們可否將相同的技術運用到 X 射線雙星系統？

　　1970 年十二月，一枚 X 射線人造衛星在肯亞海岸邊升空，該枚人造衛星稱為烏呼魯（Uhuru），非洲斯華西里語的意思代表自由（freedom）。自由號能辨識出數百個 X 射線源，並將 X 射線天文學帶進主流天文學的前沿。在自由號所編號的 X 射線源當中，天鵝座第一個辨識的 X 射線源稱為天鵝座 X1，它的可見光伴星可以很準確地測量辨識。這個伴星是一顆藍色的亮星，以五天半的週期繞著另一顆看不到的恆星運轉。用最好的估計質量方法可以讓天文學家推算 X 射線源的質量約六個太陽質量，遠大於中子星。雖然這還是間接證據，但天鵝座 X1 仍是黑洞的最佳候選人。緊接著天文學家分析了許多雙 X 射線源，當中辨識出黑洞的候選人，但也辨識出中子星。理論、中子星和黑洞的檢測方式，以及重

力塌縮的一致性，說服了大多數的物理學家開始正視黑洞。但迷你黑洞仍具爭議性，對於迷你黑洞形成的機制仍受懷疑，至今在天文上也沒有迷你黑洞爆炸的證據。

類星體問題

　　對於物理學家和天文學家在研究黑洞上頭仍有許多重要的疑問。在天文物裡上，類星體的本質是最受爭議的議題之一，大多數天文學家現在相信超級黑洞只是類星體的部份解答。1963 年施密特（Maarten Schmidt）找到第一顆類星體，他認為來自 3C273 令人困惑的可見光光譜，肇因於 3C 273 有巨量的紅移（red-shift），現在普遍相信類星體的巨量紅移是因為類星體離我們很遠所造成的，巨量紅移表示遠離我們的速度很大，根據哈柏定律，又代表離我們很遠。除了巨量的紅移，另一個值得注意的特色是類星體在很小的體積內散發出很大的能量。在發現 3C 273 的時候，看起來像是顆恆星的 3C 273 就和已知最遠的星系一般遠，而它又比我們銀河系亮上一千倍，現今已經記錄了數千顆類星體。雖然最開始發現的類星體大多是很強的無線電波源，但如今無線電波源也只佔類星體的少數而已。

圖 **10.20** 施密特是一位荷裔美國天文學家，他是第一位揭露類星體的可見光光譜。（感謝加州理工學院提供）

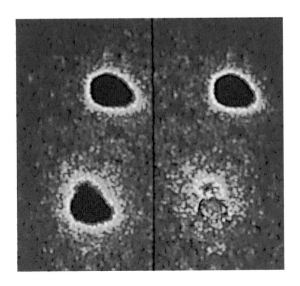

圖 **10.21** 一幅類星體 0957+561 的可見光假色影像。左邊兩個類星體影像是一個透鏡星系和下方的類星體合併。在右方的圖則是將下方影像的圖去扣除上方之影像以顯示出透鏡星系來。（夏威夷大學天文研究所，感謝史塔頓提供）

類星體有一項令人驚訝的特徵就是觀測到的可見光亮度會隨時間變化，這證據不僅從最近的觀測中發現，以前不經意照到類星體的照片也看到此一現象。有名例子就是 3C 279，它在 1936 年和 1937 年的亮度整整增加 25 倍。有些類星體在短短的一週內就會改變亮度。這種亮度變化的重要性在於使我們可以對類星體中心能量來源的尺寸大小設定一個限制。如果這個來源在一禮拜內有強度的變化，從這物體背面來的光會比物體前方來的光晚一禮拜傳到我們觀測者的位置，這延遲的一禮拜就是光走過物體直徑距離所花的時間，也就是說我們看到一禮拜的變化代表了這個光源的大小比一光週（光行走一禮拜的距離）要小。這距離只比太陽系大十倍，但它的能量是星系的一百倍。現今知道類星體屬於一種稱為活躍星系核（Active Galactic Nuclei，AGN）的一種類型，這種物體巨大的能量來源，最流行的解釋就是來自中心的超大質量黑洞（supermassive black hole），但詳細理論仍待研究。

相對論的二個應用

在廣義相對論提出之後的八十多年間，不斷接受精密測試的考驗，現今似乎可以認定廣義相對論的正確性，因此我們可以利用該理論去發覺新的物理現象。在此章節中，我們要描述二個廣義相對論的應用，第一個是和光線的彎曲有關，第二個是和重力波（gravitational wave）的發現有關，我們先從光線的彎曲開始。

1979 年，在第一次證實星光彎曲之後的六十年後，完成了一個更加壯觀的觀測，也就是發現了雙類星體，名為 Q0957+561（圖 10.21）。這對雙類星體是由光學影像和電波影像所組成，相隔 6 秒弧（arcsecond）。本來這也沒有什麼大不了的，但是這兩個類星體的紅移和譜線參數卻是幾乎一模一樣。天文學家華許（Dennis Walsh）和在亞利桑那大學以及基特峰（Kitt Peak）國家天文台的同事卡斯威（Robert

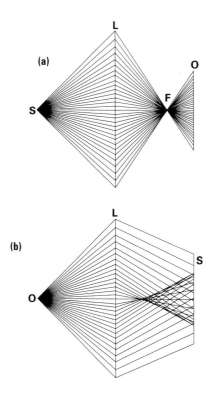

圖 **10.22** 顯示線性透鏡系統和非線性重力透鏡之間差異的圖解。在 (a) 圖中，光從來源 S 經過單一透鏡 L，產生偏折，偏折的程度和光偏離軸心的距離成比例。接著光通過單一焦點 F 到 O 點的觀測者。來自 S 只有一條光線連接到 O 上的任一點。圖 (b) 顯示一個非線性重力透鏡，光線從一固定觀察點 O 倒推回去，偏折量以非線性的方式取決於軸心偏離的距離，不再有清楚的焦點 F 存在，代替的是形成一個尖焦散。當來源 S 放在這個尖點的後方，三條光線連接來源和觀察者，可以看到三個影像。（取自布藍福等人在 1989 年科學期刊第 245 卷 p.825 所發表的論文）

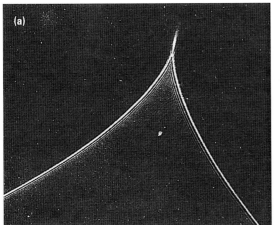
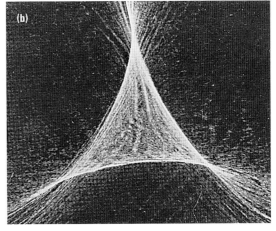

圖 **10.23** 雖然基礎光學談論光線穿越一個焦點，但通常吾人可以發現光線會在空間中形成一個焦散面，該處的光強度最強。一個發光茶杯的內側表面產生這樣一個焦散，它們和茶表面的交錯顯示出一個尖點，就如照片所示。圖 (a) 顯示兩個交叉的焦散在一個尖點相遇。更複雜的焦散圖案就如圖 (b)，這種焦散可以用所謂的劇變光學（catastrophe optics）來分析，這是由英國布里斯托大學的貝瑞（Mike Berry）首先提出。（凱斯特頓和懷特拍攝，感謝奈爾教授重製）

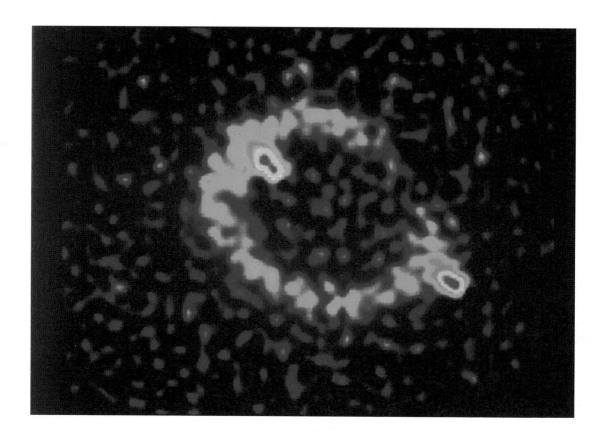

圖 **10.24** 這幅電波影像是一個稱做 MG 1131+0456 的天體。這可能是一個愛因斯坦環，該環是由透鏡星系所造成，透鏡星系的位置正好在地球和電波源的連線上。（感謝國家電波天文台提供，奈威特和透那觀測）

Carswell）及威門（Roy Weymann）建議說我們是看到同一顆類星體的二個影像，而且在沿著視線方向有一個大質量物體將類星體的光線偏折，產生二個影像。他們的提議被楊（Peter Young）和他的同事所證實，楊等人使用帕洛瑪山天文台的 200 吋海爾望遠鏡發現一個昏暗的星系位在二個影像之間，類星體和星系的紅移證實星系的確是在類星體和我們之間。

　　這種重力透鏡（gravitational lensing）的想法並不算太新穎，愛丁頓和洛奇（Oliver Lodge）早在 1919 年就曾思索這種想法的可能性。瑞士天文學家茲威奇在 1930 年代則更認真考慮這個問題。在 1936 年的一篇論文中，愛因斯坦本人指出受到大質量物體的影響而彎曲光線，這個現象會有很奇怪的後果，不過他認為這種排列方式的可能性很低。相反地，茲威奇建議重力透鏡可能會對宇宙學有很大的衝擊，可

以讓我們測量星雲的質量，提供一個星際尺寸的粗糙望遠鏡，來放大觀測來源。茲威奇的夢想在之後的四十年得以實踐，現在重力透鏡的確可以幫助解決一些近代宇宙學的重要疑問。自從第一個雙重影像的類星體被發現後，已經完全確定另有六個多重影像類星體，其它還有高紅移星系的弧（arc）和小弧（arclet），以及廣沿電波源（extended radio source）的環形影像。

這些影像是如何形成？重力透鏡和傳統的光學透鏡有二個重要的不同點。第一、對薄光學透鏡而言，偏折角和光線從對稱軸的距離是有線性的關連，也就是說連接點光源到觀測平面上的每一個點，都只有唯一連線。相反地，重力透鏡沒有這個線性關連，這種非線性行為表示連接源頭和觀測者的連線不只一條，這就是多重影像的原因。第二個不同點在於重力透鏡沒有固定的光源，而是有一個廣沿來源（extended source）和一個固定的觀測者。重力透鏡的分析是一種幾何光學的應用，我們所熟悉的光學透鏡中的點聚焦其實是個理想狀況，自然界中很少有這種理想狀況。更常見的情況是光線從系統光軸不同的位置射入，並在不同的點上對焦。通常這就會形成一個亮光的尖端形狀的曲線，稱之為散焦曲線（caustic）。在亮光下，可以在一杯咖啡的表面上看到尖端狀反射，這種散焦曲線造成的原因是咖啡杯彎曲的內部表面對入射光而言就像一面鏡子。更多複雜的散焦曲線網絡常見於游泳池底的光影。散焦曲線和散焦曲線網絡在建構重力透鏡上扮演重要的角色。有很多情形可以假設透鏡是以平滑的方式分布，但有些情形必須考慮透鏡星系內的個別星球效應，前者情形稱為巨觀透鏡（macrolensing），後者稱為微透鏡（microlensing）。

重力透鏡的研究仍處在萌芽的階段，但已經有許多巧妙的應用被提出來。假設愛因斯坦的重力偏折和沙普利的不同光行徑時間延遲是正確的，我們可以得知許多有關宇宙物質的分布狀況。在宇宙學中的一個重大謎題就是黑暗物質

（dark matter）。可觀測的恆星只佔少部分的宇宙質量，現在已經廣泛接受這個事實。從觀測本銀河系、螺旋星系、橢圓星系以及星系團內星系的速度，如果觀測結果要和現有的物理定律一致，就得接受有大量連電磁波都無法偵測到的物質存在，因此稱之為黑暗物質。透過重力透鏡，現在我們可以利用光子來探測這些物質的重力效應，這方法就像是用電子散射來偵測原子核。現今已有一些有趣的結果是肇因於宇宙中的黑暗物質。

　　重力透鏡對宇宙結構學（cosmography）也有幫助。宇宙結構學是一門決定宇宙大尺度的幾何學。它們已確認我們對於類星體之紅移－距離關係之信念，因為高紅移來源的確是位於低紅移透鏡之外。同時也有人想利用重力時間延遲的測量來準確地估計哈柏常數。在透鏡模型中的不確定性意味著很難確定哪項結果是值得信任，雖然環形電波影像似乎可以讓透鏡模型更加精準。重力透鏡的第三個天文上的應用是由茲威奇所提出的，他建議可以將重力透鏡當作一個大型望遠鏡。在一些藍弧和電波環的特例當中，這些來源被局部放大很多倍。另外還可以將微透鏡當做類星體高解析度探測器。

　　現在我們換個方向看看廣義相對論的第二個應用 — 重力波和PRS 1913+16雙脈衝星。威爾（Clifford Will）稱這個脈衝星為「第一個將相對論性重力當作決定天文參數工具的已知系統」，這是怎麼一回事？這個系統又和重力波有什麼關係？在牛頓的萬有引力理論中，交互作用是即時的，立即發生的。愛因斯坦的重力則是一個場理論，就像電磁學一樣，場的改變或擾動不會立即傳播，傳播速度是受限於光速。對電磁學來說，這些擾動就是光波，因此我們認為應該也有重力波存在。有一種方式可以看到重力波，就是將空間看成一個上頭有許多星球的彈性薄膜，星球會在薄膜上形成凹陷，設想有一個雙星系統，當中的恆星繞著共同的重心（center of gravity）運行，在我們的彈性薄膜模型中，雙星就像一對球珠相互繞行。當它們移動，彈性薄膜變形的餘波

會從擾動的地方開始向外傳播，這些餘波就是重力波的見證。如果重力波撞上一團物體，這物體將會感受到些微的顫抖。愛因斯坦早在 1916 年就思索重力波的可行性，但他並不是考慮雙星系統，而是計算啞鈴旋轉時釋放出重力波的能量，啞鈴基本上就是一根棒子的兩端各繫上一顆球。因為重力遠比電磁力微弱，重力波的能量也就非常微小。威爾在他成名著作《愛因斯坦正確嗎？》中給了以下一個例子，在我們銀河系中，對一個旋轉恆星塌縮成的黑洞來說是一個非常強重力波源，相對應的重力擾動可以讓相鄰一公尺的二個物體靠近再分開，而這距離的改變是只有原子核直徑的百分之一，也就是大約 10^{-17} 公尺。

　　1968 年，馬里蘭大學的韋伯（Joseph Weber）宣稱他偵測到比預期強一千倍的重力波，這消息震驚了科學界。許多研究群也開始建造極具挑戰性的重力波偵測器，不過現在相信韋伯搞錯了。直接觀測重力波的找尋工作仍在進行，但在 1978 年修爾斯（Russel Hulse）和泰勒（Joe Taylor）找到令人振奮的重力輻射間接證據。修爾斯是泰勒的研究生，他在 1974 年暑假其間利用波多黎哥的阿雷西伯（Arecibo）電波望遠鏡找尋天空中脈衝星的訊息，當時 PRS 1913+16 雙脈衝星系統發現的詳細故事都被記載在威爾的書中。我們在此唯一可說的是：修爾斯和泰勒努力不懈，且認知到他們在弱脈衝

圖 10.25 泰勒（右）和迪奇。泰勒和他以前的研究生休斯（Russell Hulse）共同獲得 1993 年諾貝爾物理獎，泰勒和他的妻子邀請蓓爾（Joycelyn Bell）參加他們的慶祝典禮，蓓爾是第一顆脈衝星的發現者，很多人認為她的運氣不佳，沒有因此而獲得諾貝爾獎。（馬修拍攝，普林斯頓大學提供）

圖 **10.26** 位在波多黎哥的直徑一千呎的電波望遠鏡,該望遠鏡建構在地表的自然凹地上。它是全世界最大的碟形天線,研究生休斯和他的教授泰勒使用這座電波望遠鏡發現雙脈衝星 PSR 1913+16,這座望遠鏡曾在 007 龐德電影的黃金眼出現過。(阿雷西伯天文台屬於國家天文和電離層中心;是由康乃爾大學在國家科學基金會合作協議下負責操作)

圖 **10.27** 韋伯和他的重力輻射偵測器,這個偵測器是一個大型的鋁圓柱體,表面黏有壓電晶體,這種晶體可以偵測重力波通過時產生的微小形變。(感謝韋伯提供)

星訊號中觀測到的怪異變化是很有意義的。這些變化來自於脈衝星在它伴星周遭運行所產生的,資料顯示軌道週期約 7 小時 45 分,這可以解釋每天的週期會有 45 分的移動。從訊號的都卜勒位移,他們算出脈衝星的軌道速度從每秒 75 公里變化到每秒 300 公里。這個最大速度是光速的一千分之一,而這可以和地球軌道速度大約是每秒 30 公里相對照。知道脈衝星的速度和軌道週期,可以讓修爾斯和泰勒計算出它的軌道圓周大約和太陽一樣,因此這個脈衝星離它的伴星只有一個太陽半徑。

這樣的系統預期廣義相對論的軌道修正會比水星近日點位移明顯二十多倍,對一個雙星系統,最接近的距離稱為近星點(periastron)。在 1974 年 12 月,泰勒和修爾斯測量近星點超前率(rate of advance)約每年四度,這比水星近星點超前大上三萬六千倍,主要因為本身的尺寸較大以及脈衝星每年有較多次數的公轉。假設廣義相對論是正確的,我們可以估算雙星系統的總質量,現在可以很準確地算出是 2.8275 個太陽質量。雙脈衝星 PSR 1913+16 在其他方面還有不尋常之處,而且好戲還在後頭。已知脈衝星的脈衝週期非常穩定,但仔細檢驗發現它是會逐漸減緩。將資料中的都卜勒運動效應移除之後,修爾斯和泰勒所發現的脈衝星會以非常緩

圖 **10.28** 加州理工學院的重力波探測器，這項實驗使用雷射光束偵測重力波所造成的微小運動，非常靈敏，可以測量到小於質子大小的改變，這個儀器是未來更大型重力波天文台的原型。（加州理工學院 LIGO 計畫）

慢的速率減慢下來，減緩的速率約每一百萬年減少 4%。這個極端穩定讓泰勒和他的同事可以非常仔細地分析脈衝星週期的變化。除了一般都卜勒運動效應，還有一些細微修正來自於時間變慢（time dilation）和重力紅移。假設愛因斯坦的理論正確，就可以決定二顆恆星的相對質量。計算顯示二顆恆星的質量非常接近，因此脈衝星的伴星很有可能是一顆中子星，但想來它的脈衝束並不是指向地球。

　　這和重力波又有何干？這個旋轉的雙星系統實際上等同於愛因斯坦的啞鈴輻射體：我們可以預測這個雙脈衝星會發出重力輻射。由於脈衝星離地球的距離較遠，預估的輻射強度太弱，無法直接探測，但系統仍會輻射能量到這些重力波內，這些被預估的重力能量損失將會表現在脈衝星軌道週期的些微減少。對週期為 27000 秒來說，每年將減少百萬分之七十五秒。1978 年 12 月，趕在慶祝愛因斯坦百歲誕辰，泰勒宣布觀測結果和愛因斯坦的預測一致。五年後，泰勒又觀測了新的資料，這次可以改進測量的精確度，愛因斯坦的預測現在和實驗一致，差異在 3%之內。這結果是廣義相對論極為出色的成功，它加強了我們使用該理論當作探索其它新現象工具的信心，尋找直接觀測重力波也因為使用最新的高

靈敏偵測器而更加積極。

尋找統一理論

　　我不喜歡他們不計算任何東西，我不喜歡他們不檢驗他們的點子，我不喜歡當一個結果和一個實驗不合時，他們就又立即編造出一個解釋說：嗯！這樣它就可能是對的。例如超弦理論需要十個維度，嗯！也許我們可能把六個維度打包起來吧，是的，在數學上是有可能，但為什麼不是七個？當他們寫下他們的方程式，這個方程式應該決定有多少事物會被打包起來，而不是說期望這樣才會和實驗相符。換句話說，在超弦理論中，沒有理由認為其實是十個維度中的八個被打包起來，結果我們就只剩兩個維度，而這當然就和經驗完全不符了。不太會和經驗違反，因為它根本沒說出什麼東西。大部分情況下我們都不應該提它，它看起來就是不對勁。

費曼，超弦：萬有理論？

　　愛因斯坦花了他人生最後三十年的時間尋找電磁力和重力的統一理論，但沒有成功。在他開始探索的時候，只有這二種作用力被證實存在，這二個物理的平方反比定律是否有深層關連，是個令人費解的疑問。愛因斯坦第一篇有關統一場理論的論文發表在 1922 年。而在 1921 年才有查兌克的首次發現，他發現在很短的距離內，α質點和原子核之間會有正電荷造成的排斥力，但此交互作用並不是準確地遵循平方反比定律。查兌克最後認為他的實驗顯示出這些核力非常地強。根據帕易的說法，這是第一篇有關強核作用力存在的論文。這種新作用力的解釋一直爭執到 1920 年代。查兌克在 1932 年發現中子（neutron），中子的發現讓我們瞭解核子是由中子和質子透過強交互作用結合而成。費米在 1934 年發表β衰變和弱作用的著名理論，但該篇論文早先是被深具名望的自然期刊（Nature）拒絕刊登。當愛因斯坦在 1922 年發表他第一篇統一場論的論文，電子和質子被認為是構成物質

的僅有基本粒子，電磁力和重力是唯一已知的作用力，爲什麼在發現弱核力和強核力之後，愛因斯坦還不修改他想要統合電磁力和重力的目標？沒有人可以回答此一問題，不過他對統一場聖杯的追求以及對量子理論的不信任，使得愛因斯坦在他的後半生孤立於主流的核物理和粒子物理。1942 年他寫給朋友的信中提到：

　　我已經變成一個孤獨的老男人，一個因爲他不穿襪子而聞名、且在特殊場合中被當作古董的老男人。

但在同一封信中也寫道：

　　對於工作，我比以前更加投入，並希望可以解決統一物理場的老問題，但是它就像駕駛一艘悠遊在雲層中的飛船，視線不佳，又不知如何著陸。

　　我們現在知道弱作用力和電磁力的確可以用統一場論加以描述，這個電弱理論（electroweak theory）加上描述強作用力的夸克對稱就成爲現在的標準模型（standard model）。強作用力也有希望和電弱作用力整合成真正的大統一理論（Grand Unified Theory）。格拉肖（Sheldon Glashow）是原始大統一模型的作者之一，他描繪出該模型最勁爆的預測，也就是質子有時候會衰變，這就像是發現鑽石不一定恆永久。這些原始理論預測的質子衰變，加上將這些理論架構之後的一些細節問題，抑制了 1980 年代早期的狂熱。萬有理論（Theory of Everything）的可能性造成了許多的議論和興奮，這是愛因斯坦統一場論夢想加上萬有引力的現代化身，最近這些的發展都和弦論有關。但是就像本章節最開始的引文，費曼主張這些理論需要有預測的能力，儘管在脈絡上不同，弦論吸收了一些愛因斯坦在三十年探索中的一些點子。

　　我們藉由介紹諾特（Emmy Noether）來開始統一場論的

概括論述。諾特是上個世紀初第一個在哥廷根被聘任到大學
的女性。對於她的任用，她受到許多來自同僚的反對，她的
同僚全都是男性。幸運地，著名的數學家希伯特支持她的任
用。當納粹到來，她終究還是飛離德國。當她在 1935 年過
世的時候，愛因斯坦寫道：

　　在大部分稱職數學家的評定下，諾特是女性開始接受高等教
育之後的一位最具創造力的數學天才。

　　她在 1918 年發表有關對稱性和守恆律之間關連的研究，
被稱為諾特定理，這也是近代場論的基石。這裡有一個例子
可以說明她的定理是多麼地有用。物理並不取決於我們所選
擇的原點來測量距離就是對稱性的一個範例，這種對稱性稱
為平移不變性（translational invariance），而相對應的守恆律
就是動量守恆。

　　1919 年，德國數學家卡路札（Theodor Kaluza）寫信給
愛因斯坦，建議說電磁力是一種對稱的結果，這個對稱和一
個新的隱藏第五維度有關，第五維度被捲曲成一個非常小、
小到無法觀察的圓圈，用這個第五維度寫下愛因斯坦方程
式，就會多出一組方程式，卡路札認定這些方程式就是電磁
場的馬克士威方程式。電荷守恆就變成在這第五個方向的動
量守恆。愛因斯坦回覆道：

　　我從來沒想到過藉由一個五次元柱狀世界來完成統一理論的
點子…但我第一眼就非常喜歡你的點子。

　　克萊因（Osker Klein）在 1926 年給了一個卡路札點子的
修改版本，並建議這個第五維度的圈狀特徵就是電荷量子化
的起源，電荷量子化就是所有的電荷都是以電子所帶電荷的
整數倍出現，帕易在他的《不可捉摸的上帝（Subtle is the
Lord）》一書提到，烏倫貝克曾說：

圖 10.29 克萊因（1894-1977）嘗試建立一個融合萬有引力、電磁學和量子物理的萬有理論，他的構想來自早期擴展到五個卡路札維度的廣義相對論，多出來的維度合併馬克士威方程式和愛因斯坦的萬有引力。（美國物理學會西格雷視覺資料庫提供）

　　我記得在 1926 年夏，當克萊因告訴我們有關他的點子不僅可以統一馬克士威方程式和愛因斯坦方程式，並且可以引進量子理論，我覺得興奮異常，終於有人瞭解這個世界。

　　愛因斯坦在他接下來二十年一直探索這樣一個卡路札—克萊因理論的應用，愛因斯坦也希望統一理論可以解決他所意識到量子理論的極限，在他過世的前一年（1954 年）曾說道：

　　我似乎像一隻鴕鳥，永遠將頭埋在相對論的沙中，不敢面對惡魔量子。

　　隨著弱作用力和強作用力的發現，卡路札—克萊因理論被擱置成只是一種數學遊戲。而在 1950 年代和 1960 年代，發現大量新的基本粒子似乎排除了任何一個簡單統一場論的希望。但是在蓋爾門（Murray Gell-Mann）和茨威格（George Zweig）的基本粒子夸克模型的出現，又大幅簡化了這個圖像。緊接著又是來自格拉肖、沙拉姆（Abdus Salam）和溫柏格（Steven Weinberg）獨立發表的電弱統一模型。這些統

一模型引起了一種謎樣的新質點，這個新質點的發現者為來自愛丁堡大學的希格斯（Peter Higgs），並名之為希格斯（Higgs）。希格斯的研究生萊德（Lewis Ryder）回憶發現希格斯機制的過程，他在週末的蘇格蘭山健行回來之後，走進學校的系館卻在桌上看到了一張紙條，紙條上記載了希格斯所說的「我剛剛有了一個近十年來第一個好點子！」要統一這些交互作用的關鍵就是已知的規範不變性（gauge invariance）對稱，這個對稱性應該稱做相不變性（phase invariance），因為這種對稱性起因於理論中的所有物質場的自由度，這些物質場在乘上某個可以隨時空位置改變的相位（space-time dependent phase）之後仍不改變。重力也可以當作規範理論的一種，現在相信可以描述強作用力的夸克場理論（量子色動力學，或稱QCD）也是一樣。事實上，所有的理論都可以想成規範理論的變種，這事實似乎讓所有的作用力都可以統一起來。但是進一步看起來就有點複雜，電弱理論和量子色動力學都發現和量子力學一致。在早期的量子場論當中，所有的計算都受無限（infinities）所苦惱，這個無限發生在發散的積分。而由於提供量子電動力學一個一致性的計算架構，這個重正則化綱領（renormalization programme）的計算架構讓費曼、施溫格和朝永振一郎獲得 1965 年的諾貝爾獎。荷蘭物理學家霍夫特（Gerard t'Hooft）當時還是烏特勒支（Utrecht，荷蘭城市）的維特曼（Tini Veltman）的研

圖 10.30 葛林現在是劍橋大學的物理教授（左），以及加州理工學院的史瓦茲（John Schwarz）教授（右）。1984 年，他們在如何建構一個自洽超弦理論有了關鍵性的突破。當義大利物理學家范佐諾（Gabrielle Veneziano）在 1960 年代末首次引進弦論，他們就開始研究。不像其他的物理學家，他們都堅信弦論是如此神奇，它應該會克服一些看起來困擾該理論的一些異常問題。若要讓這些異常量的計算結果正確，則就必須使得許多看來很奇怪的數字加起來剛好等於 496。結果他們辦到了！很奇怪地，如果你想到費曼對超弦論的看法，則你一定對以下的問題回答不出來：「誰接收了費曼的研究室？」答案是史瓦茲！（葛林的照片由金德吉格拍攝，史瓦茲的照片由史瓦茲提供）

究生，他首次發表這些重正則化技術是如何延伸到電弱理論和量子色動力學。問題在於這些技術在嘗試建構萬有引力量子場論的時候，並沒有成功。這些萬有引力和量子力學之間明顯的不相容仍舊是理論物理難解問題之一。

　　弦論吸引人的地方在於他們企圖克服萬有引力和量子力學之間的不相容性。維敦（Edward Witten）是這些理論的頂尖擁護者，他甚至說一個理論物理學家不研究弦論就像 1920 年代的物理學家不研究量子力學一樣！弦論結合了一些新舊點子，第一個就是擴展維度的數目到十個或二十六個。第二個就是詭異的超對稱性（supersymmetry）。這種超對稱性是否存在可藉由發現所有已知基本粒子的超對稱伙伴所證實。除了光子，應該還有光微子（photino）。除了夸克，應該還有夸克微子（squarks）。至今還沒有實驗證據顯示有這種超對稱對。最後一個就是振動弦的點子取代標準場論的質點。一條超弦可以有不同型態的振動，每一種振動的最低模態對應到電子、光子、微中子、重力子（graviton）和其它所有的基本粒子。這種理論吸引人的地方是顯而易見的，但超弦理論對可觀測粒子的任一預測能力都尚未開始。弦論預測了振動最低模態的諧波所相關的一些全新效應，預測這些新效應應該在激發能量的時候發生，這些激發能量是卜朗克質量（Planck mass）的整數倍，這個質量尺標比一般粒子物理的質量尺標大很多，比質子的質量重 10^{18} 倍，這些預測的任一直接實驗都是絕不可行。和卜朗克質量的尺標比起來，所有已知基本粒子的質量都可以假設為 0，我們所看到的真實質量都肇因於尚未算出來的對稱破壞修正（symmetry breaking corrections）。

　　有關統一場論和弦論的爭論啟發了粒子物理學家和天文物理學家。雙方爭辯的物理學家都下了極具物理性和哲學性的總結。藉由總結，我們應該引用二位主要倡導者的評論，一位是維敦，另一位是格拉肖。從他們的評論可以知道他們是屬於爭辯的哪一方。

圖 **10.31** 維敦是普林斯頓高等學術研究院的教授，該研究院就是愛因斯坦後半生作研究的地方。他是頭腦清晰，倡導超弦理論最有說服力的人之一，他也對認識超弦的物理和數學做出許多重要的貢獻，雖然維敦沒有獲得愛因斯坦的研究室，普林斯頓對他來說仍是一個追求愛因斯坦統一場論更新版最佳的地方。（感謝維敦提供）

圖 10.32 潘若斯被邦迪和塞雅瑪激起在廣義相對論上的興趣,除了他在奇異點理論上的開創性研究,他也寫了一本名為《皇帝的新腦》的暢銷科普書籍,該書包含了對近代物理和計算機科學的出色說明,並嘗試反駁人工智慧的概念。(葛林拍攝)

維敦說:愛因斯坦發展廣義相對論的時候,所需的一些基本幾何點子都已經在十九世紀發展完備。曾有人說弦論屬於二十一世紀的物理,不巧落到二十世紀,這是十五年前的一位頂尖物理學家所做的評論,他的意思是說在地球上的人類從來沒有觀念性的架構,可以讓他們蓄意發明弦論,弦論的發明只是個幸運的意外。按理說,二十世紀的物理學家不應該有研究該理論的特權,整個過程應該是在二十一世紀或二十二世紀發展出正確的數學結構,然後物理學家發明弦論當作一種可能由這些結構所構成的物理理論。果真如此,第一個研究弦論的物理學家就該知道他們正在做些什麼,就像愛因斯坦在發明廣義相對論的時候就知道他在做些什麼。一般情形應該是這樣發生,不該讓二十世紀的物理學家有機會研究這麼迷人的理論,就像我們遇上了好運,在這個地球上的人類還不值得受到弦論的優惠。

格拉肖說:我特別受到一些弦論朋友的困擾,因為他們不曾說過一些和真實世界有關的事。他們有人深信此理論的唯一性及美麗,以及其真實。而因為它是唯一而真實的,所以應該可以描述整個物理世界。看起來我們是不需要進行任何實驗來證實這個不證自明的真理,因此它一開始就從高度理論、抽象和數學的觀點質疑實驗的價值。值此同時一些在英國的朋友正從另一個金融的觀點攻擊物理。我認為〔他們暗中破壞實驗的動機〕就像中世紀歐洲的老式神學破壞科學一樣。畢竟這只有在歐洲才不到1054年的超新星,因為當時的人只沈迷於爭辯有多少天使可以在針頭上跳舞。

我們現在已經接近故事的尾聲,就像所有的故事一樣,總會有一些未了結的零星問題。當中最逗人的是尋找一個一致的方法來統合近代物理兩大支柱—量子力學和相對論。愛因斯坦對量子力學的統計不準確性感到極度不舒服,他希望他的統一綱領(unification programme)能夠移除這個令他厭惡的量子不確定性。弦論宣稱可以產生一個量子重力(quantum gravity)理論,但它並沒有針對量子力學的基礎。潘若

斯在他《皇帝的新腦》（The Emperor's New Mind）一書中提出一個非常不同的論點。他建議量子力學的測量問題需要一個全新的方法。潘若斯深信現階段廣義相對論仍扮演重要角色，但他也必須承認正確的量子重力理論仍只是概念的萌芽階段。

我們該如何結尾？讓我們留下二個評論。首先，是有關費曼對愛因斯坦的評論。在和戴森（Freeman Dyson）談話中，費曼推測愛因斯坦偉大成就的泉源來自於物理的直覺，當他停止在物理圖像的思考，開始變成一個方程式的巧妙處理人的時候，愛因斯坦就停止他的創造力。最後一段話來自愛因斯坦，1923 年愛因斯坦給他的同事寫了一段有關統一場論的話：

　　站得高高正對著我們冷笑的大自然，她賦與我們的渴望遠多於她賜給我們的智商。

第 11 章　後記：相對論和科幻

初始

　　近代小說類型創始人之一的雨果・根斯巴克（Hugo gernsback）是使用科幻小說這個名詞的第一人。每年的科幻雨果獎就是以他命名。根斯巴克是 1926 年六月《驚異故事》（Amazing Stories）雜誌的創辦人，該封面標題宣示了雜誌的目的：今日極度的科幻 … 就是明日冷酷的事實。當然，在這雜誌內發表的小說少有能達成這個目標的，但在它極短的歷史內也有很成功的例子。兩位科幻小說之父—威爾斯（H.G.Wells）和愛西莫夫（Isaac Asimov）已經在前幾章內提起過，在最後一章，我們應該檢視相對論和科幻小說之間的相互影響，我們就從克卜勒開始，他可以被視爲類型科幻的第一位作家。

　　克卜勒生於德國西南方的一個小鎮（Weil der Stadt），他的第一本偉大著作—《新天文學》（A New Astronomy）是在 1609 年發表，這本著作仍是科學史上的里程碑。在書中，克卜勒寫下第一個自然定律，他以精確地、可檢驗的陳述自然現象，並用數學方程式表示出來，柯斯勒（Arthur Koestler）在他令人驚嘆的《睡行人》（The Sleepwalker）一書中宣稱克卜勒定律讓天文學和神學相互離異，並讓天文學和物理結爲連理。不像哥白尼、伽利略或牛頓，克卜勒並沒有試圖去隱藏他是如何去獲致結論。他所有的錯誤和歧見都被忠實地記錄下來。在近代的背景下，吾人可以在量子電動力學中找到類似的對比，在施溫格和費曼因量子電動力學獲得諾貝爾獎之後所給的演講中，可以看出一個是施溫格的傳統正式路徑，另一個是費曼的非傳統且有趣的解釋方式。除了克卜勒著名的科學研究外，《夢遊記》（Somnium）是他最

喜歡的工作之一，這是一篇對月球想像之旅的報導。

　　《夢遊記》是克卜勒死後的 1634 年所發表的，無疑是近代科幻小說的先驅者之一。整個故事是有關一位名爲度拉可吐斯（Duracotus）的男孩和他住在冰島的母親費拉希達（Fiolxhilda）。費拉希達是一位巫師，她販賣草藥，並可以和精靈交談。有趣的是，克卜勒的母親也曾被指控擁有巫術，僅勉強地免於火刑。在小說中，度拉可吐斯被母親賣到海邊，並留在西汶（Hveen）小島上，他在小島上和偉大的第谷學習天文學，五年後他回到家中，他母親對以前的事悔恨內疚，並從月球召喚一位友善的精靈，這個精靈可以在月蝕期間將凡人帶到月球，這趟月球之旅嘗試用科學精確的方式描述：

　　剛開始的震波是最糟糕的部分，因為他向上拋射就像被槍砲火藥的爆炸一樣，因此他必須事先用麻藥使之昏迷，他的四肢必

圖 **11.1** 從月球表面看到的地昇，在克卜勒的科幻作品中，他對月球天文學給了很真實的描述，在某種程度，它的小說試圖成為科學和無知之間掙扎的縮影，並支持哥白尼的地球繞行太陽概念。（美國航太總署提供）

須小心地保護著，才不會被扯開來，因為反作用力會遍布全身每個部位。接著他會遇到新的困境：無邊無際的酷寒無法呼吸。當月球旅遊最初的部分完成，接下來就變得容易些，因為在這趟遙遠的旅程中，身體可以逃離地球的磁力，進入月球的磁力，因此後者會佔上風。

這篇報導也精確地顯示克卜勒是如此接近牛頓的萬有引力概念。在月球旅遊完成之後，克卜勒描述了月球上的狀態：他稱永遠面對地球的半面為 Subvolvan，稱背面為 Prevolvan，兩個星期的酷寒月夜之後，緊接著是兩個星期的炎熱白晝，另外還描述了月球表面上的高山和海洋。他也詳實地描述了月球的天文學—從月球觀察的太陽、恆星和行星。所有的描述都是根據當時的天文知識，接著克卜勒繼續想像月球上奇怪的居住者，這些月球人居住的城市是由月球環形上的圓形高牆所圍繞著。克卜勒的註腳中清楚地說明寫作《夢遊記》的部分目的是根基在地球運動的論點，而不是在基本的認識上，反駁一個建構來反對地球運動的論點。在另一個註腳中，克卜勒解釋這個故事是一個寓言，度拉可吐斯代表科學，他的母親代表無知，《夢遊記》保有近代科幻小說的精髓，一種將科學事實和想像力混和的情節。

假如克卜勒同時是近代科學和科幻的奠基者，那麼科幻小說界中的伽利略和牛頓無疑就是凡爾納（Jules Verne）和威爾斯。凡爾納生於 1828 年法國的南特（Nantes），歷經早期平凡的生涯之後，凡爾納想到要將科學和小說混在一起，產生全新型態的冒險小說。1863 年，在他嘗試完成第一本小說《熱氣球上的五週》（Five Weeks in a Ballon）之後，他寫道：

我正完成一種新型態的小說，是一種新型態的小說，你瞭解嗎？如果小說成功，這將會是一個大金礦。

圖 11.2 凡爾納（1828-1905）是近代科幻小說奠基者之一，他的父親是一位律師，但凡爾納遇到法國探險家歐拉構（Jacques Arago）之後深受他的影響。在歐拉構的住處，他遇到許多科學家和探險家，而這次的經驗也被羅織到凡爾納許多小說的背景中。直到 1863 年，凡爾納才發表他的第一本特別的航行記—《熱氣球上的五週》，這小說描述乘坐熱氣球飛行船從桑吉巴到塞內加爾的橫跨非洲遊記及資料。一直到 1905 年，也就是他過世的那年，凡爾納已經寫了六十本書，包括《地心之旅》，《海底兩萬哩》和《環遊世界八十天》。（修頓德國收藏）

　　小說的確成功，凡爾納繼續開採他的金礦。他的小說被他的出版商描述成驚異大奇航，他們將科學細節的注意混和了令人興奮的故事和場景。在 1865 年的小說從地球到月球（From the Earth to the Moon）當中，凡爾納藉由巴爾的摩的槍砲俱樂部描述了巨型加農炮─哥倫比雅德（Columbiad）的建造。在一次測試升空中，為了確認出發時對生命體的衝擊，將一隻貓和松鼠朝上發射，並以拋物線的軌道掉入海中。在打開座艙的時候，貓跳了出來，只受了點輕微的挫傷，但卻不見松鼠的踪跡。進一步的調查顯示貓吃掉那隻可憐的松鼠。當然在真實情況下，來自加農炮的劇烈加速度應該會殺光座艙內所有的乘客，但在小說中，加上一些令人信服的科學細節，說服了讀者，使之深信不疑。書中的發射描述幾乎和太空梭從卡那威爾角升空一樣：

　　就在這個時刻，當三角錐狀的火焰升到驚人的高度，火焰的光輝照亮整個佛羅里達，此時整個廣大區域都被白晝取代了黑夜。這個廣大的火焰在海上一百哩的距離都可以察覺到，很多船長在日誌中記載這個現象。哥倫比雅德的發射伴隨了一次的地震，震撼了佛羅里達的深處。來自火藥棉的氣體受熱而膨脹，迫使大氣劇烈地退縮，這個人工颶風湧現的樣子就像是一個風暴穿透空氣。

　　第一位太空人只有前往月球的單程車票：故事的結尾是他們地球上的忠實朋友透過巨大望遠鏡觀測到一個月球的新衛星。凡爾納的小說有兩項預言：他預見了早期太空艙回收的海上降落技術，以及他也描述了在落磯山的長峰頂上建造巨型的望遠鏡，加州威爾遜山上的一百吋望遠鏡是在凡爾納發表書籍後五十多年建造完成。

　　這些早期的故事都緊抓著牛頓萬有引力和牛頓運動定律的效應。而延展了科幻小說舞台的作家肯定是威爾斯。威爾斯生於 1866 年英國的布滿尼（Bromley），在威爾斯出生的十九世紀時期，出現了許多重要的科學發現，達爾文在 1859

年發表他的物種起源（Origin of Species），1864 年馬克士威整合了電學和磁學，並顯示光是一種電磁波，門德列夫在 1847 年用他的元素週期表爲化學帶來了一些次序，焦耳在 1847 年發現熱和功之間的關係，卡耳文和一些人鋪設了熱力學理論的基礎。因此預見科學和科技是未來的投資並不意外。威爾斯來自一個貧困的家庭，他獲得獎學金（每星期一個基尼）進入肯辛頓（Kensington）的一所科學師範學院，就在這所學校，威爾斯受到赫胥黎（T.H.Huxley）講學的鼓舞。赫胥黎是當時頂尖的科學家，也是達爾文天擇演化理論的擁護者。在當了數年教師之後，1890 年威爾斯在倫敦大學的動物學成績獲得第一名。一場足球賽受傷之後，他被迫無法繼續活躍在球場上，這時他才開始寫作。1893 年威爾斯寫了一本生物學的教科書，1895 年發表了他的小說《時光機》（The Time Machine），就是這本小說建立了威爾斯作爲一位擁有極度想像力和創造力作家的名聲，《時光機》是在愛因斯坦發表狹義相對論前十年完成的。小說一開始是一位時光旅行者向他的朋友解說第四維空間的概念：

　　四維空間是真實存在的，我們稱當中的三個爲空間的三個平面，第四維空間爲時間，但是在前三維和最後一維之間存在一道虛幻的區別，因爲我們的意識是沿著後一維的一個方向移動，從我們生命的起點到生命的終點。

　　在接下來的討論中，一位心理學家主張你可以沿著空間中的所有方向移動，但不能在時間上移動，時光旅行者回應說：

　　這是我偉大發現的起源。但你不能說我們無法在時間上移動。我們當然沒辦法回溯任意長度的時間，就像沒有一個野蠻人或動物可以在距離地表六呎的位置上停留。但文明人在這方面比野蠻人優秀，他可以乘坐氣球上升以抵抗萬有引力，爲什麼他不應該

期望，他終究有可能可以在沿著時間維度漂移中停止或加速前進，甚至轉向，或朝另一個方向移動？

在小說剩下的部分，威爾斯讓他的時光旅行者探索一個相當荒涼的未來，在小說中所使用的時間維度和相對論沒有太大的關連。凡爾納和威爾斯寫了非常不同型態的科幻小說，凡爾納傾向於接近近代科學事實，而威爾斯無畏於想像力的跳躍，在他們有關月球旅行的小說最能看出之間的對比差異。就如之前所見的，凡爾納假想使用現有技術的推想，用一具巨型大砲發射太空船，另一方面，威爾斯發明一種新物質跳躍礦物（Cavorite）可以不受萬有引力影響，他的太空船就是用這種跳躍礦物泡泡所建造的。

他指著放在圓球底部地毯上的鬆開箱子和包裹，我很驚訝地看到它們正漂浮了一尺的高度。接著我從他的影子看到跳躍礦物不再傾倒在玻璃上，我將我的手伸展到背後，發現我也懸掛在太空中。

我沒有哭出來或作出手勢，但恐懼油然生起，就像被不知名的東西抓住並舉起來。我的手僅僅觸碰了玻璃就被快速地移動，我瞭解發生了什麼事，但這並不保證我不會害怕。我們和外界所有的萬有引力隔絕開來，只有我們圓球內物體的吸引力仍有作用，接著所有沒有綁在玻璃上的東西都掉下來，並朝向這個小小世界的重心緩慢地掉落，這是因為我們的質量很輕微，重心似乎是在圓球的中間位置，我比較重，因此重心比跳躍礦物更接近我本身。

在本章的結尾我們將會看到反重力推進概念的新化身。

在之後的小說，威爾斯因幾個成功的預言而受到讚揚。在 1895 年《空氣中的亞哥號船員》（The Argonauts of the Air）一書中，他不僅預測了螺旋槳驅動飛行器的人工飛行，也預見了飛行器的必然性。

圖 11.3 威爾斯（1866-1946）是科幻大師之一，和凡爾納一起創造了近代的類型科幻。他在倫敦大學專攻動物學，經過多年教學，在 1895 年，威爾斯發表了名為《時光機器》的科幻羅曼史，這本小說使得威爾斯躍升為著名的作家，並為科幻開啟了全新的遠景。在接下來的數年，他完成了他最著名的一些小說，《莫洛（Moreau）博士島》、《隱形人》、《世界大戰》和《登上月球的第一批人》。就是 1938 年的世界大戰廣播編劇，使得威爾斯幾乎在紐約造成暴動。威爾斯經常因為對一些發展的預言而稱著，這些發展包括坦克車、飛行器、空戰、原子彈、不可避免的核子困境和基因工程。威爾斯支持第一次世界大戰，並在 1918 年擔任短時間對抗德軍的宣傳部負責人。戰後，他積極地推銷他的觀點，也就是人類必須為世界大同而一起工作，或共同面對滅絕。他為第二次世界大戰而深感痛心，他在發表最後一篇深感絕望的作品《Mind at the End of its Tether》之後沒多久就過世了。（修頓德國收藏）

　　這個飛行器可以在好天氣出發，由光滑的控制桿所驅動，飛行器有一個理想的開放甲板，就像班機一樣，每個都裝載有炸彈和槍砲。

　　他的科學背景也讓他能夠跟得上最新的科學發現，從閱讀索迪 1909 年的書《鐳的詮釋》（The Interpretation of Radium），威爾斯就構想出連鎖反應和原子彈的概念，就如我們所見的，威爾斯在他的寓言式書《解放世界》（The World Set Free）寫下這些概念。有了他的飛行機器，威爾斯接下來預言應該會發生核子困境，武器太過於恐怖而不敢使用，並且在戰爭中沒有一方是可以獲勝的。一位現代的科幻小說家保爾（Fred Pohl）在難忘的總結中提到了科幻小說能夠向前瞻望兩步的能力，：

　　一個好的科幻故事不僅應該能夠預測汽車的發明，也能預測交通擁塞。

　　威爾斯對科幻小說作了許多不朽的貢獻，也就是他將時間當成第四維空間的普及化，使得作家從空間的探索解放出來，並鼓舞他們能夠思考更遠的未來。

黃金歲月

　　在二十世紀前四分之一的時間內可以看到我們對物理認知的重大改變。在前面幾章中，我們已經述說了放射性的發現和核物理的誕生。在重要的十年當中，愛因斯坦改變了我們對時空、質能以及萬有引力和加速度的瞭解。原子理論從拉塞福的原子核和波耳的原子進展到相對論性量子力學和反物質。有了威爾遜山上天文台的一百吋望遠鏡，對宇宙的瞭解向前邁進了一大步。該望遠鏡是在 1917 年運作，一年後沙普利宣布了他對我們的星系—銀河系大小的結論，他主張星系的中心有五萬光年之遙，遠超過大部分天文學家的想

像。沙普利在估算銀河系大小的部分約略正確，但他推測觀
測到的螺旋星雲是在銀河系內則是錯誤的。我們之前看到，
哈柏證明出來仙女座星雲（現在稱爲仙女座星系）離我們約
八十萬光年。這個距離遠大於銀河系（後來的修正距離更
遠），很明顯我們的星系是宇宙中許多星系中的一個。

圖 11.4 銀河系的全景，照片來自瑞典天文台天文學家的馬賽克照片。仙女座星系是一個位在左下方的長形小物體。（瑞典藍德天文台提供）

　　科幻小說範圍的擴展反映了我們對科學穹界的擴展。
1928 年根斯巴克的驚異故事發行了第一個系列小說，這套每
個月發行的小說名爲《太空雲雀》（The Skylark of Spa-
ce），是由史密斯醫生所寫。早期的太空小說將自己侷限在
太陽系，史密斯醫生的《太空歌劇》（Spacw Opera）則是包
含了整個星系。1937 年《驚奇科幻小說》（Astounding Sci-
ence Fiction）雜誌發行，由傳奇的坎伯（John Campbell）編
輯，這種新型態的文學作品逐漸一致和成熟。或許坎伯最爲
人知的呵護者就是愛西莫夫。一般認爲愛西莫夫是最成功的
硬科幻小說實踐者，這種小說用較爲可信的方式引進和使用

圖 11.5 根斯巴克的廉價科幻雜誌《驚異故事》的封面。根斯巴克是被科技烏托邦的憧憬所驅使，他的雜誌任務就是「今日的極度科幻，就是明日的事實」。除了重新印製經典作家，如威爾斯和凡爾納的作品，《驚異故事》還為新興作家提供了舞台，例如史密斯博士，史密斯博士是著名的雲雀系列的作者，這是將整個星系當成星系際太空歌劇的舞台。（驚異故事是由 TSR 公司註冊商標）

科學技術，而不是全然的空想。本書前面曾引用一段超空間躍遷的描述，就是來自愛西莫夫的基地三部曲。因為相對論設定光速為可達到速度的最大值，一些探索星系的新技術必須發明，使得這種星際太空歌劇可作為基地冒險故事。到了 1950 年代末，已經有了發展完善的經典模式出現，包括了超空間躍遷、原力屏障以及衝擊砲，這些都曾搬上 1960 年代和之後的電視節目以及小說。尼文（Larry Niven）和波奈爾（Jerry Pournelle）是兩位新世代的硬科幻小說家，他們現在的經典科幻小說《上帝眼裡的塵埃》（The Mote in God's Eye）就是描述第一次和高度發展的外星文明接觸，他們引進了相同劇情的更新版：

從過往千年的歷史以來，傳統上已經將歐德森（Alderson）行駛視為純粹的天賜恩寵。如果不是歐德森的發現使得超光速成為可能，則當偉大的愛國聖戰摧毀地球上的共管國度之際，人們就只能被侷限在太陽系這小小的監獄內。相反地，我們已經殖民到兩百個世界。因為有了歐德森行駛，我們無須考慮恆星之間的空間，因為我們能夠在零時的星際系統之間來回行駛，我們的太空船和太空船上的引擎只需要負責行星際的距離。

在之後的小說中，一些聽起來可信服的細節是和超空間旅行有關：

只要花費非常短的時間來做恆星間的旅行：但旅行的路線或軌道只會沿著每對恆星之間唯一一條臨界路徑存在（雖不是一條直線，但看起來很接近一條直線），每條路徑的端點都遠離恆星和大行星質量所造成的扭曲區域，結果太空船花大多數的時間從一個端點爬行到另一個端點。

更糟的是，並不是每一成對的恆星都可以用軌道連接。路徑是沿著熱核通量的等位線產生，且其他星球在幾何圖像上的出現可以阻止路徑存在。而當這些連接確實存在的時候，我們也仍未

把它們全找到且標示出來。它們是很難被發現的。

　　在接下來的二十年內，慣例很少被改變，太空歌劇院仍安然存在，針對超光速旅行和科幻小說的超空間躍遷仍欠缺堅實的科學基礎，雖然我們看到來自加州理工學院的索恩（Kip Thorne）明顯比相對論者更加樂觀，但根據尼文和波奈爾的說法，歐德森行駛要直到 2008 年才臻理想⋯⋯

　　愛西莫夫將科幻的黃金歲月籠統地訂在 1940 年代和 1950 年代，類似愛西莫夫的作家能夠從黃金歲月過渡到現今的近代科幻就屬英國人克拉克（Arthur C. Clarke）。克拉克在二次大戰期間是皇家空軍（Royal Air Force）的技術官員，後來在倫敦大學獲得數學和物理的學位。1945 年他投了一篇文章到無線電世界（Wireless World），說明同步衛星可以用來提供一個全球通訊網路。當然，克拉克的人造衛星只用到牛頓萬有引力，不像今日的複雜全球定位系統，這種系統經常性地考慮廣義相對論的修正。克拉克並不是因為科幻而成名，他是因為和庫伯力克（Stanley Kubrick）合作 1968 年經典影片《2001 年太空漫遊》（A Space Odyssey）而名聲大噪，這部影片被廣泛認定為在模仿太空旅行上建立了具真實性的新標準。

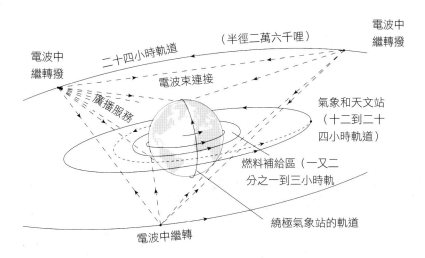

圖 **11.6** 克拉克在 1945 年一篇無線世界的文章中提議使用同步衛星提供全球通訊系統。

圖 11.7 庫伯力克和克拉克的
《2001 年太空漫遊》電影劇
照（1968 年透那娛樂公司版
權所有）

我們來看看一本由法國人鮑羅（Pierre Boulle）所寫的科
幻小說來結束本章節。他最著名的小說是《桂河大橋》（The
Bridge on the River Kwai），曾拍成相當賣座的影片。1963 年
他寫了另一本名為《Le Planete des Singes》的小說，英譯為
《猴行星》（Monkey Planet），2001 年馬克華柏格（Mark
Wahlberg）主演著名影片《決戰猩球》（Planet of the Apes）
的靈感就是來自鮑羅的小說。情節的重要關鍵就是相對論的
孿生子謬誤。在小說中，安特列（Antelle）教授解說他新太
空船的飛行計畫：

　　感謝它的完美火箭，我很榮幸設計了它，對一個物體來說，
這艘太空船可以想像的最高速度在宇宙中移動，也就是說非常接
近光速，我的意思是說它可以無限小的程度接近光速，如果你真
的要更精準的數字，就是十億分之一以內接近光速。你也必須瞭
解到，當我們以這種速度移動，我們的時間會偏離地球上的時間，
我們移動的越快，偏離的越大。就在這個當下，當我們開始這個
話題，我們已經過了數分鐘，這相當於我們行星上的數個月。到
了最高速度，時間對我們來說幾乎停止流逝，但我們當然不會感
受到絲毫變化。對你我來說，數秒鐘，或數次心跳會相當於地球

上的數年。以我們器官能夠承受的加速方式，我們需要一年的時間才能達到時間幾乎靜止的速度，然後再需要一年的時間減速，現在你瞭解我們的飛行計畫嗎？十二個月的加速，十二個月的減速，兩者之間只有幾個小時就涵蓋我們旅程的大部分。

關鍵在於當太空旅行者老了幾歲，地球將會經過數百年。在書當中，太空人旅遊了三百光年的距離，來到獵戶座，他們發現居住了高等智慧的猿猴，星球上的猿猴和人類的角色對調，安特列教授回復到動物的行為，但太空人卻設法說服一些猿猴，表明他是具有高智慧的。他逃回地球後，發現地球是由猿猴所控制。電影版刪除複雜的情節，一開始就讓太空船登陸回地球，只是太空人所不知的是，那是許多世紀之後的地球。這是一個非常正確地使用相對論的真實效應，以製造出興奮且具挑戰的故事。

現況

在 1960 年代和 1970 年代我們看到科幻短篇小說和雜誌終於不敵電視和大製作的好萊塢電影。在英國，胡博士（Dr. Who）和塔狄斯時光機（TARDIS）在 1963 年開創了新的藝術形式，當中的時光機從外頭看起來就像一個警察的電話亭。在美國，鮑爾（Lucille Ball）的德西陸（Desilu）公司在 1966 年拍攝了一系列的《星艦迷航記》（Star Trek）影集。《星艦迷航記》借用了科幻和超空間：企業號和克林貢邪惡帝國已成為現代的傳說，這系列的成功引起了好萊塢的興趣，而 1968 年影片《2001 年太空漫遊》建立了特效的新標準。在 1970 年代和 1980 年代，盧卡斯的《星際大戰》（Star War）傳說，以及史匹柏的《第三類接觸》（Close Encounters of the Third Kind）和《外星人 ET》毫無疑問是類型科幻的成功，更近一點，像是《回到未來》（Back to the Future）以及《阿比阿弟的冒險》（Bill and Ted's Excellent Adventure）也賦予時光機和時間旅行概念的新生命。

圖 11.8 盧卡斯的《星際大
戰》劇照（1996 盧卡斯有限
公司版權所有）

讓我們現在看看企業號上最著名的未來技術之一：物質
傳送系統。接下來的軼事說明了這個想像點子是如何深植人
心。最近在英國的一次法庭案例，當法官要求被告是否希望
在宣判之前說一些話，在聆聽席的犯人拿了隻鉛筆假裝成麥
克風，並說史考特把我傳回去！在尼文短篇小說《閃爍人
群》（Flash Crowd）中，一群職業暴民使用置換亭瞬間的空
間置換，造成瞬間的暴動。雖然尼文嘗試用擴大隧道真空管
效應為心靈傳動賦予假科學的驗證，但我們將尼文定位為硬
科幻作家，是因為他肯費心去解釋這種置換亭技術該如何克
服質能守恆的問題：

他發現擴大隧道真空管效應存有一個與生俱來的限制，通過
不同高度的心靈傳動系統會導致溫度的劇烈變化：每升高一英哩
溫度會降華氏七度，反之亦然，因為能量是守恆的。而動量守恆，
再加上地球的轉動，就會對橫向旅行給出一個距離的限制。一位
旅客衝向東方，應該會發現自己會以自己和地球的速度差向上衝，

朝向西方衝，他應該會被拍打下來。如果朝向北方和南方，他應該被踢向側面。

我們接下來將會看到，現在可能可以用愛因斯坦場方程式的蛀孔解來讓心靈傳動理論更令人信服，但仍有質能守恆的憂慮存在，星艦迷航記版的瞬間物質傳送系統就樂於忽略這種細節。

硬科幻的作家也會注意理論和實驗的最新發現。尼文在1966年發表他著名的短篇故事《中子星》，這是在脈衝星發現之前的事：

已知事實：一顆燃燒殆盡的白矮星質量超過 1.44 倍太陽質量——稱為錢卓極限（以印裔美國天文學家為名），這時單靠電子壓力無法將電子固定住，電子被迫撞上質子，產生中子。在一次劇烈爆炸後，大部分星球將會從壓縮的簡併物質轉變成縮在一起的中子團：理論上這種緻密物質（neutronium）可能存在宇宙中。

在小說中，操控者是膽怯的人種，擁有先進技術的商人，當他們號稱刀槍不入的太空船殼被不知名的外力穿透，並殺光乘客，他們開始憂心他們的太空船生意會受到影響，這個神秘的殺手不是別的，應該就是太空船駛近中子星時所受到的強大潮汐力。就如我們所見的，福沃德（Robert Forward）在《龍蛋》（Dragon's Egg）中使用更多寫實的手法，這是有關中子星表面的高等生命的小說（參見 p.203）。

相對論允許時空混和的一項限制就是因果律的維持，移動中的觀察者不可能看到因果對調的現象，這項限制的來源可以透過明可夫斯基時空圖和原時（proper time）進行瞭解，這部分我們在第四章曾經討論過。為了瞭解我們可以影響未來的哪一事件，我們假想被放在明可夫斯基時空圖的原點，我們送出去的訊號或發射的子彈都不可能超光速。如果我們從我們的位置，用光線朝四面八方送出去，這些光線可以劃

出一個表面，形成一個光錐表面（圖11.10）。直覺上似乎很明顯，我們應該只能影響發生在光錐內的事件，對這些事件，原時的平方是正的，或稱為類時（time-like）。由於原時是一個不變量，不會受到狹義相對論的旋轉而改變，因果律是可以維持的，因果是無法混在一起。

當然，沒有人會讓這種限制當成一個好的故事，在賓福德（Gregory Benford）的小說《時景》（Timescape）中，一位劍橋科學家用一束速子將警告傳回過去，這位科學家用下列的話語向提供基金的人解釋他的儀器設備：

「嗯，我們在那裡頭放了大量的銻化銦樣品，看！」冉富魯指著磁極間的打包物體，「我們用高能的離子撞擊，當離子打到銦，會釋放出速子，這是一個複雜且非常靈敏的離子和原子核的反應」，他看了一下彼得森，「你是知道的，

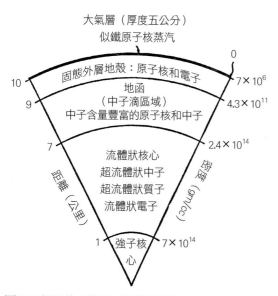

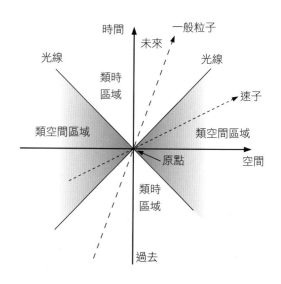

圖11.9 福沃德《龍蛋》的附錄插圖，顯示中子星切片的剖面圖，這張圖說明了硬派科幻作家所引用科學事實的程度。（取自福沃德的《龍蛋》一書（新英文叢書，1981））

圖11.10 這張圖表顯示時空分割成未來和過去光錐，在這個時空圖表（只顯示出時間和一個維度的空間）的原點上發生的事件只能受到發生在過去光錐內的事件影響，對於在這光錐外發生的過往事件，沒有一個以低於光速的訊號可以傳到原點。同樣地，來自原點事件的訊號也無法影響發生在未來光錐以外的事件。

圖 11.11 華德迪斯奈的《黑洞》劇照，一艘太空船穿越黑洞，進入一個全新且近似天堂的宇宙。根據我們現在對黑洞物理的瞭解，這艘太空船應該會被摧毀。（迪士尼娛樂組織版權所有）

速子是超光速移動的粒子，在另一邊」，他指著磁鐵，帶領彼得森到一個長形的藍色圓柱槽，這圓柱槽從磁鐵突出十公尺，「我們取出速子，將它們聚焦成束，它們有特殊的能量和自旋，因此它們在強磁場下，只和銦原子核共振。」

　　這種科學解釋聽起來就像尼文描述錢卓極限一樣可信，事實上，這聽起來就像科學的怪誕，但尼文是正在講述現今理論的看法。

　　《回到未來》系列電影的成功是時光旅行的可能性造成魅力的明證。時光旅行的人可以影響他們自己的未來，當中的時間謬誤曾是自威爾斯以來最被人喜愛的科幻情節，電影《回到未來》和當中的穿梭時光迪勞林（De Lorean）跑車只不過是長期以來最成功的電影探索。

未來

　　1988 年，在極具名望的科學期刊物理評論通訊發表了一篇論文，該論文題目非常具有吸引力，名之為《蛀孔、時光機和弱能量條件》（Wormholes, time machines, and the weak energy condition），該論文被一般大眾忽略了三個月，最後被舊金山審查員（San Francisco Examiner）的記者發現。該論文是由受人敬重的加州理工學院索恩以及他的兩位研究生莫里斯（Mike Morris）和游塞福（Ulvi Yurtsever）所撰寫。在舊金山審查員爆料之後，到處出現物理學家發明時光機的頭條新聞，加州雜誌（California）甚至發表一篇《發明時光機的人》的文章，當中還有裸露的索恩在帕洛瑪山頂上研究物理的照片。並沒有太大的意外，索恩躲了起來，只留下他的助理用以下的聲明對付蜂擁而來的記者：

　　索恩教授相信這研究仍待努力，而無法將結果告知一般大眾，當他覺得他對時光機是否為物理定律所禁止有更深入的認知，他會公開寫一篇文章解釋。

圖 11.12 索恩和他的兩位學生莫里斯、游塞福在物理評論通訊發表的論文標題，由於媒體受到標題中時光機的不當吸引，使得索恩現在在他發表這類題材的論文時，都改使用封閉類時曲線這個說法。（感謝索恩提供）

　　六年後，在他的《黑洞和翹曲的時間：愛因斯坦的驚人遺產》（Black Holes and Time Warps: Einstein's Outrageous Legacy）一書中就有詳細的解釋。

　　索恩將他對時光機和蛀孔的反思歸功於薩根（Carl Sagan），薩根寫了一本書《接觸未來》（Contact），書中的女主角就用黑洞作了一次超空間躍遷，索恩建議薩根在超空間

VOLUME 61, NUMBER 13   PHYSICAL REVIEW LETTERS   26 SEPTEMBER 1988

Wormholes, Time Machines, and the Weak Energy Condition

Michael S. Morris, Kip S. Thorne, and Ulvi Yurtsever

Theoretical Astrophysics, California Institute of Technology, Pasadena, California 91125
(Received 21 June 1988)

It is argued that, if the laws of physics permit an advanced civilization to create and maintain a wormhole in space for interstellar travel, then that wormhole can be converted into a time machine with which causality might be violatable. Whether wormholes can be created and maintained entails deep, ill-understood issues about cosmic censorship, quantum gravity, and quantum field theory, including the question of whether field theory enforces an averaged version of the weak energy condition.

PACS numbers: 04.60.+n, 03.70.+k, 04.20.Cv

內，穿越蛀孔的旅行更加可信。蛀孔是宇宙中兩個相離很遠的地區之間的一種假設性連接（圖 11.14）。很早以前，人們就發現這是愛因斯坦方程式的一組數學解，但科學家相信它的生命期太短了，故不足以做爲時空旅行之用。索恩用了新的奇特物質，利用萬有引力推擠蛀孔的外牆，使得蛀孔打開。最少對一些觀測者而言，奇特物質的確有夠奇特，它必須有負的能量密度。索恩的書詳細討論這種蛀孔如何能用在超空間和時間的旅行。對這些蛀孔時光機而言，索恩推斷沒有任何跡象顯示有任何一個未解的時間謬誤。一些相對論學者對此仍有爭論，霍金曾提出：物理定律並不允許有時光機，但他現在似乎已經取消他的主張。

　　假設對超空間躍遷和時光旅行而言，可能有值得重視的基礎，很快就有科幻利用這基礎寫出小說，福沃德曾寫一本《時間主人》（Timemaster）的小說，當中的物理基礎就是

圖 11.13 遠方星場看起來像是在黑洞附近聚集，這個黑洞就像一面扭曲的放大鏡，光線在黑洞附近通過，會被嚴重地受到折射，造成恆星看起來更加明亮，來自宇宙中每顆恆星的昏暗多重影像會合併，產生一個發亮的光霽。（華特斯繪）

圖 11.14 蛀孔是一個宇宙時空結構中的一個假想通道，可以連接不同的區域，假如真有蛀孔存在，假如它們可以用作旅行，它們將允許科幻作家所鍾愛的超光速超空間躍遷。

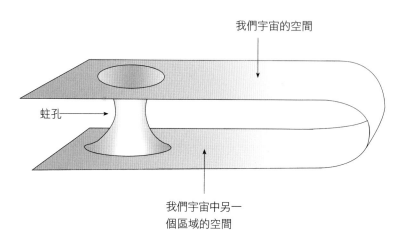

我們宇宙的空間

蛀孔

我們宇宙中另一
個區域的空間

來自索恩的奇特物質，福沃德稱這個奇特物質為負物質（negmatter），這物質的反重力特性就是製造夢境的材料：

　　在我給他所有的事實和一些影片片段之後，他勉強承認畢竟負物質是可能存在的，真正說服他的是我受傷的描述，在我傷口邊緣部分，看起來就像曾經蒸發過的物質薄片。

　　「為什麼這樣？」藍迪問道。

　　「嗯，就像史迪夫所解釋的那樣，根據某一理論，當負物質接觸到一般物質，會有相同的量消失，不會留下任何東西，即使是能量也不例外。這個過程稱為取消，它很像物質和反物質的湮滅過程，但在取消過程中，一般物質有正的靜止質量，負物質有負的靜止質量，靜止質量的總和為零，因此沒有能量釋放出來，這就是為什麼當銀髮和我相碰之後，我們沒有發現任何輻射線。」

　　福沃德的銀髮是住在蛀孔兩端的古怪負物質動植物，它們可以打開蛀孔，讓人類穿透過去。還有更令人驚訝的事情來自帶電的負物質：若嘗試利用正電荷來排斥帶正電的負物質，結果會大異其趣，反而會靠近帶正電的負物質。這種特性變成次光速空間行駛和一種用之不竭能量來源的基礎。時間主人對超空間躍遷、物質傳送系統和時光機展現一種新的看法，藉由負物質的發現可以讓所有的事情成真，這負物質

就像是威爾斯的跳躍礦物現代版。福沃德的英雄藍迪的奇妙之旅伴隨著疑似有理的科學隱喻，挑戰讀者先入爲主的觀念：

「有了這個翹曲閘門，我們可以將它（孿生子謬誤在地球上所經歷的時間）一分爲二」藍迪說道，「帶著翹曲閘門一端的太空船只須飛行一個方向，在那裡，你一打開翹曲閘門，地球瞬間就知道你發現了什麼。」

「藍迪，其實更好的還在後頭」，史迪夫插嘴說道：「地球分享了太空人的時間變慢。一旦太空船的速度達到時間減緩因子變大的時候，這時太空船可以在船上一年的時間旅行數光年的距離。舉例來說，假如太空船開上三十個G，很快地達到百分之99.5的光速，這時時間減緩因子爲十分之一，太空船可以在船上一年的時間行走十光年，當太空人利用翹曲閘門回家，他將會發現他只離開地球一年的時間，但在這一年的時間，他打開了翹曲閘門，到十光年外的位置。」

藍迪感動地說道：「就像用十倍光速的方式旅行」

這些銀髮翹曲閘門也可以用來當作時光機的基礎。藍迪對索恩所謂的物質殺劑謬誤（martricide paradox）感到憂心，他的專屬理論學家史迪夫嘗試爲他解除疑慮：

「當任一時光機開始運作，宇宙整個未來是受到限制，因此在時光機周遭發生的事件是一致的。舉例來說，宇宙將會調整它自己，使得你無法回到過去，殺掉你自己本人，不論你是如何努力想要做到這件事。」

藍迪問道：「你確定？」

史迪夫承認說：「不，這只是理論的預測。」

「如果我們無法確定，那麼我們就不要搞那個時光機」，藍迪堅定地說道，「我不想被記載歷史當中，被當成打開潘朵拉時間盒來破壞宇宙整個未來歷史的人。」，他轉過來，巡視房間內每個人，「我希望你們都瞭解，我們將只能使用這些空間翹曲來

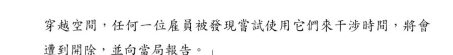

穿越空間，任何一位雇員被發現嘗試使用它們來干涉時間，將會遭到開除，並向當局報告。」

　　結果可想而知，藍迪被迫改變他的想法。

　　索恩對奇特物質和蛀孔的推測的確仍只是個推測，在他的書中提到：

　　如果時光機被物理定律所允許的話（在本章結尾將會看得很清楚，我懷疑物理定律會允許時光機的存在），那麼它們超越人類現有技術的程度比太空旅遊超越原始人旅遊更加超越。

　　問題是在於我們欠缺對如何將量子力學融入萬有引力的瞭解，以產生一個前後一致的量子重力理論。藉由量子擾動的效應可能可以完全地破壞蛀孔，甚至是黑洞的奇異點。另一方面，我們非常希望量子萬有引力將會導致對我們宇宙結構的全新理解，在嚴肅的科學文獻和科幻領域中，將會一直有健康的推測，直到我們找到答案為止。

圖 **11.15** 福沃德的小說《時間主人》封面，這本小說運用了蛀孔，以及超光速旅行和時光旅行的跳跳石近代改編版本。《時間主人》一書封面，迪費特繪，1992）

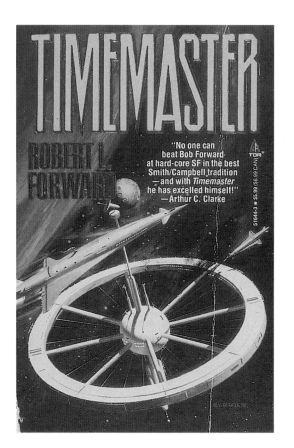

附錄　一些數學細節和推導

時間變慢

在第三章中，我們承諾要提供更詳細的相對論性時間變慢的推導，我們考慮一個有簡單時鐘和兩位觀察者的想像實驗，其中一位觀察者相對時鐘是靜止的，另一位則在運動狀態。我們現在將會看到靜止的觀察者看到運動中的時鐘走得較慢。

實驗用的時鐘是一個盒子，兩端各有一面鏡子，一道光線在兩面鏡子之間來回碰撞，光線走一趟的時間當成時鐘的一次滴答。相對時鐘靜止的觀察者所看到的一切都很正常，現在來看看對於觀察者以相對時鐘長度方向的垂直直角方向運動，他看到的事情將會如何（圖A1）。她將會看到光線出發，並看到時鐘和它的兩面鏡子以等速的方式遠離。根據她的觀察，光線走的距離必須比兩面鏡子之間距離的兩倍還長。這個論點很類似邁克生和莫雷實驗使用的說法。假如鏡子之間的距離用 L 表示，時鐘遠離我們的速度寫成 v，我們就可以將兩位觀察者所測量的時間聯繫起來：相對於鏡子是靜止的觀察者所測量的時間為 T_R，運動中的觀察者測量的時間為 T_M，我們可以得到

$$T_R = 2L/c \text{ 和 } T_M = 2[L^2 + (vT_M/2)^2]^{1/2}/c$$

當中我們用一般常用的符號 c 代表光速。注意，我們已經假設愛因斯坦是正確的：所有的觀察者測量的光速都是一樣。我們現在必須處理這些方程式，將 L 消去，得到 T_R 和 T_M 的關係。先將兩個方程式平方，重新整理第二個方程式，將出現 T_M 的項放在一起：

$$(c\, T_R)^2 = 4L^2$$

$$(T_M)^2 (c^2 - v^2) = 4 L^2$$

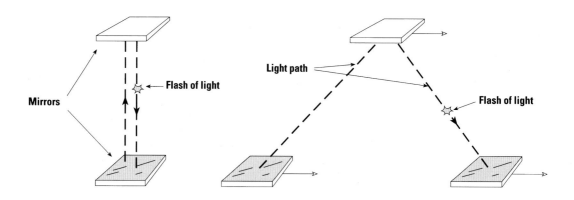

圖 A1 光鐘：一個時間單位相當於一光脈衝在兩面鏡子間來回一次的時間，圖中以虛線表示。當在運動的時候，光行徑則是較長的三角形虛線。當光鐘在運動的時候，光走的距離較長，運動中的光鐘走的時間比相同靜止的光鐘慢。

將 $4L^2$ 的表示式劃上等號，再作一些重新排列，我們就得到著名的結果

$$T_M = T_R / [1 - v^2/c^2]^{1/2}$$

這就是時間變慢：移動中的時鐘走得較慢。

速度加成

我們根據第四章的狹義相對論來討論速度的加成，相對論預測牛頓的簡單加成定律是不正確的，雖然對速度遠小於光速的時候，它是一個很好的近似值。有很多方法可以推導出愛因斯坦的方程式，我們將會遵照莫明的方法推導，這方法發表在名爲《Boojums All The Way Through》的小品集當中。

莫明的推導既簡單又美妙。它的想像實驗是由一列長火車所構成，這列火車以速度 v 平行它的長度移動（圖 A2 ）。我們將會從靜止在軌道邊的觀察者觀點描述所有的事件，在火車上的一位觀察者開始光子和子彈之間的競賽，以速度 c 運動的光子和速度 w 的子彈從火車尾端朝車頭奔跑，速度 w 肯定比 c 小。光子很明顯會回頭，在原路上遇上還在前進的子彈，遇上的位置到火車前端的距離是車長的 f 倍（ f 是一個分數），在火車和在地面的觀察者都認定這個 f 值是一致的。我們可以從以下三個觀測來算出這個分數。

1. 子彈從開始起跑到遇上光子的距離，這必須等於光子

從車尾跑到車頭的距離，減去光子回頭朝向車尾跑的距離。
如果我們用 T_1 表示光子跑到車頭的時間，T_2 表示光子從車
頭折返開始，到遇上子彈的時間，我們可以用下式表示：

$$w(T_1 + T_2) = c(T_1 - T_2) \qquad (1)$$

2. 光子從車尾跑到車頭所走的距離是火車長度加上火車
在時間 T_1 內所走的距離，如果 L 表示火車長度，我們可以
表示成：

$$cT_1 = L + vT_1 \qquad (2)$$

3. 光子從車頭折返開始，到遇上子彈所走的距離就是火
車車頭到相遇點的距離（f 乘上 L）減去火車在時間 T_2 內所
走的距離，這項事實可以寫成：

$$cT_2 = fL - vT_2 \qquad (3)$$

式子(1)可以重新排列，產生 T_2 / T_1 的關係式：

$$T_2 / T_1 = (c - w) / (c + w)$$

式子(2)和(3)可以用來消去長度 L，在經過一番處理後，
產生 T_2 / T_1 的另一個表示式：

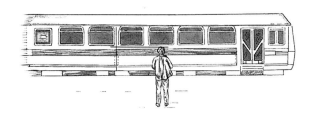

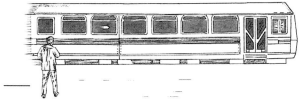

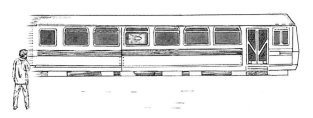

圖 A2 粒子和一束光脈衝在火車內的賽跑。光先抵達終點，透過鏡子反射回頭，遇上還在前進的粒子。圖中顯示從軌道旁察看同一賽跑的三個階段：賽跑開始，當光抵達鏡子的狀況，以及賽跑結束，光和粒子相遇。

$$T_2 / T_1 = f(c-v) / (c+v)$$

將兩個表示式劃上等號,就可以產生以下的方程式:

$$f = \frac{(c+v)(c-w)}{(c-v)(c+w)}$$

這是關鍵性的結果,在推導的任何地方,我們從未假設火車速度 v 不可為零。我們因此可以用這個相同的方程式計算相對火車靜止的觀察者所看到的 f,在這個參考座標內,我們標示子彈相對於這個觀察者的速度為 u:光速和分數 f 對任一觀察者都是相同的。若用速度 u 表示,則分數 f 寫成:

$$f = \frac{(c-u)}{(c+u)}$$

將兩個 f 劃上等號就可以得到我們想要的結果:相對火車靜止的觀察者看到子彈的速度 u 和相對火車的速度為 v 的觀察者看到子彈的速度 w 之間的關係,我們可以寫成:

$$\frac{(c-u)}{(c+u)} = \frac{(c+v)(c-w)}{(c-v)(c+w)}$$

將 w 算出來,得到以下的結果:

$$w = \frac{(u+v)}{1 + (uv/c^2)}$$

如果光速是無窮大,分母的第二項可以消去,結果產生一般的牛頓解答:

$$w = u + v$$

對速度遠小於光速,這個方程式也顯示出牛頓的速度加成將會是很好的近似。

相對論性質量的增加

在物理中,最有名的方程式可能是愛因斯坦的質能關係式。愛因斯坦透過一個想像實驗得到他的方程式,這個想像實驗的靈感來自於他觀察運動中的質點質量取決於它的運動速度。在第五章中,我們曾討論另一個想像實驗,這是牽涉到兩位籃球球員和一輛高速火車的實驗。在此,我們給一些數學的細節,以引導出愛因斯坦的結論。

回想上次所提的,我們有兩位高竿的籃球球員,我們要

求他們進行兩項實驗（圖 A3）。在第一個實驗中，一位球員
站在靜止的火車上，並打開車窗，另一位則是靜止站在鐵道
邊，面向著火車。每位球員都有一個相同的籃球，並朝向對
方丟出手中的籃球。他們以相同的時間、相同的速度丟出，
因此每一條軌跡都像是對方的鏡像。在兩位球員之間的一半
位置，籃球相互碰撞，然後籃球又沿著原來的路徑分別回到
兩位球員的手中。這一點也不奇怪，這就和動量守恆所預期
的一樣，動量是質量乘上速度，一開始，每顆籃球都擁有動
量 $m_0 u_0$，當中的 m_0 是球的質量，u_0 是初始速度。碰撞之後，
每顆籃球的動量翻轉過來，因此每顆籃球動量的改變爲 $2 m_0 u_0$，每顆籃球動量的改變量是相同的，所以我們可以將動
量守恆寫成：

$$2\,m_0 u_0 = 2\,m_0 u_0$$

（第一顆籃球的動量改變＝第二顆籃球的動量改變）

　　我們忽略來自萬有引力的實際複雜性，也就是投球的人
必須將球些微地向上拋頭，這種複雜性不會影響主要的論

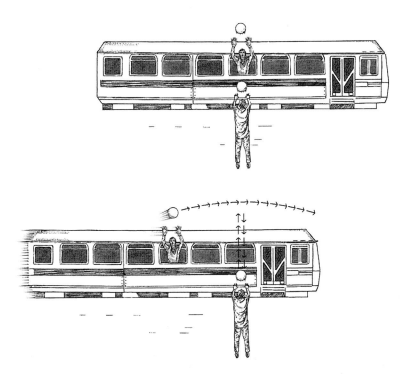

述。

　　第二個實驗的球員就需要一些技巧，不過在理論上是可能發生的，這是想像實驗的精髓所在。當火車以高速通過站在鐵軌邊的球員，兩位球員都要重複他們的手法。根據牛頓定律，如果球員算好時間，讓他們的拋投也考慮火車的側向運動，則垂直火車運動方向的動量也可以像先前一樣守恆。火車以相對論性的高速移動將會發生什麼問題？考慮站在鐵軌邊的球員所看到的實驗經過，他看到火車上的球員拋投的球速太慢，事實上，從之前推導的速度公式或時間變慢的觀點，都可以預見他的速度比以前還慢，無論哪種方法來處理這個計算，我們發現他看到的速度減少程度如前所述：

$$\frac{1}{[1-(v^2/c^2)]^{1/2}}$$

當中的 v 是火車的速度。這時鐵道上的球員看到的速度不是 u_0 而是 u_1：

$$u_1 = u_0 \, [1 - (v^2/c^2)]^{1/2}$$

在這實驗中，雖然鐵道邊的球員認為從火車投過來的球速較慢，他很驚訝地發現事情就像判斷的一樣，他的球就像以前一樣回到他手中。

　　我們也可以從火車上的球員觀點來分析這個問題，他用原先相同的速度把球投出窗外，他會覺得有點沮喪，因為他認為他在鐵道上的朋友似乎誤判了事情，丟向火車的球速太慢，同樣地，火車上的球員也驚訝地發現實驗仍舊成功，從雙方的觀點，這個不一致性看起來是一樣的。

　　到底發生了什麼事？看起來動量守恆出了問題，在鐵道上的球員仍看到他的球有 $2m_0u_0$ 的動量改變，如果該球速度從 u_0 降為 u_1，該如何藉由火車上球員的球動量改變來平衡掉？相對性動量守恆仍能維持的唯一方法就是增加火車上球員的球質量，動量守恆現在變成：

$$2m_0u_0 = 2 \{ \, m_0/[1-(v^2/c^2)]^{1/2} \} \{ \, u_0 \, [1-(v^2/c^2)]^{1/2} \}$$

我們得到的結論就是球的質量根據以下的公式，隨著速

度而增加

$$m_v = \frac{m_0}{[1-(v^2/c^2)]^{1/2}}$$

當中的 m_v 是移動速度為 v 的球質量。

當一個物體加速到非常高的速度，大部分要用來加速物體的能量必須用來增加移動質點的質量，這是來自於愛因斯坦著名的質能關係公式的考量。

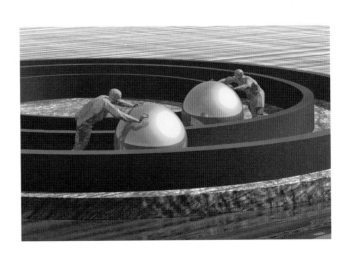

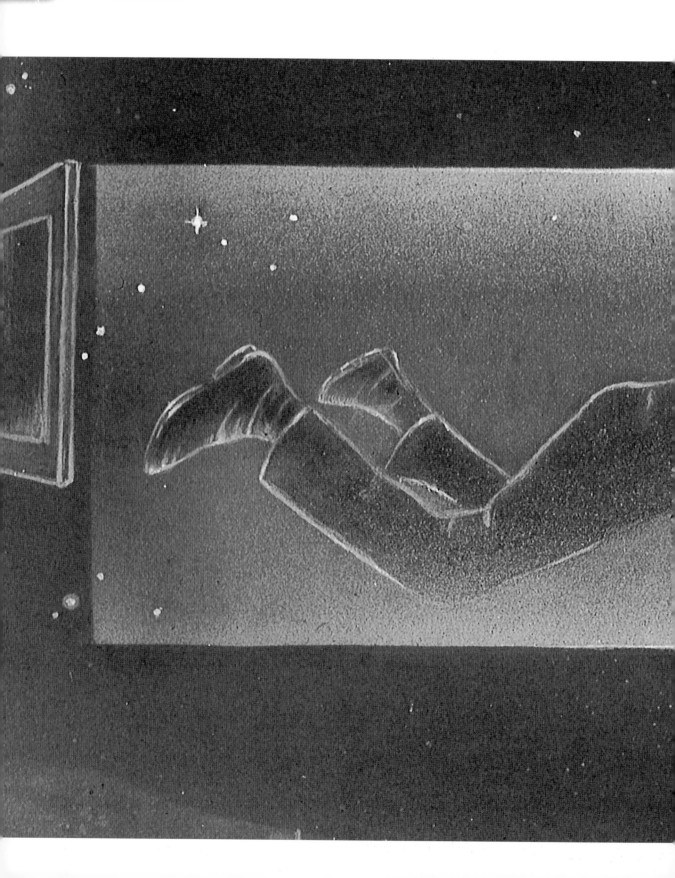

年表

　　愛因斯坦發現狹義和廣義相對論的故事涵蓋許多物理和天文學的觀點，為了幫助讀者找出不同事件和重要觀念在時間上的位置，我們提供這個精簡（不太完整）編年表當作指南。

天文學	
亞里斯多德 （Aristotle, 384～322 BC）	地球為宇宙的中心
哥白尼 （Nicolaus Copernicus, 1473～1543）	太陽為太陽系的中心（1543 年發表）
第谷 （Tycho Brahe, 1546～1601）	準確測量恆星和行星
萬有引力	
克卜勒 （Johannes Kepler, 1571～1630）	行星運動定律（1609 年和 1619 年）
伽利略 （Galileo Galilei, 1564～1642）	自由落體定律（1638 年）
牛頓 （Isaac Newton, 1642～1727）	萬有引力理論（1687 年發表）
力學	
伽利略 （Galileo Galilei, 1564～1642）	伽利略相對論原理（1632 年）
牛頓 （Isaac Newton, 1642～1727）	牛頓運動定律（1687 年發表）
馬赫 （Ernst Mach, 1836～1916）	絕對空間和時間的評論（1863 年）
光學	
惠更斯 （Christian Huygens, 1629～1695）	光的波動理論（1678 年）
羅默 （Ole Roemer, 1644～1710）	第一次測量光速（1676 年）

邁克生 （Albert Michelson, 1852～1931）	準確測量光速

電學和磁學

法拉第 （Michael Faraday, 1791～1867）	發現電磁感應（1831 年）
馬克士威 （James Clerk Maxwell, 1831～1879）	馬克士威方程式以及把光當成電磁波（1864 年）
赫茲 （Heinrich Hertz, 1857～1894）	發現無線電波（1888 年）

狹義相對論

邁克生 （Albert Michelson, 1852～1931）和 莫雷（Edward Morley, 1851～1901）	以太漂移實驗（1881 年和 1887 年）
菲次吉拉 （George Francis Fitzgerald, 1851～1901）和洛倫茲（Hendrik Antoon Lorentz, 1853～1928）	洛倫茲—菲次吉拉收縮假說（1887 年）
拉莫 （Joseph Larmor, 1857～1942）	地方時和廣義時（1898 年）
彭加勒 （Jules Henri Poincare,1854～1912）	相對論性速度加成（1905 年）
愛因斯坦 （Albert Einstein, 1879～1955）	狹義相對論（1905 年）和質量能量等效性（1906 年）
明可夫斯基 （Herman Minkowski, 1864～1909）	四維時空（1908 年）

能量

史塔爾 （Georg Stahl, 1660～1734）	燃素理論
普利士利 （Joseph Priestley, 1733～1804）	發現氧（1774 年）
拉瓦節 （Antoine Laurent Lavoisier, 1743～1794）	質量守恆

湯姆生（侖福特伯爵）（Benjamin Thomson（Count Rumford, 1753～1814））	將熱當作內部的原子運動
梅爾（Julius Robert Mayer, 1814～1878）	能量守恆
焦耳（James Prescott Joule, 1818～1889）	熱功當量
湯姆生（凱爾文爵士）（William Thomson（Lord Kelvin）1842～1907）	熱力學第一定律
卡諾（Sadi Carnot, 1796～1832）	熱力學第二定律（1824 年）
克勞修斯（Rudolf Clausius, 1822～1888）	熵的概念

原子

白努利（Daniel Bernoulli, 1700～1782）	氣體動力論（1738 年）
道耳吞（John Dalton, 1766～1844）	化學的原子和分子
波茲曼（Ludwig Boltzmann, 1844～1906）	將熵的原子解釋成亂度（1877 年）
吉布斯（Josiah Willard Gibbs, 1839～1903）	統計力學基礎
愛因斯坦（Albert Einstein,1879～1955）	布朗運動的原子圖像（1905 年）
佩蘭（Jean Baptiste Perrin,1870～1942）	布朗運動理論的實驗證明（1908 年）

核物理

倫琴（Wilhelm Conrad Roentgen, 1845～1923）	X 射線（1895 年）
貝克勒爾（Henri Becquerel, 1852～1908）	放射性（1896 年）

居禮夫婦 （Marie Curie（1867～1934） Pierre Curie（1859～1906））	放射性衰變和元素的半衰期（1898 年）
拉塞福 （Ernest Rutherford, 1871～1937）	阿爾法和貝它射線（1898 年）放射性轉換（1903 年）原子核（1911 年）核反應（1919 年）
維拉德 （Paul～Ulrich Villard, 1860～1934）	伽瑪射線（1900 年）
阿斯頓 （Francis Aston, 1877～1945）	質譜儀和同位素（1916 年）
勞倫斯 （Ernest Lawrence, 1901～1958）	迴旋加速器（1931 年）
寇克勞夫 John Cockcroft（（1897～1967） and 華爾頓 Ernest Walton （b1903））	第一個人造感應核反應（1932 年）
齊拉特 （Leo Szilard, 1898～1964）	核連鎖反應的概念（1934 年）
焦里特和艾琳·居里 Frederic Joliot（（1900～1958）and Irene Joliot～Curie（1897～1956））	人造感應放射性（1934 年）
費米 （Enrico Fermi 1901～1954）	使用中子的放射性同位素（1934 年）
諾達克 （Ida Noddack（b1896））	提出核分裂的建議（1935 年）
哈恩 （Otto Hahn, 1879～1968）和史特拉斯曼（Fritz Strassmann, 1902～1980）	發現核分裂（1938 年）
梅特納 （Lise Meitner, 1878～1968）和弗里施（Otto Frisch, 1904～1979）	提出核分裂的解釋（1939 年）
佩爾斯 （Rudolf Peierls, 1907～1995）	弗里施～佩爾斯備忘錄顯示原子彈是可行的（1940 年）

粒子物理

湯姆生 （Joseph John Thomson, 1856～1940）	發現電子（1897 年）
拉塞福 （Ernest Rutherford, 1871～1937）	發現質子（1919 年）
查兌克 （James Chadwick, 1891～1974）	發現中子（1932 年）
狄拉克 （Paul Dirac, 1902～1984）	預測反物質的存在（1931 年）
安德生 （Carl Anderson, 1905～1991）	發現正子或稱為反電子（1932 年）
張伯倫 （Owen Chamberlain, b1920）西格 雷（Emilio Segre, 1905～1989）和 其他	發現反質子（1955 年）

量子理論

波耳 （Niels Bohr, 1885～1962）	原子的「太陽系」模型（1913 年）
索末菲 （Arnold Sommerfeld, 1868～1951）	原子的細微結構（1915 年）
海森堡 （Werner Heisenberg, 1901～1976）	矩陣力學（1925 年）；測不準原理（1927 年）
薛丁格 （Erwin Schroedinger, 1887～1961）	波動力學的薛丁格方程式（1925 年）
波恩 （Max Born, 1882～1970）	波函數的機率解釋（1926 年）
烏倫貝克 （George Uhlenbeck, 1900～1988） 和哥德斯密特（Samuel Goudsmit, 1902～1978）	電子自旋（1925 年）
狄拉克 （Paul Dirac, 1902～1984）	狄拉克方程式（1928 年）

非歐幾何

歐幾里得 （Euclid, c300BC）	幾何原本

羅巴契夫斯基 （Nicolai Ivanovitch Lobachevsky, 1793～1856）、鮑爾耶（Janos Bolyai, 1802～1860）和高斯（Karl Friedrich Gauss, 1777～1855）	非歐幾何（c1826 年）
黎曼 （Georg Friedrich Riemann, 1826～1866）	多維度幾何（1854 年）

廣義相對論

索德納 （Johann Von Soldner, 1776～1833）	太陽根據牛頓萬有引力使光線彎曲（1801 年）
勒威耶 （Urbain Jean Joseph LeVerrier, 1811～1877）	水星軌道的異常近日點歲差（1859 年）
厄缶 （Roland Eotvos, 1848～1919）	慣性質量和重力質量的等效性（1889 年和 1908 年）
愛因斯坦 （Albert Einstein, 1879～1955）	等效原理（1907 年）；廣義相對論（1916 年）
愛丁頓 （Arthur Stanley Eddington, 1882～1944）	日蝕探險隊，確認光線彎曲的預測（1919 年）
迪奇 （Robert Dicke, b1916）	布恩斯－迪奇萬有引力理論（1960 年）
傍德 （Robert Pound）和雷布卡（Glen Robka）	萬有引力紅移的測量（1960 年和 1965 年）
沙普利 （Irwin Shapiro, b1929）	光線在太陽附近通過時的時間延遲，被當作廣義相對論的新檢測（1967 年）
諾威特 （Kenneth Nordtvedt）	諾威特效應和布恩斯－迪奇理論（1967 年）

電波天文學

詹斯基 （Karl Jansky, 1905～1950）	來自銀河的電波（1931 年）
芮柏 （Grote Reber, b1911）	單一電波源（1937 年）

史坦利 （James Stanley Hey, b1909）	太陽當作一個電波源（1942 年）;第一個河外電波源（1946 年）
宇宙學	
愛因斯坦 （Albert Einstein, 1897～1955）	宇宙常數（1917 年）
傅里德曼 （Aleksandr Friedmann, 1888～1925）	膨脹宇宙的的廣義相對論模型（1922 年）
哈柏 （Edwin Hubble 1889～1953）	仙女座星系（1925 年）；哈柏定律（1929 年）
勒梅特 （Georges Lemaitre 1894～1966）	大霹靂理論（1933 年和 1946 年）
加莫夫 （George Gamow, 1904～1968）、 阿爾佛（Ralph Alpher, b1921）、賀 曼（Robert Herman）	熱大霹靂模型（c1946 年）
邦迪 （Hermann Bondi, b1919）高德 （Thomas Gold, b1920）霍耶（Fred Hoyle, b1915）	穩態模型（1948 年）
潘佳斯 （Arno Penzias, b1933）、威爾森 （Robert Wilson, b1936）	宇宙微波背景輻射（1965 年）
黑洞	
密契爾 （John Michell, c1724～1793）和拉 普拉斯（Pierre Simon de Laplace, 1749～1827	牛頓式黑洞概念（1783 年和 1795 年）
史瓦西 （Karl Schwarzschild, 1876～1916）	無自旋愛因斯坦黑洞（1916 年）
歐本海默 （Robert Oppenheimer, 1904～1967）和史尼德（Hartland Snyder, 1913～1962）	爆發的恆星可以形成黑洞（1939 年）
惠勒 （John Archibald Wheeler, b1911）	杜撰黑洞這個名稱（1967 年）

統一場理論	
諾特 （Emmy Noether, 1882～1935）	對稱性和守恆定律之間的關係（1918 年）
卡路札（Theodor Kaluza, 1885～1954）和克萊因（Oskar Klein, 1894～1977）	五度空間的萬有引力和電磁力的統一理論（1921 年和 1926 年）
格拉肖 （Sheldon Glashow b1932）、沙拉 姆（Abdus Salam b1926）和温柏格 （Steven Weinberg b1933）	電弱統一模型（1967 年）

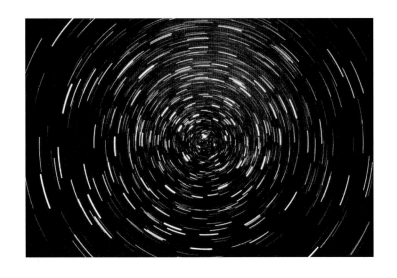

名詞釋義

絕對時間（absolute time）：這是牛頓建議的觀念，時間是和任何東西無關（例如運動或萬有引力），並且在整個宇宙內都是相同的。

吸收光譜（absorption spectrum）：出現在一些物體（例如恆星）光譜中的暗線，這是光在行經路線中被物質吸收所造成。例如，這些物質可能是發光恆星外層內的物質，或靠近觀測者的氣體雲。就像發射譜線一樣，這些譜線的樣子透露出該物質的化學成分，參見發射光譜。

阿爾法（α）粒子（Alpha particle）：就是氦原子核，由兩個質子和兩個中子組成。在阿爾法放射性衰變中，一個不穩定的原子核釋放出一個高速移動的阿爾法粒子。

陽極（Anode）：帶正電的導體，電流會經由它進入氣體、真空或導電物質，例如電解質。參見陰極。

反物質（Anti-matter）：反物質是由反粒子所構成，反粒子和相關的粒子有相同的質量，但有相反的電荷特性，當一個粒子遇上反粒子，它們會相互毀滅，變成能量。雖然中子不帶電荷，但仍有反中子存在，因為中子擁有一個和宇宙中重子數守恆相關的特性，反中子擁有這個重子電荷相反的數值。

時間之箭（Arrow of time）：感覺上時間有方向的概念，它會朝一個方向前進，因為熵一直是增加的，這就給了時間之箭一個方向。

原子質量單位（Atomic mass unit）：中性碳12原子質量的十二分之一，用這個單位，質子擁有的原子質量為 1.00728。

貝他（β）粒子（Beta particle）：貝他衰變是一種放射性過程，過程當中一個中子（或質子）會變成一個質子（或中子），並釋放出一個電子（或反電子），這個釋放出來的電子稱為貝他粒子。貝他放射性出自於弱交互作用。

束縛能（Binding energy）：將原子核完全分開成質子和中子所需的能量，每個單位核子的束縛能顯示這個原子核束縛的鬆緊程度。

黑體（Black body）：一種理想輻射體，也會吸收所有落在該輻射體的輻射。它釋放出連續性的輻射光譜，這光譜只取決於溫度。溫度升高會快速增加輻射的功率，當溫度增加，輻射強度的峰值會朝輻射電磁譜的短波移動。

黑洞（Black hole）：萬有引力主宰其他作用的物體，並崩塌成一個奇異點，所有已知的物理定律在該處都會失效，一旦光或任何物體進入奇異點周圍的臨界區域，它將永遠無法逃脫，這個區域的距離稱為史瓦西半徑，黑洞依此特性而得名。

布朗運動（Brownian motion）：粒子懸浮在液體或氣體上的一種微小的無休止運動，首次由布朗（Robert Brown）觀察水中的花粉所發現。

卡路里（Caloric）：將熱當成物質的一種錯誤概念。

陰極（Cathode）：帶負電的導體，電流經由它離開氣體、真空或導電物質，例如電解質。參見陽極。

因果律（Causality）：任何事件必須源自於另一個更早的事件或原因，所有的物理原因都以光速或更慢的速度傳遞，這個概念被量子力學所懷疑。

錢卓極限（Chandrasekhar limit）：白矮星最大的質量。

古典理論（Classical theories）：量子理論之前的物理學，古典物理的關鍵領域就是牛頓力學、電磁理論和熱力學，狹義和廣義相對論有時也被當作古典物理，它將古典物理的不同觀點統一起來，特別是力學和電磁學。

宇宙學（Cosmology）：將宇宙當成一個整體的研究。

臨界質量（Critical mass）：某一可分裂物質（如鈾235）能夠持續連鎖反應的最小質量。

截面（Cross-section）：兩顆粒子碰撞產生一些特定產物的等效面積，在一個彈性碰撞中，兩顆粒子碰撞後偏折，但沒有受損。對一顆阿爾法粒子和一個原子碰撞的彈性截面積將會遠小於原子，並會非常接近原子核展現的面積。

都卜勒效應（Doppler effect）：當來源和接收者有相對運動，到達接收者的波長會有改變。當來源和接收者相互遠離，都卜勒位移造成波長增長，反之，當它們靠近，波長會減短。

愛因斯坦的質能關係式（Einstein's mass-energy relation, E=mc²）：這公式表示物質是一種凍結的能量，集中在一個很小的區域內，物體質量的些微改變，例如原子核，就能夠釋放出大量的能量。

輻射的電磁光譜（Electromagnetic spectrum of radiation）：電場和磁場的波動，波長最長的稱為無線電波，接著較短波長的，包括紅外線、可見光、紫外線、X 射線和伽瑪射線。這個電磁光譜的所有成分在真空中都以光速前進。

電磁學（Electromagnetism）：當帶電粒子發生交互作用的一種大自然基本作用力。電子和質子間的電荷吸引力將原子綁在一起就是電磁力的一個例子。

電子（Electron）：一種帶負電的基本粒子，和原子核沒有強烈的交互作用。電子是所有原子的組成要素，它們分布在原子核的四周，並賦予原子的大小、強度和化學特性，電子和原子核比起來是非常輕。

電子自旋（Electron spin）：電子和其他許多粒子的量子特性，相當於古典概念的旋轉，這個特性是量子化的，電子擁有最低非零的自轉量。

電弱理論（Electroweak theory）：統一電磁力和弱核作用力的理論，這兩種作用力之間的關係在一般能量下是隱藏起來的，但在高能狀態下，例如早期宇宙，這兩種作用力運作起來像是一個單一的電弱作用力。

發射光譜（Emission spectrum）：由激發原子或分子所產生的輻射光譜，激發可以用許多種方式產生，包括燃燒該物質，或在電子放電中，讓氣體發光。光譜中的明亮譜線是該原子或分子的特徵，就像是原子指紋。參見吸收光譜。

熵（Entropy）：測量大量粒子系統的混亂程度，原先是和熱力學第二定律有關。

等效原理（Equivalence principle）：在加速實驗室內的物理等同於均勻萬有引力場內的物理，特別是自由落體的實驗室，包括狹義相對論的物理定律都和失重區域相同。

事件視界（Event horizon）：黑洞的表面，是一種邊界，超過此邊界就沒有任何東西可以逃離。

精細結構（Fine structure）：當在高解析度下察看的譜線或譜線帶當中的精細結構。例如當仔細察看鈉黃色譜線，實際上是兩條相隔非常接近的譜線。這種結構是由電子自旋造成，超細微結構則是更加靠近的譜線，是由原子核自

旋和電子自旋的相互作用所造成，或者是樣本內的同位素所造成的。

螢光（Fluorescence）：不是靠加熱所產生的光，當激發的光源停止，就會馬上停止。例如家用的螢光燈是由氣體放電管所組成，當中鍍上一層燐光體。來自電荷放電的電子衝擊，造成燐光體發光，或螢光。參見燐光（phosphorescence）。

伽瑪（γ）射線（Gamma rays）：非常短波的光，它的光子有非常高的能量，伽瑪射線是一些放射性衰變產生的。

規範不變性（Gauge invariance）：最初是針對一些和大小或尺度無關的理論所提出，當引進量子理論，規範不變性的概念變成一個更抽象的對稱性。如果滿足規範不變性，表示相關的作用力量子是沒有質量，電磁學理論是規範不變的，它的量子—也就是光子—是沒有質量的。

規範理論（Gauge theory）：愛因斯坦的廣義相對論是一個規範理論，這表示從一個自由落下的觀察者觀點思考某個區域，該區域的萬有引力能夠局部地被移除。這個概念是等效原理的精髓。電磁學可以用類似的方法思考，但局部移除電磁場所需要的局部轉換變得更加難懂。類似的方法也應用到弱作用力理論和量子色動力學。

想像實驗（Gedanken experiment）：Gedanken 的德文表示想像，因此一個 gedanken 實驗是在想像中執行，而不是實際實行。愛因斯坦曾做過許多想像實驗，就像我們所稱的愛因斯坦魔鏡。

廣義相對論（General relativity）：愛因斯坦的萬有引力理論，將萬有引力當成時空彎曲的表現。

測地線（Geodesics）：在彎曲空間或彎曲時空中最直的線，在一個球面上，測地線就是大圓。

大統一理論 (Grand Unified Theory (GUT))：該理論建議電弱作用力和強作用力之間的連接，這些理論就像電弱理論一樣，但是除非達到非常高的能量，這兩個作用力之間的關連仍舊不清楚，這種高能量超過現有的加速器實驗。

萬有引力（Gravity）：牛頓將萬有引力描述成所有有質量物體間的相互吸引力，可以瞬時穿越空間產生作用。廣義相對論將萬有引力描述成有質量物體造成時空彎曲的結果。在這種場理論中，萬有引力的效應以光速傳遞。

半衰期（Half-life）：在特定放射性物質中，一半的原子衰變所需的時間。

重水（Heavy water）：化學性質和水相同的物質，但當中的氫原子都被較重的同位素氘所取代。

哈柏常數（Hubble constant（H））：在哈柏定律中的比例常數，關於星系距離的不確定性造成哈柏常數數值也有類似的不確定性，這結果使得哈柏常數的數值大約在每百萬光年每秒 10 公里到 30 公里之間。

哈柏定律（Hubble's law）：遙遠星系的退行速度（v）均勻地隨距離（d）增加而增加：v=Hd，當中的 H 稱爲哈柏常數。

慣性質量（Inertial mass）：用來測量物體抗拒自身運動變化的傾向程度。

干涉儀（Interferometer）：一種可以將光束或輻射線分離爲二，在重新會合之前，會各自沿著兩條路徑前進的儀器，在光束會合的地方會有干涉圖像產生，這是因爲在某些地方，這

兩個光波將會一前一後地振動，產生更強的輻射。在另一些區域，兩個光波會相互差一步，而相互抵銷掉（干涉），產生較弱的輻射。邁克生莫雷儀器就是一個干涉儀。

同位素（Isotope）：擁有相同數目的質子，但中子數目不同的原子核，是該特定元素的同位素。

拉莫時間變慢（Larmor time dilation）：穿越以太的時鐘會增加時鐘的週期，類似的時間變慢發生在相對論中，但不需要牽涉到傳光的以太。

光速（Light speed）：在狹義相對論中，對所有均勻運動的觀察者而言，眞空的光速是一個普適的常數，大約是每秒三十萬公里。

力線（Lines of force）：利用線條表示作用力場的方向，線條的密度表示場的強度。當這些線條不會產生和摧毀，這個圖像特別有用，像靜態電場或磁場都適用。

洛倫茲－菲次吉拉收縮（Lorentz-Fitzgerald contraction）：當穿越傳光以太，物體沿著運動方向會造成收縮，運動物體在相對論中也會有相同的收縮，但解釋的過程中不需要牽涉假想的以太。

洛倫茲轉換（Lorentz transformations）：在做相對運動的兩位觀察者而言，他們時空座標之間的狹義相對論性的關係。

傳光以太（Luminiferous aether）：以太是一種假想的介質，以太的起伏被解釋成光，由於這個原因，通常稱之爲傳光以太。

介子（Meson）：任一強交互作用的波色子，所有的介子都是不穩定，由一個夸克和反夸克的束縛態所構成。

微波背景輻射（Microwave background radiaiton）：凱氏溫度約 2.7 度的黑體輻射，來自天空的各個方向，它的特徵和年齡小於一百萬年的大霹靂火球所遺留的紅移餘暉相符。

迷你黑洞（Mini black hole）：一種質量低於一億噸的假想黑洞，它的史瓦西半徑小於一個原子，這種物體可以局部產生很強的萬有引力潮汐力，量子效應可讓它們產生輻射，乃至於爆炸。

中子（Neutron）：質量幾乎和質子相同的電中性粒子。

中子星（Neutron star）：主要由中子所構成的星球，直徑約十哩，質量和太陽相當。一般相信中子星是超新星爆炸的結果。

核分裂（Nuclear fission）：大型原子核分裂成兩個質量相當的中型原子核和一些碎片，藉由中子的撞擊某些原子核可以導致核分裂，這種方式也是核反應爐的基礎。

核融合（Nuclear fusion）：兩個以上原子核結合，形成一個比原組成原子核更多中子和質子的原子核，氫的核融合反應產生氦，這是太陽的能量來源。

核子（Nucleon）：原子核的組成份子，如質子或中子。

原子核（Nucleus）：原子的稠密核，藉由強核作用力將質子和中子束縛在一起。

庖立不相容原理 (Pauli exclusion principle)：粗略來說，這是物質粒子（嚴格來說是費米子，如電子）避免和其他粒子太過靠近的概念，或者更精確地說，物質粒子必須有不同的量子數，這個原理是瞭解諸如元素週期表和中子星等種種概念的關鍵。

週期表（**Periodic table**）：不同種類的原子（元素）依照原子核內質子數目增加所做的排列表，具有類似化學和物理特徵的原子會規律的發生，並被放置在同一行內。

永動機（**Perpetual motion machine**）：一種可以永不停止的機器，如果這種機器可以做出有用的功，它將會違反能量守恆定律，它的不可能性是和熱力學第一定律相同。要建構一種可以完全將熱能轉成作功的機器也是不可能的，這是第二類型的永動機，熱力學第二定律陳述這種設備也是不可能的。

燃素（**Phlogiston**）：十八世紀的概念，燃燒是和燃素的損失有關。

燐光劑（**Phosphor**）：當隸屬於非熱的過程（例如電子碰撞）而能輻射出光的物質，這種物質將會顯示螢光或燐光。

燐光（**Phosphorescence**）：當激發來源被移走後，會產生光的物質，參見螢光。

光電效應（**Photo-electric effect**）：光或電磁輻射打在物質上，會造成電子的放射。愛因斯坦曾藉由光子來解釋這個效應。

光子（**Photon**）：和光波（或更廣義地說成電磁輻射）相關的量子粒子。

π介子（**Pion（pi-meson）**）：最輕的介子，它有三種不同的形式，各擁有質子電荷量的1，0和-1倍。

卜朗克常數（**Planck's constant**）：量子力學的基本常數。

行星狀星雲（**Planetary nebula**）：一種正在膨脹的雲氣，一般相信是從紅巨星晚期所噴發出來的，燃燒殆盡的星球核心仍在雲氣的中心，來自核心的紫外線將氣體游離，它之所以得此名號，是因為雲氣通常呈現對稱外型，有盤面的外觀，就像行星一樣。

正子（**Positron**）：帶正電的反電子。

質子（**Proton**）：原子核中帶正電的組成粒子。

脈衝星（**Pulsar**）：快速變化的電波源，推測是肇因於一顆旋轉的中子星。

量子色動力學（**Quantum chromodynamics**）：夸克交互作用的量子理論，帶有類似電荷的特性，稱之為顏色（雖然它和我們日常熟悉的顏色沒有任何關連）。

量子力學（**Quantum mechanics**）：描述所有物質行為的基本物理理論，不過它的效應只出現在非常小的範圍（如原子、分子、電子、質子等）。一個稱為卜朗克常數的數值描繪出量子效應，這個量子效應包含原子內的離散能量，以及某兩個特定物理量的數值不確定性，如位置和速度。

夸克（**Quarks**）：基本粒子，一般認為是構成強交互作用物質的基石，質子是由三個夸克所組成。

類星體（**Quasars**）：具有巨大紅移量的類似星球天體。如果紅移被解釋成宇宙的膨脹，那麼類星體釋放的能量是一般星系的一百倍，釋放能量的區域（或稱活躍星系核）並不比太陽系還大，類星體大多數的解釋都和超大質量黑洞有關。

輻射壓（**Radiation pressure**）：光或其他電磁輻射打在物體表面上所感受到的微小壓力。

放射性（**Radioactivity**）：某些原子核自發的分解行為，並釋放出阿爾法、貝他或伽瑪輻射。

紅移（**Red-shift**）：相較於發射光譜來說，接收到的光波波長是朝向紅色端移動，紅移形成的最可能原因是都卜勒效應，這是因為光源遠離接收者的效應，當大質量物體釋放出光波的時候，來自大質量物體的萬有引力也會導致紅移。

相對論（**Relativity**）：時空的基本理論，狹義相對論考慮，萬有引力除外的所有過程，萬有引力是屬於廣義相對論的範疇。

太陽風（**Solar wind**）：來自太陽外層大氣的高能粒子流，主要是質子和電子。

時空（**Space-time**）：在相對論中，針對事件的四維時空舞台。

時空圖（**Space-time diagram**）：在時空中，發生事件的圖形表示，圖形中的縱座標為時間，橫座標為空間。

狹義相對論（**Special relativity**）：在均勻運動的觀察者時空參考座標中，描述物理的基礎原理，這種參考座標只存在於沒有萬有引力的狀況下（廣義相對論適合處理有萬有引力的情況）。狹義相對論根基於兩個假設：(1)在真空中的光速是普遍的常數，無視來源或接收的運動狀況，(2)物理定律對所有以均勻運動的觀察者而言都是相同的。

光譜（**Spectra**）：通過稜鏡的白光會顯示它是由一系列不同的顏色所組成，由紅色排列到紫色的光譜。整個電磁頻譜的範圍延伸到更長波和更短波的不可見顏色。來自許多明亮光源的光譜也含有亮線，稱為發射譜線，而暗線稱為吸收譜線。

標準模型（**Standard model**）：一個相當完備的粒子物理理論，它是夸克強交互作用的量子色動力學理論，加上電磁力和弱作用力的電弱理論。

弦論（**String theory**）：它的概念認為最基本的單元不是點狀的粒子，而是在某一維度上延伸的物體，就像一條弦。這種理論是新萬有引力理論的基礎，以及自然界四種作用力的統一理論。

超新星（**Supernova**）：一次劇烈的星球爆炸，威力相當於整個星系，時間維持將近一個月，之後逐漸衰退，爆炸後會留下一個中子星或黑洞。

超對稱（**Supersymmetry**）：將作用力粒子（如光子）但被連接到物質粒子（如電子）的一種抽象轉換（連接的粒子並不是像這樣簡單）。把具有這種對稱轉換的理論都拿過來嘗試看是否可提供成為一個萬有引力的量子理論（這包括被稱作超弦的弦論），現在已成為標準的作法。

萬有理論 (**Theories of Everything (TOE)**)：號稱統一自然界所有作用力和粒子的理論，超弦理論就是一個嘗試完全統一物理的理論。

熱力學（**Thermodynamics**）：熱、功和其他形式之能量間關係的科學。熱力學兩個關鍵性定律：(1)熱是能量的形式，能量無法產生或摧毀（能量守恆）(2)熱會自發地從高溫物體流向低溫物體（這定律可用熵的觀念表示，它的原子觀點建議宇宙的亂度永遠是增加的）。

孿生子謬誤（**Twin paradox**）：狹義相對論預測一趟來回旅行的時鐘（包括生理時鐘）相會走得比較慢。較於放在起點的時鐘，這種說法是真實的，不是謬誤，雖然和一般常識相抵觸。

統一場理論（**Unified field theory**）：任何一個想要符合不同現象的場理論，愛因斯坦在他後半生花了很多時間嘗試建構一個電磁力和萬有引力的統一場論，但沒有成功。

真空管（**Vacuum tube**）：一種能夠在當中傳遞電流的抽成真空的管子。

弱核作用力/弱交互作用（**Weak nuclear force/weak interaction**）：基本作用力的一種，造成貝他衰變，以及牽涉到微中子的交互作用。

白矮星（**White dwarf**）：一顆緻密的星球殘骸，一般的質量和太陽相當，大小和地球類似，這種星球缺乏核交互作用，是由作用在電子的庖立原理所支撐，它只剩下殘餘的熱，所以稱為白矮星，但終究會逐漸冷卻。

世界線（**World line**）：一個物體的四維時空路徑。

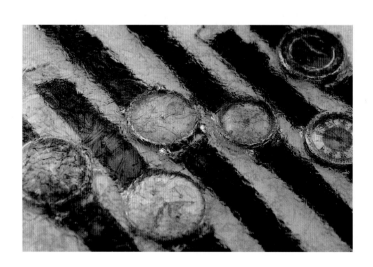

愛因斯坦的鏡子

著者◇東尼·海、巴特里克·沃爾特
審訂◇陳義裕
譯者◇曾耀寰、邱家媛
主編◇羅煥耿
責任編輯◇陳弘毅
編輯◇李玉蘭
美術編輯◇林逸敏、鍾愛蕾

發行人◇林正村
出版者◇世潮出版有限公司
地址◇（231）台北縣新店市民生路 19 號 5 樓
登記證◇局版臺省業字第 5108 號
電話◇（02）2218-3277
傳眞◇（02）2218-3239（訂書專線）·（02）2218-7539
劃撥◇17528093·世潮出版有限公司帳戶
　　　單次郵購總金額未滿 500 元（含），請加 50 元掛號費
電腦排版◇龍虎電腦排版公司
印刷◇祥新企業有限公司
初版一刷◇2003 年 12 月
　　三刷◇2008 年　5 月

定價◇450 元

國家圖書館出版品預行編目資料

愛因斯坦的鏡子 ／ 東尼・海（Tony Hey）, 巴特里
克・沃爾特（Patrick Walters）著 ；曾耀寰，邱家媛譯.
 -- 初版 . -- 臺北縣新店市 ： 世潮, 2003 ［民 92］
　 面：　公分
譯自：Einstein's Mirror

ISBN 957-776-567-X（平裝）

1. 相對論　2. 引力　3. 宇宙論

331.2   92019978

讀者回函卡

感謝您購買本書，為了提供您更好的服務，請填妥以下資料。

我們將不定期寄給您最新出版訊息、優惠通知及活動消息，當然您也可以E-mail：
chien218@ms5.hinet.net，提供給我們寶貴的建議，我們絕對可以聽見您的聲音。

我們將由回函中抽出幸運讀者，致贈精美書籤明信片乙套。

您的資料（請填寫清楚以方便我們寄書訊給您）

購買書名：＿＿＿＿＿＿＿＿＿＿＿＿＿＿＿＿＿＿＿＿＿＿＿

姓名：＿＿＿＿＿＿＿＿＿　　生日：＿＿＿年＿＿月＿＿日

性別：□男 □女　　E-MAIL：＿＿＿＿＿＿＿＿@＿＿＿＿＿＿＿＿

地址：□□□＿＿＿＿＿縣市＿＿＿＿鄉鎮市區＿＿＿＿路街
　　　　　＿＿＿＿段＿＿＿巷＿＿＿弄＿＿＿號＿＿＿樓

連絡電話：＿＿＿＿＿＿＿＿＿＿＿＿＿＿＿＿＿

職業：□傳播 □資訊 □商 □工 □軍公教 □學生 □其他：＿＿＿＿

學歷：□碩士以上 □大學 □專科 □高中 □國中及以下

購買地點：□書店 □郵購 □網路書店 □便利商店 □量販店 □其他＿＿＿＿

購買此書原因：＿＿ ＿＿ ＿＿ ＿＿ ＿＿ ＿＿（請按優先順序填寫）

1封面設計　2價格　3內容　4親友介紹　5廣告宣傳　6其他：＿＿＿＿＿

本書評價：＿＿＿封面設計　1非常滿意　2滿意　3普通　4應改進

　　　　　＿＿＿內容　1非常滿意　2滿意　3普通　4應改進

　　　　　＿＿＿編輯　1非常滿意　2滿意　3普通　4應改進

　　　　　＿＿＿校對　1非常滿意　2滿意　3普通　4應改進

　　　　　＿＿＿定價　1非常滿意　2滿意　3普通　4應改進

給我們的建議：＿＿＿＿＿＿＿＿＿＿＿＿＿＿＿＿＿＿＿＿＿＿

＿＿＿＿＿＿＿＿＿＿＿＿＿＿＿＿＿＿＿＿＿＿＿＿＿＿＿＿＿

＿＿＿＿＿＿＿＿＿＿＿＿＿＿＿＿＿＿＿＿＿＿＿＿＿＿＿＿＿

請沿虛線剪下裝訂寄回，謝謝！

黏貼處

讀者服務專線：(02)22183277

廣告回函
北區郵政管理局登記證
北台字第9702號
免貼郵票

231台北縣新店市民生路19號5樓

世 茂 出 版 社
世潮出版有限公司　收